基层社会治理智库报告

U0873409

贵州非洲猪瘟防控及影响调查

伍国勇　编

西南交通大学出版社
·成 都·

图书在版编目（CIP）数据

贵州非洲猪瘟防控及影响调查 / 伍国勇编. —成都：西南交通大学出版社，2021.6

ISBN 978-7-5643-8085-4

Ⅰ. ①贵… Ⅱ. ①伍… Ⅲ. ①非洲猪瘟病毒 – 防治 Ⅳ. ①S852.65

中国版本图书馆 CIP 数据核字（2021）第 121690 号

Guizhou Feizhou Zhuwen Fangkong ji Yingxiang Diaocha
贵州非洲猪瘟防控及影响调查

伍国勇 编

责任编辑	牛 君
封面设计	GT 工作室
出版发行	西南交通大学出版社 （四川省成都市二环路北一段 111 号 西南交通大学创新大厦 21 楼）
发行部电话	028-87600564 028-87600533
邮政编码	610031
网址	http://www.xnjdcbs.com
印刷	成都勤德印务有限公司
成品尺寸	170 mm × 230 mm
印张	21.25
字数	382 千
版次	2021 年 6 月第 1 版
印次	2021 年 6 月第 1 次
书号	ISBN 978-7-5643-8085-4
定价	128.00 元

图书如有印装质量问题 本社负责退换
版权所有 盗版必究 举报电话：028-87600562

PREFACE

前言

2007年以来，非洲猪瘟在全球多个国家发生、扩散、流行，特别是俄罗斯及其周边地区。2017年3月，俄罗斯远东地区伊尔库茨克州发生非洲猪瘟疫情，疫情发生地距离我国较近，仅为1000 km左右。我国是养猪及猪肉消费大国，生猪出栏量、存栏量以及猪肉消费量均位于全球首位，每年种猪及猪肉制品进口总量巨大，与多个国家贸易频繁；而且，我国与其他国家的旅客往来频繁，旅客携带的商品数量多、种类杂。因此，非洲猪瘟传入我国的风险日益加大，一旦传入，其带来的直接以及间接损失将不可估量。对此，2017年4月12日，我国农业部发布了关于进一步加强非洲猪瘟风险防范工作的紧急通知。但从2018年8月2日我国辽宁省沈阳市发生第一起疫情开始，非洲猪瘟在国内大面积传播，在农业农村部指导下，各地区开展了大规模排查、防控工作，疫情得到有效控制；2019年又反复发生，但是疫情影响规模较2018年已经大幅下降，到2020年10月9日，我国疫情基本得到控制，疫情防控工作取得了重大胜利。

非洲猪瘟疫情防控工作，本质上是基层社会治理的一个典型案例。各地区在党委统一领导下，在农业部门、卫生防疫部门的共同指导下，开展了卓有成效的防控工作，从道路拦截车辆检查、养殖场规范化、人员控制、感染生猪处理，到非洲猪瘟对猪肉市场的影响及控制等方面。可以说非洲猪瘟有效防控稳定了市场、稳定了社会、稳定了人心、稳定了消费，也稳定了经济社会发展格局，是一次中国基层社会治理能力的全面体检，也是中国农村社会改革的一次有益探索。实践是最好的老师，对于人才培养主阵地的大学，特别是农林经济管理、农村区域发展、农学、畜牧学、社会工作、区域经济学、农业企业管理、防疫卫生等相关专业的学生来说，是一次难得的学习机会。因此，笔者在教授“经济研究方法”这门农林经济管理专业课程的背景下，把学生派到基层开展大面积的非洲猪瘟防控及影响调查，从县域管理部门、专业合作社到猪肉消费市场、生猪养殖场、相关政策执行、个人消费偏好及影响等多方面进行调研，总结形成本书。本次调查分集中调查与分散调查两种，其中1～4篇为集中调查，关于县域防控的整体情况、大型生产企业、一般养殖场、猪肉经营主体等方面，形成 4 篇大型调查报告，相对系统和完善。其他方面的调查报告以个人分散调查为主，从不同角度对非洲猪瘟防控及影响开展调查，提出建议和对策。

本书收录的调查报告均由贵州大学经济学院（西部中心）农林经济管理专业 171 班同学执笔撰写。为尽力保持调查资料的客观原貌，考查学生在调查中的心路历程、主观感受和写作思维，报告写作思路、内容架构、数据资料及对策措施等均为学生本人或团队讨论后提出，调查前未对报告写作提出思路参考和版式要求，没有给学生关于调研报告规范及任何格式和条条框框的制约。本书成稿于 2019 年 11 月，在贵州大学中国西部发展能力研究中心、贵州基层社会治理创新高端智库浓郁的学术环境和氛围下，进行了初步排版和规范，对文章的格式、报告的框架逻辑、语言文字及调查问卷等内容做了进一步完善和订正，于 2020 年年底形成相对完整的书稿框架。本书作为“经济研究方法”课程教学改革的成果之一，对贵州大学农林经济管理学科发展、立德树人和思政建设都有较大的参考意义。本书也是编者承诺送给学生的毕业礼物，因此每一篇调查报告都充分尊重作者版权，全部实名授权收录，作者全部署名，保证文责自负。部分报告参考了其他有价值的文献资料，原则上要求作者按照文献引用标准在文末注明，但难免有挂一漏万的地方，若有疏漏，请原作者见谅，在此一并表示感谢。

编 者

2021 年 3 月

CONTENTS

目录

非洲猪瘟的县域防控

——基于贵定县相关管理部门案例分析

宋尔英　张晓春　包贵红　唐琴
（贵州大学经济学院　贵阳　550025）

【摘　要】2019 年 10 月 19 日上午，我们来到贵州省黔南布依族苗族自治州贵定县的管理部门开展走访活动。本次活动主要是通过对核心部门主要负责人的访谈，了解自非洲猪瘟开始在我国范围内传播后，相关管理部门对于该疫情的防控工作的开展情况及所采取的具体的防控措施，从非洲猪瘟疫情开始在我国范围内传播前后的对比中感知、描述非洲猪瘟的急性爆发、恶性传播、高强度危害给各级管理部门带来的影响。在前往目的地之前，我们讨论并确定了本次活动的步骤，首先确定了所要了解的目标，即贵定县的管理部门，该县隶属于贵州省黔南布依族苗族自治州，地处云贵高原东部的黔中山原中部，东邻麻江县，东北与福泉毗连，东南连都匀，南与平塘接壤，西南紧靠惠水县，西北与龙里县相邻，北面与开阳县隔河相望。距省会贵阳市 80 km、距龙洞堡机场 68 km、距州府都匀市 96 km、距凯里市 90 km。其极具优势的地理位置让我们关注到它，当然更重要的一点是贵定县至今还未发生任何非洲猪瘟疫情，正是这一关键信息深深吸引我们去了解、探索贵定县对于非洲猪瘟防控工作的开展情况及具体措施。紧接着，我们针对管理部门这一特定对象了解非洲猪瘟防控的基础知识，并共同整理了相关的问题，汇集成访谈问卷，以更加有效且精准的方式去了解相关的情况及措施。整个访谈过程中，我们耐心听取相关管理人员的情况说明以及措施解读，在其热心的帮助下了解到非洲猪瘟疫情发展过程、管理部门工作部署、主要的防控措施和保障措施等内容。

【关键词】非洲猪瘟；管理部门；防控措施；保障措施

一、非洲猪瘟疫情发展

非洲猪瘟，是由非洲猪瘟病毒感染家猪和各种野猪导致的，该病毒的生命力非常顽强。非洲猪瘟是一种急性、出血性、烈性的传染病，传染性极强。非洲猪瘟的传染源是病猪、隐性感染猪、康复猪和软蜱，健康猪通过直接接触、间接接触和蜱的传播感染非洲猪瘟。它的发病过程虽然短，但病死率却高达 100%，这对养猪业的发展有着严重的影响。非洲猪瘟第一次出现是 1921 年在肯尼亚，它一直存在于撒哈拉以南的非洲国家，1957 年先后流传至西欧和拉美国家，但大多数都被及时扑杀，而在葡萄牙和西班牙南部及意大利的撒丁岛仍然有流行。2007 年以来，非洲猪瘟在全球多个国家发生、扩散、流行，特别是俄罗斯及其周边地区。非洲猪瘟的发生，对猪肉市场，生猪的出栏量、存栏量等都有极大的影响。2017 年 3 月，俄罗斯远东地区伊尔库茨克州发生非洲猪瘟疫病，疫病发生的地方离我国距离较近，仅 1000 km 左右，我国也因此加大了关注力度。2017 年 4 月 12 日，我国农业部发布了关于进一步加强非洲猪瘟风险防御工作的紧急通知，以此提高我国的防范能力和防范意识。

1. 国内首例

2018 年 8 月 2 日，沈阳市沈北新区沈北街道（新城子）五五社区发生疑似非洲猪瘟疫情，于 8 月 3 日确诊，确诊后立即对疫点内的所有生猪进行了扑杀和无害化处理。在非洲猪瘟发生的第一时间，我国政府通过电视和网络等形式宣传有关非洲猪瘟的基本知识，让人们知道非洲猪瘟不会感染人类。疫情终究还是相继出现了，随后不久，农业农村部新闻办公室接连发布了全国各地排查出非洲猪瘟疫情的消息，中国动物疫病预防控制中心也及时将经中国动物卫生与流行病学中心确诊的结果报告给农业农村部，以便于其及时了解和掌握疫情的情况。我国的生猪养殖业近几年养殖数量正在不断增加，然而短短一年的时间，非洲猪瘟遍布全国，生猪养殖业遭到了极其严重的影响，其发展因此遭到了阻碍，我国肉类制品的食品安全也遭受到了威胁。据统计，截止到 2019 年 6 月，全国 31 个省市的 94 地市累计发生非洲猪瘟疫情 143 起，累计扑杀的生猪量高达 112.9 万头，而根据调查了解，各地的真实情况更加严重，疫情形势十分严峻。随着非洲猪瘟在我国大面积蔓延，我国的猪肉市场受到了严重的打击，各地的疫情发生后，生猪的大量死亡导致了猪肉价格暴涨。2019 年 2 月，农业农村部印发了《非洲猪瘟疫情应急实施方案（2019 版）》，2019 年 7 月 3 日，《国务院办公厅关于加强非洲猪瘟防控工作的意见》发布，这两个法规文件的出台，为非洲猪瘟疫情的控制提供了行动指南。在众多受到非洲猪瘟灾害的省份中，贵州省也没有幸免，受到了非洲猪瘟的影响。2019 年 6 月 11 日，农业农村部新闻办公室发布，从非洲猪瘟疫情发生的区域来看，我国西南地区成为非洲猪瘟疫情的"重灾区"，根据农业农村部通报的解除封锁的通知看，当时我国内地有 9 处疫区处于封锁状态。

2. 贵州疫情出现

贵州省共有 3 个地区发现疫情，分别是贵州省贵阳市 2 起、毕节市 2 起、黔南州 3 起。贵州首次出现非洲猪瘟是在毕节市赫章县的一个养殖户，这个养殖户生猪的存栏量为 10 头，其中的 8 头患上疫病，死亡了 8 头，在经过贵州省动物疫病预防控制中心确诊后，农业农村部立即派出督导组赶往疫情当地，按照要求对当地启动应急响应机制，立即实施封锁、扑杀、无害化处理和消毒等一系列处置措施，并且对生猪及其产品的调出和运入进行封锁，这使疫情得到了一定程度的控制。之后，其他地区在发现非洲猪瘟时也采取该措施对疫情进行控制，防止病猪的进入与运出造成更大程度的损害。贵州省首次非洲猪瘟的出现引起了贵州省各地区的广泛关注，各地都纷纷加强了管理力度，谨防患有疫病的生猪及其产品进入，对生猪市场造成影响。

3. 黔南布依族苗族自治州疫情出现

贵州省黔南州是发生非洲猪瘟疫情比较严重的地区，2019 年 6 月 11 日，黔南州都匀市一养殖户养殖的生猪发生非洲猪瘟，共养殖的生猪 331 头中发病 15 头，死亡了 10 头；2019 年 6 月 20 日，黔南州平塘县克度镇落良村斗篷组和通州镇乐阳村董老组的部分养殖户发生非洲猪瘟疫情，斗篷组的部分养殖户生猪存栏量为 65 头，发病 24 头，死亡 21 头；董老组部分养殖户生猪存栏量为 121 头，其中发病 19 头，死亡 15 头；黔南州三都县的周覃镇连心村干各组和中和镇姑引村 4 组发生非洲猪瘟，截止到 2019 年 6 月，该地共 99 户养殖户，生猪存栏量 898 头，其中 18 户养殖户的 114 头生猪发生非洲猪瘟疫情，死亡 82 头。黔南州猪瘟疫情的发生对养殖户们来说无疑是巨大的打击，对管理人员来说也是迫切需要解决的重大问题，他们需要密切关注当地的养殖情况，一发现疫情立即采取隔离消毒措施，并按要求采集抗凝血、扁桃体、肾脏、淋巴结等样品送检。对每个养殖户来说，对于非洲猪瘟的发生，他们都需要增加对生猪的关注度，一旦发现异样立即上报寻求帮助，在管理人员的帮助下对发生疫病的生猪进行相应的处理，在管理人员的指引下定期对养殖点按照要求进行消毒等，尽量为生猪营造一个良好的安全的生存环境，让自己受到的损失尽可能少。在非洲猪瘟传入贵州省后，尤其是黔南州发生疫情的地区较多的情况下，黔南州贵定县没有出现非洲猪瘟的疫情，为了防止疫病传入，贵定县积极召开非洲猪瘟防控调度会，大大加强了防控工作力度，也加强了对生猪运输的管理，避免县外的病猪进入贵定县对县内的生猪市场产生影响，而贵定县各部门也各司其职，时刻谨记责任感、紧迫感，充分认识做好非洲猪瘟防控工作对维护群众生产生活稳定、巩固脱贫攻坚成效的重要意义，本着坚决不能出现工作空心化、片面化和简单化的决心，将工作落到实处，确保贵定县不出现非洲猪瘟疫情。但是，非洲猪瘟的防控是一项艰难的工作，防控形势比较严峻，为了在这样的形势下将工作做好做全，贵定县采取了大量有力的防控措施来维护生猪市场的安全。

二、防控工作部署，明晰防控责任

据了解，非洲猪瘟开始传播进入我国范围内之前，贵定县的畜牧生产等主要由贵定县农牧局畜牧中心负责调度管理服务，其中包括类似非洲猪瘟等重大疫情的防控。自非洲猪瘟开始在我国范围内传播之后，贵定县根据中央、省、州有关文件和会议精神，遵循既定的工作原则，积极调整工作方案，加强防控力度，专门成立贵定县非洲猪瘟防控应急指挥部，发挥政府各部门职能作用，采取多部门联合防控的办法，加强组织领导，明确各自的防控责任的同时，协调其他相关部门处理相关事宜。在管理机制的调整上：

1. 明确工作目标

在严格贯彻中央、省、州关于做好非洲猪瘟防控工作要求的基础上，结合“防控、清理、保供”这些具体要求，坚持预防为主，执行“加强领导、密切配合、科学研判、依法防治、群防群控、果断处置”二十四字方针，强化落实检测排查、生猪调运监管、消毒灭源等一系列关键措施，坚决防止疫情传入贵定县。

2. 制订严谨的工作原则

其中包括四个原则：一是要遵循属地管理，政府主导这一主要原则，政府单位本身以公共利益为服务目标，其基本原则即是对人民负责，履行其基本职能则是政府完成管理和服务的要点，因此，贵定县下属各镇（街）人民政府（办事处）对本辖区内防疫工作负总责任，确定一把手是第一责任人。强化政府统一领导，各部门在职能范围内履行职责，一层一层地把责任传导下去，监督落实好每一级的责任，真正做到守土有责，守土负责，守土尽责。非洲猪瘟之所以在我国范围内传播如此之快，除了疫情本身是由病毒引起，发生极快，具有急性和烈性的特点之外，追溯起来更大的原因在于防控措施实施的不及时和不完善，因此第二点必须要遵循快速反应，措施果断这一方法原则，依照有关法律法规，建立和完善突发重大动物疫情应急体系、应急反应机制、应急处置制度，以提高突发非洲猪瘟疫情的应急处理能力，一旦发生非洲猪瘟疫情，应迅速做出反应，采取坚决果断的措施，及时控制和扑灭疫情。毛泽东同志曾说过，不打无准备之仗，不打无把握之仗。面对既定的疫情传播事件，还需要恪守完善机制，做好准备这一重要原则，需要进一步建立并完善非洲猪瘟疫情预警、预报体系和机制，做到“早发现、快报告、严处理”。落实好每一项防控措施，同时做好人员、技术、物资和设备的应急储备工作，从而有效地预防和控制疫情的发生和传播。当然，非洲猪瘟疫情防控并非单靠管理部门就能做好的，涉及的相关主体，如个体生产者、消费者、规模养殖户、屠宰场等都需要了解并且具有敏锐的洞察力，了解猪瘟的基础知识以及掌握基础的防控措施，从最根本做好防控工作，所以管理部门还要遵循广泛宣传，群防群控这一原则。加强对非洲猪瘟防控知识的宣传，提高养殖户与基层技术服务人员防范非洲猪瘟的意识，一旦发生非洲猪瘟疫情，要依靠群众，形成群防群控的局面。心往一处想，劲往一处使是促进事情发展的基础，核心领导团队的设置不仅是高效完成工作的关键，更是协调众多相关责任人的纽带，从而落实好各自的工作责任，联动做好防控工作。

3. 组织领导的确立以及防控责任的明晰

贵定县管理部门及时设立专项小组应对非洲猪瘟疫情防控需要，即专门成立并不断调整充实贵定县非洲猪瘟防控应急指挥部（以下简称“县指挥部”），主要负责全县非洲猪瘟防控工作的组织领导和统筹协调。该指挥部主要由 35 名核心领导组成，都是各部门的第一或第二直接负责人。其中指挥长由县人民政府县长担任，副指挥长由县委、县政府分管领导担任，成员由县委办、县政府办、县委宣传部、县发展改革局、县财政局、县农业农村局、县公安局、县交通管理局、县应急局、县综合行政执法局、县卫生健康局、县市场监管局、县交通运输局、县林业局、州生态环境局贵定分局、县工业和信息化局、县民政局、县教育局、县扶贫办、贵定公路管理段，黔南州公安交通管理局高速一大队、二大队及各镇（街）等单位主要负责人组成，同时县指挥部下设办公室在县农业农村局，由县人民政府分管副县长兼任办公室主任，县农业农村局局长兼任办公室专职副主任，县公安局、应急局、综合行政执法局、市场监管局局长兼任办公室副主任，负责县指挥部日常工作。同时遵循层层设防的原则，各镇（街）要结合实际，积极响应，对应成立本级的指挥机构，形成网络式覆盖管理。做到真正的加强组织领导，确保指挥有效、响应及时、行动迅速有力。除此之外，为了工作进度及成效透明，便于群众了解，各镇（街）、各有关部门实行 24 h 应急带班值班和防控工作日报告制度。面对严峻的疫情形势以及大量的防控工作，所涉及的成员部门不仅要提高思想意识，还要注重协调配合，完善好信息报送，同时加强监督和问责力度。因此要根据各部门的独特性和专业性充分发挥其职责职能：

（1）县委宣传部：需要负责新闻媒体的组织、协调以及管理，加强舆论引导和疫情的监测监控，统筹协调做好疫情应急处置的宣传报道和信息发布等。

（2）县发展改革局：需要积极协调和争取防疫基础设施建设项目，加大防疫基础设施的建设力度，从实际方面提高重大疫情防控能力，维护牲畜及其产品市场价格稳定。

（3）县财政局：需要负责筹措非洲猪瘟防控的应急经费，并加强对防控经费的管理和监督。

（4）县农业农村局：作为核心涉及部门，要负责组织实施突发非洲猪瘟疫情应急管理、信息汇总、综合协调工作，并牵头组织对各镇（街）、各有关部门防控措施的落实情况进行检查、督导；按照农业农村部要求开展监测工作，并及时向上级兽医主管部门和县人民政府报告非洲猪瘟疫情防控情况；做好应急物资储备，疫情发生时紧急组织调拨消毒药品等应急防疫物资；提出启动、停止疫情应急控制措施建议；组织对扑杀及补偿等费用和疫情损失的评估。负责做好疫情信息的收集、分析、报告、通报；做好疫情监测、临床初诊；根据国家指定的上级业务部门的诊断结果划定疫点、疫区和受威胁区，提出疫区封锁、解除封锁方案。督促指导疫情所在镇（街）组织开展下列工作：对疫区、受威胁区内的易感牲畜饲养和经营及其产品的生产、加工、贮藏、运输、销售等活动进行监测、检疫和监督管理；组织对疫点内牲畜的扑杀、牲畜及其产品的无害化处理；监督、指导对疫点、疫区内被污染物实施消毒和无害化处理，饲养场所及其周围环境的消毒工作等；对疫区封锁前已出售的可能染疫的牲畜及其产品进行追踪处理；组织紧急免疫接种和流行病学调查；负责做好屠宰场及肉品市场的监督管理工作。

（5）县公安局：负责维护疫区社会治安，查处妨碍防疫、疫情处置等违法行为；协助做好疫区封锁、强制扑杀以及临时消毒检查站设立等相关工作。

（6）县应急局：负责履行疫情处置的应急值守，统筹、协调和指导应急预案的制订或修订工作。

（7）县综合行政执法局：负责牵头做好泔水的收集、运输、储存、无害化处理工作和协助市场监管部门关闭城区范围内疫区生猪交易市场（点）。

（8）县卫生健康局：协助开展疫区内人员防护、检查站（点）消毒等技术指导，做好防疫知识宣传，做好人群环境消毒工作。

（9）县市场监管局：负责防控期间生猪交易市场关闭工作，负责进入市场和生产加工企业的生猪产品监管，依法查处违法经营生猪及其产品的行为，加大对食用农产品集中交易市场、餐饮服务单位、商场超市、冷库等场所的日常监督检查，规范冷库和冷冻肉经营者的经营行为，严禁来自疫区的生猪产品和未经检验检疫或检验检疫不合格的产品进入流通加工餐饮环节，配合县综合行政执法局做好餐厨剩余物的收集监管工作。

（10）县交通运输局：负责督促运输企业和从业人员按照有关法律法规规定承运牲畜及其产品，禁止客运和货运车辆从疫区运出牲畜及其产品，优先运送控制扑灭疫情的人员、物资、药品和器械。协助做好疫点、疫区的封锁以及公路临时防疫监督检查站的设置和检查工作。

（11）县林业局：负责野外林区巡查，对野猪疑似病例按规定进行监测和采样送检。做好野生动物疫源疫病监测工作，定期向畜牧兽医主管部门通报有关信息；加强野生动物驯养繁殖单位和经营场所的监管，按规定处置病死牲畜、病畜和带毒牲畜。

（12）州生态环境局贵定分局：需要负责配合、指导有关部门做好疫区病死畜无害化处理场点的选址，并参与病死畜无害化处理工作。

（13）县工业和信息化局：负责加强市场监测和储备牲畜产品的管理，适时组织市场调控，维护市场稳定。

（14）县民政局：负责协同有关部门做好疫区无自救能力、生活困难且符合救助条件灾民的临时生活救助。

（15）县教育局：要加强疫病防控知识宣传，发生疫情时，保障疫点、疫区和受威胁区及周边乡镇学校营养餐的有效供给；加强学校食堂泔水管理，严防流入生猪养殖场（户）。

（16）县扶贫办：负责加强对疫区、受威胁区及周边区域内生态扶贫养殖项目监管；禁止项目实施单位或个人在疫情应急处置期间擅自调运生猪；督促项目实施单位或个人按照畜牧兽医主管部门的规定完善项目养殖档案并加强管理、疫病防控等工作。

（17）黔南州公安交通管理局高速一大队、二大队：负责配合县公安局、县交通运输局做好非洲猪瘟检查卡点，做好生猪及其产品运输车辆的监管工作。

（18）各镇（街）：作为最基础及最直接接触的层级，要负责成立镇（街）非洲猪瘟防控工作领导小组，统筹抓好辖区内非洲猪瘟防控工作，明确一名班子成员牵头负责非洲猪瘟防控工作。强化并稳定基层兽医机构和队伍，保障辖区内产地检疫、屠宰检疫、走访排查及养殖场监管等相关工作正常开展。强化财政经费保障，足额拨付监测、排查、消毒等防控经费，安排专项经费，重点用于公路交通检查站和动物卫生监督检查站工作经费和人员补助，以及生猪产地检疫、屠宰检疫和运输车辆监管。组织辖区内村组干部、生猪规模场、养殖大户、生猪贩运人员进行非洲猪瘟防控培训。通过印发明白纸、挂图、上户宣传等各种方式，加大对非洲猪瘟防控知识的宣传，普及指导养殖户做好安全管理工作，要加强对生猪养殖相关从业人员的宣传教育，增强自主防范意识，积极落实营造群防群控的良好局面。切实强化追责问责是推动整项工作的保障，这要求各镇（街）对本辖区非洲猪瘟防控工作开展督促检查，重点检查防控责任和关键措施落实、应急工作开展以及保供给等情况。县指挥部办公室要牵头组织有关单位进一步加大力度，对各镇（街）防控工作落实情况进行督查，并视防控工作进展情况对相关地区开展飞行检查。对领导不重视、职责分工不明确、措施执行不到位、排查不细不全等行为，导致疫情发生和传播的，将依法追究责任人的责任。除此之外，其他部门和单位也要负责按照县应急指挥部的要求做好防范工作。

三、主要防控措施

1. 抓好疫情排查处置

贵州省在发现首例非洲猪瘟病情以后，贵定县按照省非洲猪瘟防控应急指挥部在全省启动非洲猪瘟疫情Ⅰ级应急响应的工作要求，做好相关排查处置工作，主要是设置卡点，在贵定县非洲猪瘟检查点分布图上，我们了解到高速匝道口检查点有 4 个，国、省道 6 个，县、乡 4 个，村道 5 个。各卡点按照位置要求、技术要求及物资配备完成设置工作，对所有卡点人员全覆盖进行培训，严格检查程序，认真执行 24 h 值守及人员配备规定，确保对所有进出车辆“逢车必查、逢车必消毒”，做到不漏时段、不漏一车，在我们调研走访中，来到其中一个高速路口卡点，尽管非洲猪瘟疫情高峰传染期已过，但我们仍然看到消毒仪器以及相关工作人员值守卡点。其次，各镇（街）以养殖场、屠宰场、交易市场、无害化处理场、生猪饲料生产企业、餐厨剩余物回收企业和个人等环节和区域为重点，加大每天排查的频次以及排查的深度，做到全县不漏掉任何一个养殖场、屠宰场；全县 95 个村不漏掉任何一家养殖户；所有养殖户不漏掉任何一头猪。充分调动村委、驻村工作队人员力量，指导督促各养殖场、养殖户做好消毒工作。在屠宰检疫方面，管理部门严格控制生猪进场。加强对生猪屠宰场的监督，对进场生猪进行严格查证与检验，并向货主了解生猪在运输过程中的实际状态，对生猪进行临床健康检查，做好宰前巡查工作。其次，严格按照操作规程进行屠宰。对与非洲猪瘟临床症状相似的现象进行重点检查，尤其是对皮肤、脾脏、肺脏及淋巴结等部位的检查。一旦出现疑似病例，必须及时上报，避免出现瞒报、谎报、漏报、迟报等现象。除此之外，在偏远村寨仍然有野猪出没，所以排查工作也涉及野猪分布，利用卫星探热系统，摸清全县区域内野猪分布情况，特别是与生猪养殖交叉区域更做了重点排查。各镇（街）把台账管理、动态更新、每日报告，并组织签订承诺书（附录 A）作为必要工作，以确保底数清楚真实。

我们在县非洲猪瘟应急处置指挥部看到了贵定县在 2019 年 8 月 7 日这一天的一份工作汇报文件——截止到 8 月 7 日 10 时，全县共组织排查人员 2580 人，累计排查养殖场（户）209936 户次、农贸市场 166 个次、屠宰场点 546 次，共排查生猪 949587 头次；设置检查卡点 16 个，累计检查过卡车辆 551091 车次、过卡生猪 2246 头、生猪产品 41903.4 kg，共查处违法行为 6 起，罚款人民币 26660 元。

2. 加强畜禽调运监管

在疫情开始传入黔南州部分县市以后，贵定县立即关闭了全县范围内的生猪交易市场，禁止生猪跨省调运，并鼓励畜禽产品冷链运输、冷鲜上市；对生猪产品调运继续实施差异化管理，并且运输生猪等活畜车辆暂时不能享受农产品运输“绿色通道”政策，并在以往的政策基础上建立健全活畜禽承运车辆监管制度，要求承运车辆统一向县农业农村局备案，必须要持有动物检疫证以及非洲猪瘟病毒检疫证才能承运，而这两个通行证的获得也在非洲猪瘟爆发后变得困难。县畜牧站主任告诉我们，动物检疫主要是抽检，在以往 40 头生猪，抽检在 5 头左右，疫情爆发后，抽检率达到了 25%，包括承运车辆装载前、装载后都要进行严格的消毒，以免发生通过交通运输工具传播疫情的现象，正因为如此，猪肉检疫成本变大了不少，再加上发生非洲猪瘟病情的地区开始出现“恐慌性倾销”的现象，导致很多养殖户低价出售生猪，而中间商为了得到更多的利益，开始往没有被传染的地区进行倾销，贵定县在非洲猪瘟防控期间，查出了几次重大违法运输的案件，其中，在距离县城30 km远的昌明镇一处县道路口，查处了一辆运有40头大猪的货车，该车上的生猪没有动物检疫证，属于违法行为，县里相关部门对这批来历不明的猪进行了处理。该县每日市场上生猪肉供给量的50%基本靠从邻县大型屠宰场运输过来，但在严控猪肉调运以后，从邻县运输过来的生猪肉只有25%左右，省外猪肉调运把关更是严格，导致市场上的猪肉供给量大幅减少，猪肉价格上涨。

3. 加强餐厨剩余物监管

非洲猪瘟传染路径之一是喂养泔水，在这方面，贵定县相关管理部门强化餐厨剩余物收集、储存、运输、处理、使用等全链条监管，全面禁止餐厨剩余物饲喂生猪，阻止疫情通过餐厨剩余物传播。餐饮服务单位如餐馆、快餐店、小吃店、饮品店、食堂，制订和完善餐厨剩余物管理制度，将餐厨剩余物的规范管理纳入从业人员培训的重要内容。在这些餐饮单位的后勤，我们也看到了许多专门用来装剩菜饭的桶，餐厨剩余物处理记录登记也出现在各家商铺的墙上，相关记录保存期限也由原来的两年变为了一年。这些餐饮服务单位将产生的餐厨剩余物交由符合要求的城市生活垃圾收集、运输企业运至规定的场所处理。在以往各餐馆餐厨剩余物出售、倒运给未获得当地主管部门授权的收集、运输和处置企业是非常常见的事情，因为出售给这些部门商家能获得一定的资金，虽说不多，但也能给他们的经营增加一点利润。在县市场监管局，截止到2019年8月7日出动执法人员3762人次，检查食用农产品集中交易市场62家次，检查食品流通环节4929户次，检查食品生产加工环节14户次，检查网络食品交易第三方平台提供者及自建网站进行交易的食品生产经营者34户次，责令整改食品生产经营者82户次，检查餐饮服务环节2543户次，督促指导餐饮服务单位规范餐厨剩余物管理2543户次，下架、封存、销毁来源不明、未经检验检疫或检验检疫不合格的动物产品及病死动物产品150 kg（货值0.39万元）。这仅仅是我们了解到的一段时期内该管理部门的工作动态，为了使防控有一定的成效，有关部门加大了防控猪瘟重要性的宣传力度，和餐饮企业（户）签订相关承诺书，并委托了有资质的企业对全县的泔水干垃圾实施统一收运，集中到德新镇海螺水泥厂进行焚烧无害化处理，县综合行政执法局上报了截止到 8 月 7 日的相关工作动态，排查了县城区餐饮企业服务单位共 401 个，检查餐厨垃圾处置台账 401 份。8 月 7 日当日，分局共出动 8 人次，排查乡镇餐饮服务单位 2 家；未发现餐饮服务单位将餐厨垃圾流入生猪养殖业现象，干湿分离正常，洪福公司收转运餐厨垃圾 6620 kg 至水泥厂处置终端。

4. 严格执行无害化处理及消毒等防疫制度

要求各镇（街）所辖区域养殖场（定点屠宰场）一旦出现病猪，有关职责部门必须严格进行无害化处理（包括定点生猪屠宰场的残留物），处理方式主要为深埋法。无害化处理的选址要求：必须要选择地势较高，通风并且处于下风向的地点，远离公共场所、居民住宅区、河流等。各屠宰场、养殖户都严格落实生物安全防护措施，并加强定期消毒工作，关于消毒工作机制，是由县管理部门派遣人员逐村对养殖户进行消毒指导，并发放消毒药水以及生石灰等。贵定县施行消毒频率疫点每天消毒 3 ~ 5 次，连续 7 天；之后每天消毒 1 次，持续消毒 15 天的消毒轮回周期，并建立巡查制度，第一周要求每日巡查 1 次，第二周起每周巡查 1 次，连续巡查 3 个月，做好出现疫情后能够及时处理的准备，杜绝一传再传。

四、主要保障措施

1. 保障生猪生产和肉类食品供应

各有关部门和乡镇街道采取有力的措施保护好生猪基础产能、稳定生猪生产量，保障猪肉的市场供给，促进生猪产业健康发展；在保证生猪生产与严格防控非洲猪瘟病毒的同时有效地应对非洲猪瘟疫情对养猪产业的冲击，化挑战为机遇，为生猪养殖场（户）提供政策支持，推进规模化养殖，创建生猪养殖标准化示范场，进一步优化生猪和肉类食品的市场准入机制。例如，给繁育能力较好的母猪和育肥猪提供政策性的保险、为生猪养殖场的水电和租金等出台一些扶持政策，减轻养殖场（户）的压力，避免养殖场（户）恐慌性倾销或者退出生猪市场。各部门组织引导好生猪生产，切实保护生猪产能，使之可以满足市场需求；提倡将生猪送往就近的屠宰场进行检疫宰杀、采取冷链流通的运输方式、冷鲜上市，保证猪肉的质量安全，防止在运输途中感染非洲猪瘟病毒；加快推动生猪调运从运活猪到运肉品的转变；生猪调运目的地仅限于屠宰场，不可以出具目的地为养殖场、交易市场等的生猪检疫证明，禁止生猪流入集贸市场和乡镇集市。

2. 着力强化实施非洲猪瘟防控所需人员、经费、设施的保障

各镇（街）在非洲猪瘟爆发后加强了其兽医机构和队伍建设，稳定基层兽医机构和队伍，让相关工作的开展得到保障。因为前期的工作需要，部分检疫、监测、动物防疫监督在岗人员被调离岗位，但在此之后，这些关键岗位的人员被紧急召回，确保关键时候有人做事，能做成事。人力输出在非洲猪瘟疫情爆发后变大，全县仅仅是卡点职守人员平均一天达到2600人，这些工作人员可以说是整个疫情防控工作付出最多的，因为他们不分白天和黑夜，无论是什么车辆逢过必查，甚至还得不到大多数驾驶员的理解，而非洲猪瘟传入黔南州正好是七八月份，天气比较极端，有气温高达 30 °C 的时候，也有遇到滂沱大雨把安置点帐篷吹垮的时候。除了工作人员的辛勤付出以外，财政经费也随之投入，县财政首先强化财政经费的保障，足额拨付监测、排查、消毒等防控经费，据了解，仅仅是消毒药水的采购，两个月时间耗费400万元的财政经费，县政府还专门安排专项经费，重点用于公路交通检查站和动物卫生监督检查站工作经费和人员补助，以及生猪产地检疫、屠宰检疫和运输车辆监管。在疫情应急准备方面，首先是做好了应急物资贮备；其次是对应急预备队人员进行了相关培训，提高他们的应急处置能力；最后落实工作责任，由县领导分片包保全县 6 镇 2 街道，对各镇（街）卡点标准化设置、值守检查、各村排查、入户宣传及消杀等各项工作进行督促指导，确保在疫情出现时能第一时间解决。

加大非洲猪瘟防控知识宣传力度也成为贵定县管理部门保障措施之一，营造出了群防群控的良好局面，及时回应公众关注的热点，大力通过各媒体普及非洲猪瘟的相关知识，及时向社会和有关部门通报防控工作进展，非洲猪瘟不是人畜共患病，不感染人，引导公众理性消费生猪产品，维护正常的市场秩序和社会稳定，仅 2019 年 8 月 7 日当天，县卫生健康局共发放宣传资料 276 份，23 个 LED 滚动播放宣传标语，24 家医疗机构设立非洲猪瘟疫病防控咨询台 24 张，共解答公众疑惑 196 人次。

3. 实行定点屠宰冷链配送

在全县范围内已全面推进和落实生猪定点屠宰、集中检疫制度，贵定县县城内的所有生猪和牛羊等需要进行屠宰的都要严格按照要求定点屠宰，如果没有得到许可，任何单位、养殖场和个人都不能私自进行屠宰活动，包括

现场宰杀销售在内；在农村地区农民自己养殖的生猪因自己需要食用而进行的屠宰活动不包括在内。生猪定点屠宰、集中检疫有利于保障肉产品的质量安全和维护市场秩序。凡是没有经过许可而私自对牲畜进行屠宰活动的，按照《贵州省牲畜屠宰条例》的规定执行：由贵定县动物卫生监督机构取消该活动，明令禁止此行为，并且将屠宰的牲畜、畜类产品、屠宰活动所用的工具和设备以及违法行为人取得的违法所得财物全部没收；此外，还要处 3 倍以上 5 倍以下货值金额的罚款；如果货值金额难以确定清楚的，则对单位处以十万元以上二十万元以下的罚款，对个人则处以五千元以上一万元以下的罚款。对于有些本身涉嫌非法经营罪不主动认罪还采取暴力行为进行抗法的违法行为人，则把其移交至司法机关，由司法机关依据法律规定追究其刑事责任。再有凡是从事牲畜产品及其肉类制品生产加工的单位和个人，以及从事餐饮服务行业的经营者，在销售或者使用的过程中，发现含有没有按照规定进行检疫或者检疫不合格的牲畜产品、没有经过肉品品质检验或者肉品品质检验不合格的牲畜产品以及经营病死、毒死或者死因不明的牲畜产品的，严格按照《食品安全法》中的规定，由贵定县的市场监督管理局依法对经营者通过违法行为所得和违法经营所得的食品进行没收，并且还要处以罚款，但罚款金额的大小依情节严重性的大小来确定，对于违法生产经营的食品货值金额没有达到一万元的情形，处以十万元以上十五万元以下的罚款；货值金额达到一万元以上的，处以货值金额十五倍以上三十倍以下的罚款；情节严重的，不仅要吊销有关的证照，还会由公安机关对其责任人处以 5 日以上 15 日以下的拘留。通过违法行为维持自己的经营活动和提供劣质的食品给消费者，对广大消费者来说，是一种极其不负责的行为，而且违法经营行为一经发现，不但会被处以极高的罚款，还会严重影响自己的经营事业甚至失去经营资格。餐饮服务者应该按照规定经营和销售产品，为消费者提供优质的食品，赢得消费者的信任。对于销售畜禽产品，相关管理部门严格按照《中华人民共和国动物防疫法》的要求，只有出具检疫合格证明，加施检疫标志的产品才能进入市场进行销售。农业部门还没有出台建议规程，无法出具检疫证明的除外。除了提供动物检疫合格的证明以外，还要按照《生猪屠宰管理条例》中的规定，依法出具肉品品质检验合格的证明和加盖检验合格的印章。无论在什么样的情况下，任何人都不能在没有检疫合格证明和加盖检验合格印章的条件下对畜禽产品进行销售，也不能私自从事不正规的畜禽产品销售，更不能销售未经检疫或检疫不合格的畜禽产品。能够流通在市场上销售的畜禽产品，一定是符合规定的、能够经得起检疫的产品，是可以让人民群众能够放心食用的。鼓励广大人民群众在发现私屠滥宰等危害肉品质量安全的违法行为时，积极举报，提供自己知道的信息和线索，为维护县内肉品市场的安全尽一份力。私屠滥宰行为不仅会扰乱市场正常秩序，还不利于政府管理，并且有明文规定任何单位和个人不能私自进行屠宰活动，对于没有按规定行事的人要采取一定的处罚措施。对于提供违法行为信息受益最大的其实是群众自己，这些违法行为减少了才会有一个更好的消费市场，在购买肉类产品时，购买的食品品质才更有保障，与此同时，群众的消费权利也得到了保障。

4. 强化相关工作追责问责

各镇（街）、各部门切实履职尽责，尤其是主要负责人强化“第一责任人”意识，切实把非洲猪瘟防控工作放在心上、抓在手上、落实到行动上。对本辖区非洲猪瘟防控工作开展督促检查，重点检查防控责任和关键措施落实、应急工作开展以及保供给等情况。县指挥部办公室牵头组织有关单位进一步加大力度，对各镇（街）防控工作落实情况进行督查，并视防控工作进展情况对相关地区开展飞行检查。对领导不重视、职责分工不明确、措施执行不到位、排查不细不全等行为，导致疫情发生和传播的，将依法追究责任人的责任。

五、工作中存在的问题

1. 部分群众防控意识薄弱，对非洲猪瘟疫病的认识不足

一些群众对于非洲猪瘟病毒的防控仍旧存在侥幸心理，思想麻痹，对于配合政府组织人员工作的积极性不高。截至 2019 年 8 月 7 日，贵定县相关部门下架、封存、销毁了来源不明、未经检验检疫或者检验检疫不合格却依旧流入市场的动物产品。极个别群众为牟私利，置公共市场秩序于不顾。由此可以看出部分群众对于非洲猪瘟危害的严重性、非洲猪瘟防控工作的复杂性和长期性缺乏认识。

2. 部分群众对防控人员三番五次的消毒持不理解态度

贵定县相关部门组织大量人员进行消毒工作，严格落实《贵定县县领导包保督导非洲猪瘟疫情防控工作方案》的要求，对全县 8 个镇（街道）的卡点标准化设置、值守检查、各村排查、入户宣传和各养殖场（户）及交易市场等公共环境的消毒杀毒工作进行督导。政府部门充分调动村委、驻村工作

人员力量对全县95个村进行消毒，做到不漏一户。为了严防严控非洲猪瘟疫情的发生，贵定县政府安排了四组消毒，每组消毒频率均较高，导致部分群众不太理解政府组织的多次消毒，认为这样不断重复的工作耗费大量的人力物力，但这样的看法是十分片面的。

3. 工作人员管理懈怠，排查疏忽

黔南州督察小组在对贵定县猪瘟防控卡点进行督查时，曾发现两次关卡职守人员不在场的情况，贵定县16个卡点的设置都是经过相关人员讨论研究确定的，每个卡点都是很重要的入县域通道，有的卡点车辆相对来说会比较少，但是也不能排除有装载生猪的车辆通过。为此追责问责主要负责人，该卡点主要负责人立即做出整改调整。工作虽然十分辛苦，但不能成为工作懈怠的理由，想要保护全县人民的利益，保障贵定县人民的正常生活，只有共同努力才能达成。

六、非洲猪瘟带来的影响

1. 加大人力资源输出

各地非洲猪瘟爆发后，贵定县立即成立了非洲猪瘟防控应急指挥部。指挥部领导构成来自30多个部门，镇（街）主要负责人，并组织大量专业人员对养殖场（户）、农贸市场、屠宰场等进行了排查消毒，有偿委托了有资质的企业对泔水进行统一的收集和交运，在主要的交通要道设置了16个卡点，该县每天用于职守卡点的人员在2600人左右，他们主要是各镇、村的工作人员；公安部门每天出警75人次，排查场所45个；县市场监管局八月份出动执法人员3762次，县林业局共组织150人次开展野外巡查。在政府部门，每个人在各自的岗位，有自己负责的工作，非洲猪瘟的爆发不仅仅加大了他们的工作量，而且对他们的有序工作造成一定的影响。我们了解到，贵定县目前正处于脱贫攻坚成效评估阶段，计划于年底完全脱贫，对于政府管理部门来说，压力无疑又增加了不少。但正因为贵定县各部门联防联控，投入大量人力资源，各司其职，对于非洲猪瘟病毒的防控成效非常显著。

2. 巨大的财政支出

为了防控非洲猪瘟病毒，贵定县政府购买消毒药品发放给养殖场（户），组织并指导养殖场（户）自行开展消毒，肉品市场和村组道路等公共场所则

由政府组织开展消毒活动。为了达到严防严控的目的，消毒频率高。公共场所消毒、动物疫病防控需购置大量二氯异氰尿酸钠、戊二醛、生石灰以及麻袋等消毒用品，2019 年 7 月仅贵定县城内（不包含乡镇）购买消毒药品的财政支出达到了 200 多万，在一个消毒月，发放二氯异氰尿酸钠 10000 包，戊二醛 1920 瓶，生石灰 80 t，麻袋 900 只。整个县共有 16 个卡点，每个卡点都设置有遥控喷射头，每经过一辆车，大概会向车辆喷射 5 s 消毒药，据了解，仅仅在沪昆高速贵定站出口的卡点，最多的一天检查、消毒了 3150 辆车辆。

3. 生猪存栏量下降

非洲猪瘟爆发前，贵定县本地生猪的市场占有量约为 50%，其余 50%主要来自周边地区，非洲猪瘟爆发后，贵定县本地生猪的市场占有量仅为 15%，生猪存栏量降为 20% ~ 30%。受外地非洲猪瘟的影响，生猪存栏量严重下降。贵定县严控外来生猪数量，而人们需求量不会发生较大的改变，本县能宰生猪数量会慢慢减少。

4. 猪肉供给量减少，肉价上升

我们从县发改局了解到，目前贵定县猪肉价格从原来的 13 ~ 14 元/斤（1 斤=0.5 kg）涨到了 28 元/斤，价格翻了一倍，生猪市场交易价 18.2 ~ 18.6 元/斤。由于猪产能的下降，仔猪市场也处于关闭状态。非洲猪瘟病毒传播速度快、发病快、生猪病死率高，感染上这种病毒的生猪一旦被发现就会被扑杀净化，禁止感染病毒的猪肉被调运且流向市场，造成冷鲜猪肉供给市场严重失衡，从外地运来的生猪肉减少，但贵定县的猪肉需求没有改变，消费者对生猪肉的需求大于供给，造成猪肉价格成倍增长。与此同时，鸡鸭鱼等价格波动幅度不大，但基本是上升趋势。

七、总结与反思

通过此次走访调研，我们对非洲猪瘟的认识更深刻了，猪瘟疫情的传播速度极快，对各地的生猪市场造成了极大的影响，为了维护贵定县猪肉市场的平稳运行，各部门都积极参与到猪瘟防控工作中，因地制宜采取各种措施，努力保障生猪生产和肉类食品的供求平衡。非洲猪瘟的防控工作，增大了各部门的工作量，他们不仅要将各项措施落到实处、将工作做好，还要做好市场的监管工作，避免私屠滥宰等违法行为出现，也要将定期消毒等一些防控工作的具体做法教给养殖户，让他们知道一些防控非洲猪瘟的基本做法。虽然非洲猪瘟这一难题还不能完全攻克，暂时只能从它的传播途径入手去尽量阻止它的蔓延，保障生猪产能，维护消费市场秩序，但是，政府投入了大量的财力、物力和人力，在各部门的共同努力下，贵定县对非洲猪瘟的防控工作取得了显著的成效，也保持了猪肉市场的稳定。本次调研也存在一些不足之处：我们选取贵定县进行走访，但由于我们自身的能力有限和经验不足，对具体事物的认识程度不够，事前准备也不够，了解和收集到的信息都有限，我们不能够完全地将管理部门针对非洲猪瘟疫病所采取的防控措施一一道尽，但是，我们也学到了许多课本以外的知识，积累了许多经验，在以后的调研中，我们会在事前做好准备，做得更好更全。

八、致　谢

在我们此次调研中，得到了很多人的帮助与支持，正是因为他们的热心帮助与支持，我们了解到了我们迫切想要了解的东西。他们分别是贵定县农业农村工作局宋局长、贵定县畜牧局唐主任、贵定县畜牧站张站长、贵定县非洲猪瘟应急指挥部工作人员冉学长。感谢他们牺牲宝贵的周末时间受访。

参考文献

[1] 覃军. 猪场非洲猪瘟的防控对策[J]. 现代农业科技，2019.

[2] 包雨鑫，丁军莉，郑海英，等. 非洲猪瘟研究进展[J]. 黑龙江畜牧兽医科技，2018.

[3] 陈晶，王晓虎，黄元，等. 非洲猪瘟流行病学研究进展[J]. 广东畜牧兽医科技，2019.

[4] 阳晴，刘文丽，陈洁. 中国“非洲猪瘟”流行现状及原因浅析[J]. 中国集体经济，2019.

[5] 卢劲晔，顾蓓蓓，卢炜，等. 浅析非洲猪瘟疫情分布、传播及防控对策[J]. 农业开发与装备，2017.

[6] 张志，康京丽，李晓成. 非洲猪瘟的流行特征和传播路线[J]. 中国动物检疫，2018.

[7] 6月份贵州、青海发生多起非洲猪瘟疫情[J]. 中国猪业，2019.

附录

非洲猪瘟防控明白纸——养猪场（户）

严格遵守各级人民政府及畜牧兽医主管部门依法做出有关扑灭动物疫病的规定。

严格控制人员、车辆、易感动物及产品进入养殖场。

每周交替采用5%次氯酸钠，1%戊二醛、生石灰或2%氢氧化钠（火碱）溶液对圈舍、用具、垫料等消毒；运载车辆、装猪车每次装载前及卸载后进行清洗消毒，并做好消毒记录；人员进出养殖场交替采用氯制剂、醛类消毒药消毒。

严格对猪群实施全进全出，实行封闭饲养，不能放养。采用隔离防护措施，避免猪群与野猪、钝缘软蜱接触。

生猪离开饲养场地，养殖户必须提前3天向官方兽医实名检疫，并提供运输生猪的车牌号。

发现感染非洲猪瘟可疑病例应立即隔离猪群，限制猪群移动并立即向当地镇（街）农业服务中心或村级防疫员报告。

严格做好生猪繁殖、购进、出栏、死亡和无害化处理等档案记录。

严格按照畜牧兽医主管部门的规定处置染疫、疑似染疫生猪及其排泄物、病死或死因不明生猪尸体。

严禁使用餐厨废弃物饲喂生猪。

严禁从疫区和高风险区调入生猪，严禁调入染疫或疑似的生猪，严禁调入未经检疫的生猪；新调入生猪必须在24小时内向镇（街）农业服务中心报告并隔离观察45天后方可混群饲养。

联系员（村组干部）：____________ 联系电话：____________

养殖场（户）负责人：____________ 联系电话：____________

非洲猪瘟对大型生猪养殖企业的影响

——以贵州省紫云县德康家庭农场为例

张厚天　雷鹏　张兆伟　宋欣儒
（贵州大学经济学院　贵阳　550025）

【摘　要】非洲猪瘟自 2018 年传到我国开始，来势汹汹，对我国生猪养殖场以及人民生活造成十分严重的影响。本小组通过实地调查生猪养殖场受非洲猪瘟影响情况，以及问卷调查非洲猪瘟对消费者日常生活的影响，了解到非洲猪瘟的来临对那些规模小，管理制度、防疫制度不够完善的生猪养殖场的影响巨大，许多小型养殖场因此倒闭，停止了生产活动；而对消费者来说最大的影响就是猪肉价格猛涨，以及其他产品的相对价格浮动，增加了其生活开支。

【关键词】非洲猪瘟；贵州；生猪养殖

一、前　言

非洲猪瘟于 2018 年传入我国，对我国的生猪养殖业造成了巨大的冲击，猪肉价格也达到了历史新高。本次主要针对贵州地区的规模化生猪养殖场开展个例研究，探查此次疫情给当地的规模养殖场带来的影响。非洲猪瘟是一种接触性传染病，其具有热性、急性的特点，一旦猪感染上非洲猪瘟病毒，其发病率和病死率能高达 100%。从 2018 年 8 月开始，非洲猪瘟疫情传入我国，全国 31 个省份先后发生非洲猪瘟疫情。自发生疫情以来，我国养猪业就面临生猪跨省调运被禁止，仔猪价格持续上涨，南北方猪肉价格差异扩大等一系列问题，非洲猪瘟已成为阻碍我国养猪产业健康发展的绊脚石。

因此，本文以生猪养殖场为切入点，深入分析当前我国生猪养殖场面临非洲猪瘟疫情时，在生产环境、饲养管理方式、仔猪选种、检疫、销售市场、饲料以及生猪保险等方面做出的改变及措施现状，结合国家相关政策提出建议。为当前生猪生产、养殖场抵抗非洲猪瘟提供有价值的参考。自非洲猪瘟发生以来，各专家学者都对非洲猪瘟的影响提出了各自的看法，并且提出了相关的意见，例如荣朝兵在《谈非洲猪瘟带来的挑战与机遇》一文中，从非洲猪瘟的社会影响，对畜牧兽医工作的影响和对养猪行业的影响，三个角度来看待非洲猪瘟带来的挑战，并以此提出“非洲猪瘟的发生给我们带来的只是灾难吗？”问题；成建国在《非洲猪瘟对我国养猪业的影响与挑战及应对措施》中从存栏率、养猪业布局、养猪模式、养殖格局，看待非洲猪瘟所带来的影响，以此来提出相关措施建议；仇华吉在《非洲猪瘟：挑战与对策》一文中，首先对非洲猪瘟进行了详细的解释，随之对我国非洲猪瘟疫情形势做出了相关的描述，在文章后半部分，提出了非洲猪瘟防控的相关原则。国内研究主要从宏观上提出了相关的看法和意见，但具体措施如何去实行，如何去解决实行中所带来的问题，都没有做出详尽阐述。面对非洲猪瘟，养殖场推出诸多应对措施，如增加防疫管控手段等。对于这种现象，我们不仅仅研究应对猪瘟的策略，更要明白为什么这样做。养殖场在选择应对方法时是如何考虑的，他们的选择倾向表现出什么样的特点，我们还希望知道为什么他们会这样选择，以及这些选择导致的结果。我们的主要研究目标就是了解目标农场的运作方式，并通过技术、饲料、资金、保险、政策等方面的细节，来思考与分析非洲猪瘟背景下政府、企业与农民在养殖中的行为模式。

在对紫云县周围前期观察的基础上，我们以德康集团旗下的家庭农场为个案展开研究，主要采用深度访谈并辅以问卷法来收集资料。由于颜同学是紫云县人，加上认识养殖场负责人，确保了本次深度调查的可行性。而问卷根据受访对象，分为养殖场人员与消费者。后者以网络问卷为主，对不同年龄段的消费者发放，确保其回收率与有效性。

二、关于非洲猪瘟

1. 非洲猪瘟历史概述

非洲猪瘟也称为疣猪病，是一种急性、发烧传染性很高的滤过性病毒所引发的猪病，具有病发进程短、病死率 100%的特点。该病于 1921 年在肯尼亚初次报道，此后非洲撒哈拉以南的国家成为非洲猪瘟的重灾区，1957 年非洲猪瘟在葡萄牙登陆而后迅速蔓延至欧洲多国，此后，虽然疫情受到多次扑灭，但在葡萄牙、西班牙南部及意大利等国仍有流行。与此同时，拉美国家也遭受到非洲猪瘟的侵袭，生猪养殖业遭到了前所未有的重创。

2007 年，非洲猪瘟开始在全球多国流行扩散，俄罗斯及其周边地区尤为严重，2017 年俄罗斯伊尔库茨克州发生非洲猪瘟疫情，这也是当时所报道的距中国最近的一次非洲猪瘟疫情，距中国仅有 1000 km。中国是猪肉进口大国，非洲猪瘟在全球的蔓延加上与别国频繁的贸易往来使得非洲猪瘟传入我国的风险不断加剧。对此，我国农业部在 2017 年 4 月 12 日公布了关于进一步加强非洲猪瘟风险防范工作的紧急通知。

2018 年 8 月 3 日，辽宁沈阳发现非洲猪瘟。截至 8 月 3 日 15 时，疫点对感染的生猪进行了全数扑杀和消毒。8 月 16 日，农业农村部新闻办公室发布，由一批从黑龙江省调往河南省郑州市的生猪身上确诊发生非洲猪瘟，接下来的短短三个月内，非洲猪瘟疫情迅速在全国蔓延开来，多省受损，北方地区尤为严重，尤其是我国的东北地区生猪养殖业遭受重创。到目前为止，仍然没有有效方法能够根除非洲猪瘟的疫情。

2. 非洲猪瘟对我国的影响

（1）供应量的大幅度减少。这个可以从两个方面进行阐述：一是国家对生猪养殖场的关闭；二是一头生猪从仔猪到可以宰杀售卖的生猪需要 5 ~ 6 个月。政府对环境污染严重、有受到非洲猪瘟影响的养殖场进行关闭，这毋庸置疑导致了生猪供应量的减少；厂商目标就是追求利益最大化，尽管有些厂商追求目标有所不同，但是仍受利益最大化这一目标所约束，从而进行生产活动，所以一时生猪的供应量大大减少。

（2）生产成本的增加。① 非洲猪瘟的来临，受到非洲猪瘟影响的养猪场因此而关闭，没有受到影响的养猪场为了安全生产会逐渐加大防疫检验的频次以及效率。② 在生猪的运输上，各种繁杂的手续文件也增加了生产成本。③ 仔猪供应商因猪肉价格上升，也增加了其仔猪的销售价格，养猪厂家的仔猪购买价格也大大增加，生产成本进一步增加了。④ 经过此次非洲猪瘟的影响，原本没有得到很好实施贯彻的养猪场建设经营标准会得到重视，越来越多的养猪场主会自觉了解相关标准要求，贯彻相应的生产标准，如猪场选址至少距离村庄、主要公路及其他养猪场户多远距离等。如果只图就近、方便、省钱，最终无法生产或有疾病发生，则损失更大。而养殖场为了得到更好更加长远的发展，也会不仅仅满足于符合国家标准，会往地方标准、企业标准这些更加严格的标准靠拢，以提高自身产品的竞争力。⑤ 一些小规模的养猪场为了节约成本，大量购买泔水来饲养生猪，目前我国的非洲猪瘟疫情有相当部分发生在泔水养猪户，经过此次非洲猪瘟，这些小规模养殖户大多不复存在，而其他大规模养殖户会更新其饲料结构，购买更加优良的饲料产品，这也会增加其生产成本；另外如果企业为了提高其产品的优异性，增加产品的市场竞争力，其他设施也会相继跟进，生产成本也相应会进一步增加。

（3）收入的影响。非洲猪瘟对养殖场的影响很直接，受非洲猪瘟影响，有的厂家因病猪，养殖场被关闭，资金链断裂，投入资金收不回来；而那些无病猪的厂家只要有生猪，在现有市场生猪肉价格猛涨的环境下，不愁销路，也不愁价格，产品销量增加而且售卖价格也随之增加，因此大赚了一笔。

（4）生产规模的影响。一些受非洲猪瘟影响严重的厂家面临倒闭，停止生产；一些受到非洲猪瘟影响较轻的厂家也会缩小养殖场的规模；那些没有受到非洲猪瘟影响的厂家，因为猪肉价格的增加，自身的销售额也随之增加，收益增加，也会增加厂家扩大规模的野心。

（5）对消费者生活的影响。对消费者最直接的影响应该就是猪肉价格猛涨，消费者购买猪肉，不仅仅是因为猪肉的优异特性，对汉族人来说，更是一种文化，一种饮食文化、餐桌文化，对于消费者来说，猪肉已经逐渐成为一种生活必需品，所以消费者仍是要继续购买猪肉，但也增加了消费者的生活成本。另外如果消费者在食堂、饭店进行消费的话，就会发现相比以往，同等价格的菜猪肉量变少了，同等肉量的菜价格上升了，甚至其他肉类或其他产品也有价格的上涨，因为经营者的成本增加了。

三、实地案例分析

1. 调研对象

大营镇位于紫云县、罗甸县、望谟县三县交界处，处于麻山腹地。群山绵延，地貌地形复杂，坡度落差较大，属于喀斯特地貌的深山区、石山区，是贵州省 20 个极贫乡镇之一，全镇资源贫乏，产业结构单一，“第二”“第三”产业发展极弱，自身发展动能不足，所辖的 13 个村均是贫困村，村民贫困发生率极高、贫困程度深。本次调研的地点是贵州省紫云县大进家庭农场，该养殖场由中国十大民营企业——华西希望·德康集团和当地政府共同创办，是德康在紫云县建设的多个家庭农场中的一个。建设项目于 2016 年启动，综合大营镇当地的地理环境条件，规划在大营镇建设 20 个生猪家庭农场，60 个优质肉鸡家庭农场，并建设 1 个父母代种鸡场（含有机肥厂），项目预算总投资 16965 万元。德康生态家庭农场合作上采用“合作社+龙头企业+能人+贫困户”的四位一体新型合作模式，即由政府牵头，寻找优秀的有能力的企业提供猪苗、饲料、药品、养殖技术指导、出栏猪的销售等，由合作社提供后勤服务，对人员及场地进行管理，寻找养殖能人组建生产合作组与企业对接，采取“集中圈养、能人饲养、按股分红”的办法，带动当地农户的参与。生产经营上，借鉴德康公司与其他地区的合作模式，经与当地政府协商，采取统一规划、统一培训指导、统一饲料供应、统一生产管理、统一回收销售的“五统一”模式组织生产经营，带动贫困户脱贫致富。

2. 公司简介

本次调研的地点是贵州省安顺市紫云县大营镇的德康家庭农场，该农场由四川德康农牧食品集团股份有限公司和当地政府合办。德康公司是中国农牧业龙头华西希望集团旗下的一个子公司，华西希望集团成立于1997年，现任董事长为希望事业创始人、希望饲料核心技术研制者、希望集团总经理陈育新。华西希望集团拥有两大特点：一是在产业选择上坚持着“以农为本，一业为主，多业并举”的方针，不跟风、不赶潮、不树敌，躬身耕耘于大农业领域，矢志不渝地为中国农业的振兴竭心尽力；二是在企业经营上坚持“以人为本，不断创新”，认为企业的发展归根结底在于人的发展，牢记“诚实做人，精明做事，勤奋工作，追求美好”的企业精神和“客户满意，商家赚钱，企业发展，员工增值”的企业使命。目前华西希望集团拥有全资、控股、参股企业100多家，员工总数超过12000名，在国内的饲料工业、肉食品饲养、加工等方面的技术都算得上是首屈一指，其在中国农牧行业企业中也占据着举足轻重的地位。

3. 德康运营模式

德康公司的运营模式总结起来可分为三个大类，分别为“五方合作”“五化”以及“五统一”。

（1）五方合作。五方合作指的是德康公司在发展生猪养殖上拥有着政府帮助、企业主导、农户参与、保险保障、银行信贷等合作优势。政府介入为养殖场的发展提供了足够的政策支持以及信息渠道，同时在资金上予以一定帮扶，由政府出资修建厂房，提供给农户进行生产，降低了企业和农户的生产风险；以企业主导养殖场，为生产提供了可靠的技术人才支持和资金支持，同时德康公司在国内农牧行业中具有举足轻重的地位，公司在业内也享有较好的口碑，以企业为主导可以使养殖场拥有一张有分量的名片，有利于产品销售以及对外开展合作；带动当地农户参与，安顺市紫云县的大营镇大进村地处深山腹地，交通不便，是当地的极贫村之一，带动当地农户参与，可以为生产方式较为粗放化的农户提供更为细致、科学的技术指导，科学控制生产成本，提高产品品质，增加农户收入，同时雇佣农户参加养殖场工作，为有就业需求，却找不到结业机会的农户提供了结业岗位，在员工管理上德康公司在政府的帮助下予以农户更多的优惠，制订了更多激励机制，极大地增加了参与到生产经营中来的农户的生产积极性，为当地的脱贫工作做出了极大贡献；保险保障方面，德康公司与平安保险公司开展合作，建立相对完善的农业保险机制，能够有效降低生产经营中面临的风险；同时，公司还与当地银行开展合作，银行为企业以及农户提供优惠信贷服务，为养殖场的规模化、规范化提供了可靠的资金保障，并为有能力、有想法的养殖能人提供了创业机会。

（2）五化。所谓“五化”是指德康公司在开展养殖工作中，力求达到的五个重要点，分别为：农民职业化、养殖智能化、生产规范化、防疫制度化以及粪肥资源化。农民职业化：德康家庭农场是以“合作社+龙头企业+能人+贫困户”四位一体的合作模式进行经营的，选址贫困村落可以有效带动当地闲散贫困农户就业，参加到养殖生产中来，将生产技术较为落后的农民培养成养殖技术工人，实现由农民到工人的转变，提高了当地的劳动力生产专业化水平，并为其提供了完善全套的保障，使其职业化。养殖智能化：德康家庭农场在养殖场的建设上采用了现代化的方式，建设现代化、智能化农场，农场中拥有净水器、调温器、喂食器以及管理控制系统等设施，能够更科学化、智能化、精细化地管理农场，节省了部分人力成本，为生产的成本、利润核算的精细化、准确化提供了物质基础。生产规范化：家庭农场对生产操作流程有着严格的要求和规范，对于入职的员工会定期开展技术培训，确保生产技术的规范性。防疫制度化：德康家庭农场制订了严格的防疫检疫制度，建立了防疫预警中心，能够为养殖生产提供可靠的防控保障。粪肥资源化：畜禽养殖排污造成的环境问题一直是困扰大家的心病，德康家庭农场在牲畜养殖的基础上发展小规模种植业，将产生的动物粪便用作种植肥料，种植的作物又可作为喂养饲料，成功打造出一个内循环，有效降低了生猪养殖带来的污染问题。

（3）五统一。五统一是指：统一规划布局、统一培训指导、统一物料供应、统一生产管理、统一回收销售。统一规划布局：德康公司在全国多地都开设有家庭农场，以规模作为参照依据，大体上将其分为两种类型，并且在投建之前对选址进行详细的规划设计，确保投入成本的效率最大化。统一培训指导：德康集团是中国农牧业巨头华西希望集团的下设分支，具有雄厚的人才资源和专业技术团队，能够在生产线上的员工入职前为其提供系统规范的技术指导培训，提高员工的技术水平，保证其操作的规范性。统一物料供应：华西希望集团以饲料行业起家，如今其饲料技术在行内业内首屈一指，拥有专业化水平极高的饲料公司，为德康家庭农场提供饲料供应，在养殖生产上的诸多物质因素，华西希望集团也为家庭农场提供支持。统一生产管理：家庭农场的生产管理是严格统一的，生猪进栏出栏均要严格记录批次顺序，高效率的同时保持了良好的秩序性，也因如此，德康家庭农场在非洲猪瘟疫情出现后能够迅速改变生产管理方式，打造闭环养殖，有效地将疫病隔绝在外。统一回收销售：在德康公司内部拥有细致的分工部门，无需生产部门亲自为产品寻找买家，产品由销售部门统一收回进行销售，销售部门的销售方式以和买方签订订单的方式为主，然后根据需求量进行生产。据了解，生猪肉产品销量一向很好，常会供不应求，极少出现产品滞销现象。

（4）模式优势。

① 保证农户收益的稳定性，有效降低市场风险。德康公司拥有多年的发展历史，已经形成了一定的规模，涉足多行业，实力雄厚，拥有专门的行情分析团队及市场销售渠道，能够按价回收，保障农户的基本权益。

② 化解农户资金短缺问题。农户与德康公司合作可以通过记账的形式到公司领取猪仔、饲料、动物保险等生产物资及保障，让农户能够仅仅以少量的启动资金投入生产当中。

③ 降低农户技术风险。德康公司拥有专业的技术团队，会定期对农户进行专业技术培训，拥有专业人员全程指导农户在猪场进行生产，对疾病进行防控、治疗等。能够有效降低农户因生产技术水平落后而带来的生猪患病风险。

（5）技术、防疫、种源及安全。

德康公司拥有国内优秀的专业技术团队，公司技术团队中现有享受国务院政府特殊津贴专家 1 人，国家“万人计划”专家 1 人，博士 17 人，硕士 60 人，大学本科生 1000 多人，能够为生产经营提供可靠的技术保障。德康公司拥有非政府营运的疾控中心，在国内建立了强大的疫病防控监测预警体系，能够有效地保障生产的安全性、稳定性，为生猪养殖保驾护航。德康种猪自北欧引进，拥有良好的性状，种猪质量达到世界先进水平。

凡有疫情处，猪场全扑杀，我国猪肉总产量将大幅下跌，市场供应紧张已成定局。俄罗斯于 2007 年发生非洲猪瘟，但猪肉产量一直持续上涨，从 2017 年的 193 万吨增加到 2018 年的 371 万吨，年均复合增长率 6.2%，2019 年，预计总产量可达 390 万吨，进入全球前五位。猪肉自给率由 2010 年的 66%猛增到 2018 年的 100%，2019 年将转为猪肉净出口国。2007—2019 年，俄罗斯共发生非洲猪瘟 1400 起，在疫情不止的状态下，俄罗斯如何保持生猪生产上涨，值得我们借鉴。据中国畜牧业协会赴俄罗斯考察团介绍，他们除建立一个自上而下强有力的兽医体系，确保顶层设计的相关政策执行到位外，最关键的是建立养猪场生物安全等级制。第一等级，是所有散养的家庭养殖户，生物安全级别最低。第二等级，是圈养方式的家庭养殖户，不能饲喂泔水，和第一个等级的散户没有任何联系。第三等级，是圈养方式的猪场，饲养员只在一个场工作，不能到别个猪场工作，除了饲养员可以接触动物，其他人员都不能接触。外来人士也不得在场内接触猪场人员。猪场与其他场距离超过 500 m。猪场过去一段时间内没有规定范围内的疾病，不同的猪病有不同的时间规定。第四等级，在满足第三等级要求情况下，猪场的所有资源全部来源于自己的一体化公司，不与外界发生任何联系。所有饲料都是高温处理过的颗粒料。所有工作人员进入猪场换一次性服装和鞋，消毒、洗澡、洗手。猪场人员和运输物料、运猪等车辆不能混用，专门服务于该猪场。俄罗斯 90% 一体化企业的养殖场都达到了四级生物安全等级，一体化企业因为非洲猪瘟影响产量下降不到 1%。

由于猪瘟的盛行，防疫工作成本增加，在生物安全的压力下，德康集团唯有进行技术革命与大胆创新。早在 2019 年 8 月份，德康生猪事业的“母猪精准饲养”项目启动，提出十六字实施方针：“精准饲养，技术规范，高效执行，降本增效”，通过科学化的管理，解决猪瘟带来的种苗问题，以缓解生物安全方面的压力。母猪精准饲养仅仅是德康集团生物安全防治方案中的一部分。就在 9 月 20 日，欧盟生猪一体化项目在四川省眉山市启动，其总投资高达 120 亿元，采用的生产技术属于全球领先水平，计划建设代表欧盟标准的生猪屠宰、分割、加工、包装和冷链物流配送网络，预计年屠宰加工生猪可达 600 万头。其中一期项目 300 万头，投资 60 亿元。德康集团与德国通内斯集团的合作，正是在提高生物安全防治级别的背景下，借鉴俄罗斯对非洲猪瘟的应对策略，建设一体化的生物安全体系，以实现生产成绩的快速提升，同时推动集团养殖水平和经济效益的整体提升。

本次所调研的家庭农场，从生物安全视角来解读，养殖场位于群山底部，只能通过沿山公路进入，一般而言只有养殖场人员、消毒车、运输车等出入，只要处理好人员、器械等流通的生物安全管理问题，某种程度上可以说切断了外源性致病微生物的流入。实际调研时，作为调研的外来车辆，只能停在门口，之后我们也并没有机会到猪舍里去参观，可见养殖场在安全管理方面非常到位。据工作人员所说，养殖场所用饲料来源于企业内部生产的产品，所以能够初步判断出，该养殖场在俄罗斯生物安全级别中至少属于第三等级。后来，我们发现，该养殖场的猪舍，也几乎不与外界发生任何联系，只有专业的饲养员可以进入，甚至能够达到完全一体化的第四生物安全等级。为什么德康集团在猪瘟时期仍然能存活下来，其对生物安全工作积极的态度已说明了问题的答案。

4. 扶贫工作

（1）紫云县贫困现状。紫云县是国家扶持贵州的26个贫困县之一（表1），地处麻山极贫地区腹地的偏远位置，加上喀斯特发育、封闭性强、土层脊薄、旱涝灾害频繁、生态环境脆弱，以及少数民族集中、经济结构单一等原因，使该县农村贫困面大，贫困程度深，基础设施落后，人畜饮水困难，人口素质低，科技文化落后，集老、少、边、穷为一体，是贵州省内喀斯特脆弱生态环境条件下区域贫困的典型代表，也是省内少数只能通过环境移民才能根本消除贫困的县域之一。

表1　紫云县2014年后的贫困信息

时间	贫困人口/人	贫困发生率/%
2014年12月	78246	21.65
2015年12月	64578	17.89
2016年12月	72425	20.06
2017年12月	67321	18.65
2018年9月	65988	18.28

资料来源：根据紫云县扶贫开发办公室数据整理所得。

2017年底，全国贫困发生率已降至3.1%，而根据表1的数据，从2014年12月开始的78246贫困人口，到2017年12月的67321贫困人口，其贫困发生率仅仅同比下降3%，高达18.65%，相比全国水平差距巨大，可知紫云县贫困人口的精准扶贫工作效益相对较低，扶贫方面可能存在问题，虽然贫困率在逐年减少，但减贫速度依旧缓慢。

（2）紫云扶贫存在的问题。在实地调研过程中，笔者对紫云县恶劣的地理条件印象深刻。在从暂住地前往养殖场的路途中，在沿山公路行驶不下3 h，其中在狭窄危险的公路行驶超过2 h，数段公路发生坍塌，部分路段发生严重坍塌。紫云县近年来完成路面硬化，公路却在频繁的建设中，不堪重负。紫云县建档立卡的贫困户中大部分都是少数民族，主要生活在山区，交通不便、水电等基础设施落后，严重制约脱贫工作的进行，阻碍其步入小康社会的脚步。

紫云县贫困户能力不足，一方面是贫困户整体的文化素质偏低，根据对紫云县建档立卡贫困信息的统计，文化水平在小学以下（包括小学）的超过 5 万余人，占贫困人口的 51.69%，除此之外，高中以上文化程度的人数占比仅有 2.37%。另外，专业技能的匮乏也是原因之一。根据贫困人口数据库显示，紫云县有 61536 人都是正常劳动力，技能劳动力仅有 1162 人，仅占正常劳动力的 1.89%。生存技能的缺乏使得贫困人口难以获得高的经济收入，阻碍紫云县的扶贫工作发展。

（3）希望集团（以下简称企业）在紫云的扶贫策略。

一般来说，由地方单位（农户）提供猪舍，企业来提供技术、饲料、疫苗，还有高质量的专业化团队。如果做成规模养殖，一方面要注意环境控制，另一方面要注意疫病的防治工作。企业在把猪苗交付给农户后，按照料用比发放饲料与防疫用品，之后根据农户的饲养成绩来衡量收入。如果农户养得好，达到存活率 95%以上，药用率 2.5%以下的指标，一月收入 10000 万以上是不存在问题的。即使农户方面出现小问题，养得不好，每月也有 3000 多的收入，脱贫是不成问题的。

（4）猪瘟对该公司带来的影响。

近来受非洲猪瘟的影响，生猪养殖的成本也明显升高，接下来将针对非洲猪瘟对生猪养殖业造成的影响，以德康家庭农场为例从以下几个方面进行详述：

① 对生产环境进行严格要求。非洲猪瘟的到来使得生猪养殖行业的投入成本明显增高，而动物保护作为生猪生产最为重要的环节，在面临非洲猪瘟的大环境下，动物保护工作的成果将与企业的生死存亡息息相关，生产者在生产防护上增加的投入是必不可少的。在猪场建设上，家庭农场在政府的帮助下在养殖场外围修建了铁皮防护网用来防止鼠类传播病毒。为了保证水源的无害性，农场增设了净水房，对喂养生猪的水源进行过滤和消毒，净水房采用国外进口设备，一套设备的价格可以达到 1 万多元，在水源上做的防护措施同样增加了养殖成本。此外，对猪舍的消毒工作在成本上也大幅提升，德康家庭农场的消毒方式以物理消毒和化学消毒方式相结合为主，物理上通过火焰枪进行高温杀菌，化学上采用消毒剂对病菌进行杀灭。猪瘟疫情扩散开之前，该养殖场的消毒频率基本保持在每周 1 次，少数情况为每周 2 次，非洲猪瘟在中国传播开来之后养殖场的消毒频率上升到每周 2 ~ 3 次，消毒成本升高到 2 ~ 3 倍。

② 饲养管理方式变更。非洲猪瘟的传播速度极快且致死率几乎为 100%，传播途径多样，生猪及其产品跨区域调运、餐厨剩余物喂猪、人员与车辆等机械带毒传播均在导致生猪感染病毒。为了应对的疫情，德康集团大进家庭

农场采用了更为严格的生产管理方式，进行封闭饲养，将原先的连续性生产方式转为批次性生产方式，打造闭环，全进全出的饲养管理体制，做到猪场内的同一猪舍内只饲养同一批次的仔猪，同时入栏、同时出栏，降低感染风险。

③ 仔猪选种。仔猪作为生猪生产的源头部分，其品质的优劣及价格的高低直接影响着生猪的养殖、售卖及销售过程。随着养猪业逐步规模化发展，为创造出好的经济效益，越来越多的猪场选择从外购买猪苗进行养殖。德康集团大进家庭农场也选择购买仔猪进行生产。这类育肥仔猪的生产方式经营管理方法简易，便于开启后续养殖。同时可以根据市场行情的变化，随时进行品种的调整来避免损失。猪舍的设计结构简单、仔猪饲养所需的时间较短，周转快，从投入到产出仅需 5 ~ 6 个月，就可由 6.5 kg 饲养至 135 kg。但育肥仔猪也存在着一些缺点。无法找到稳定的仔猪供应点，无论从质量、规格，还是品种上来说，都很难购买到统一的仔猪。公司的养殖收益受购买成本和生猪市场销售价格波动较大。从养殖场总经理处获悉，自非洲猪瘟爆发以来，仔猪成本由 14 元/公斤（1 公斤=1 kg）增长至 30 元/公斤，上涨为原来的 2.14 倍。仔猪价格上涨的主要原因是产能下降，仔猪的数量减少。受 2018 年环保规范的整治、非洲猪瘟的影响，全国生猪生产能力大幅下降，而需求量因猪瘟的影响上升，导致供不应求，价格大幅上涨。此外，养殖户看好预期的行情，逐步提速补栏也进一步提高了仔猪的价格。在疫情不确定性的影响下，有能力的养殖户普遍看好猪肉的市场行情，逐步提速补栏，仔猪的价格还在呈上涨的趋势。仔猪价格提高，导致公司养殖成本直线上升以至于直接推高了猪肉的价格，使得猪肉生产量下降，难免出现“肉贵伤民”的现象。德康集团大进家庭农场选用了三元仔猪，三元仔猪是用三个品种杂交出来的猪，利用其杂交优势，生产出的猪肉瘦肉率高，更符合现今消费者的需求，销售市场更加宽泛。

④ 检疫措施。非洲猪瘟被世界动物卫生组织列为法定报告动物疫病，中国也将其列为一类动物疫病。切实做好动物的检疫监管工作，是预防并控制非洲猪瘟蔓延的有效手段，事关养殖场整体存亡，也事关我国养猪行业的持续健康发展，意义重大。在非洲猪瘟大面积发生后，国家在检疫方面做了很多的工作。第一，加强对生猪养殖地的检疫工作，对具有非洲猪瘟疑似症状的生猪进行重点检查。第二，增强生猪屠宰的检疫程度，不仅要对屠宰前的生猪进行检疫，在屠宰过程中以及屠宰过后的生鲜猪肉产品也要做好相应检疫工作。第三，强化流通管理，监督承运人在装载前、卸载后对运输生猪及其产品的车辆进行清洗、消毒。产生非洲猪瘟疫情的省及其临近的省都要暂停生猪跨省运输售卖。对于违规调运的生猪及生猪产品，不得劝返，要立即

扣押，并进行无害化处理。第四，要严格检疫出证，严格落实“六条禁令”和屠宰检疫“五不得”，加强对非洲猪瘟防控新要求、新措施的学习和掌握，依法依规开展各项检疫监管工作。德康集团大进家庭农场的生猪在非洲猪瘟爆发前主要供往广东、广西猪肉需求大省，在非洲猪瘟爆发后，由于省内供给量不足、检疫手续变得复杂，现今大部分生猪供销贵州本地。与以往的检疫手段相比，增加了质检报告，乡、县检疫证明。对于有必要跨市区的生猪售卖，需要有对点的手续进行售卖；对于有必要跨省运输的生猪，需出具动检所的检疫报告。与以往相比，这一系列的检疫证明，使生猪的销售过程变得更加复杂，检疫成本的上升，也是猪肉售价上涨的原因之一。

⑤ 销售市场。德康集团在贵州经营的生猪养殖场产出的产品大部分供贵州本地消费，其余部分主要销往距离贵州较近的广西、广东等地。中国素来是猪肉进口大国，国内的猪肉供给不足以满足需求量，根据数据显示，在 2018 年中国全年的猪肉产量达到了 5404 万吨，进口量达到 182.1 万吨，加上今年非洲猪瘟对国内生猪养殖业造成巨大冲击，供给量大大下降，多地养殖场的生猪存栏量均大幅下降，相关人士分析今年的猪肉产量相比去年可能还将下降 20%～30%，如果这样，那猪肉的供需缺口将达到 1200 万吨以上，而且很多疫情重灾区遭受的冲击更大，减产幅度更大。所以当前国内猪肉市场仍处于供不应求的阶段，而且受非洲猪瘟的影响这种程度更为加剧。所以当前情况下，紫云县大营镇的德康家庭农场并不存在产品过剩的情况，加上该农场位于贵州深山腹地，拥有优良的生态地理环境和严格把控的管理防治措施，截止到目前在养殖场内未发现生猪感染的现象，整体生猪存栏量并未受到太大影响，销售市场对于目前的德康家庭农场来说是利好的。

⑥ 饲料。饲料作为生猪养殖的主要成本，可以说是非洲猪瘟中的热点之一。而饲料企业作为养殖产品的提供者，其在非洲猪瘟方面肩负着不可推卸的责任。近年来，谈瘟色变，饲料企业噤若寒蝉，生怕因为态度问题引起媒体舆论攻击，以至于被养殖场谴责，失去大量潜在客户，蒙受难以承受的损失。实际上，就目前为止，我国还没有发现一件与工厂化生产的饲料（不包括泔水）相关联的非洲猪瘟案例，在众多饲料厂的抽样检查中也没有发现含有非洲猪瘟病毒的饲料。

非洲猪瘟初发时，农业农村部曾发布一个通知：禁止在猪饲料之中使用猪血液制品。原因是在多个血液制品生产厂家的产品中检测出非洲猪瘟病毒核酸阳性，但是仅仅几个月之后就解除该禁令，因为专家通过实验证明使用类似的血液制品不会引发非洲猪瘟。饲料产品在有心人的引导下，被打上“危险”的标签，使得饲料被养殖场排斥。种种原因使得饲料企业转向饲料-养殖一体化发展，本次调研的养殖场，就属于该情况。过去企业以饲料业务为主，到后来跟随政府主张产业扶贫的步伐，开始投入大量资金，配合农民经营养殖场，解决农民贫困问题。

⑦ 生猪保险。

养殖业保险作为农业保险的基石，在应对非洲猪瘟的风险决策中，同样具有不可或缺的重要性。在调研过程中我们对此提及购买生猪保险以规避非洲猪瘟带来的风险，但养殖业保险是农业保险当中最薄弱的一部分，近年来养殖业保险在发展过程中所面临的问题非常复杂，其对非洲猪瘟的替代性也不再可靠。

生猪保险是一种以种猪、肉用猪为保险标的，保险期限一般为 6 个月的养殖业保险，其保险标的为种猪、肉用猪自仔猪断乳分圈饲养开始至育肥出栏为止，而种猪自选作种用开始，保险期限为一年。肉用猪一般没有确定的保额，均按头收取保险费；种猪按账面原值或饲养成本的 5 ~ 8 成协商确定。如果在保险期限内，保险生猪发生属于保险范围的伤亡，肉用仔猪按相应的档次定额赔付或收购价值的 5 ~ 8 成赔付，种猪则按保额赔偿。能繁母猪保险保额为每头 1000 元，保费为每头 60 元（中央及地方各级政府承担 48 元，保户则为 12 元），由中国保监会所规定。

保险方面的不足。生猪保险不足以弥补风险，与发达国家不同，现阶段我国生猪保险主要通过定位于“主要承保生猪疫情灾害风险中的可保风险，提供政府救助之外的补充保障”来增强养殖户灾后生活的自救能力，并不承保因农产品供求和市场价格变化以及汇率变化等导致的农业经营风险。就目前而言，保费低，保额更低，以 2007 年农业部制定的标准来看，能繁母猪的保额仅有 1000 元，保费仅有 60 元。随着社会的发展，不论是货币的价值还是农产品的价格都发生巨大变动，而保费和保额却止步不前，这种保险与生产上的不平衡、不充分、不适应，使得保险不能降低养殖户的经济损失。而且如若养殖场中的防疫管控工作疏忽、失效导致养殖场出现意外，就会使整个养殖场瘫痪，完全停止运转，乃至一年以上不能够盈利。提高防疫标准，做好防疫工作，其成本并没有增加多少，反而为每一头猪购买保险，一旦发生猪瘟企业的损失将更大，所以生猪保险这样的情况使得养殖场对农业保险并不感兴趣。

生猪保险过于复杂。养殖场为每头猪投保，都要经过农户申报，保费造册，网上录入的程序。其中仅录入工作就长达两个多月，中间还有可能出现差错，影响到赔付。进一步来说，保险公司要为每头猪增加耳标，在养殖过程中耳标脱落而养殖场不知情，在猪死亡后，保险公司不会负责，使得养殖场对保险公司失去信任。

在赔付过程中，保险公司需要派工作人员到现场确认，其距离养殖场路程较远，而保险公司聘用的工作人员较少，上报后两天左右工作人员才能到现场，实际上，死猪早已腐败，造成病毒扩散。现场确认后，生猪带标到最后录入，经历防疫员、乡站保险具体负责人、乡站站长、动物疾控中心养殖业保险负责人、保险公司录入等多个工作人员人手，一旦有人操作失误，录入不符，生猪都不能得到应有的赔付。

以上种种原因使得生猪保险的赔付难以实现，导致养殖场与保险公司间的信任关系难以建立，使得生猪保险逐渐成为摆设。而在养殖场眼里，保险只能增加抵抗猪瘟的能力，并不能解决非洲猪瘟这个严峻的问题，与猪瘟并没有正相关的关系。实际上，养殖场大幅增加防控投入，才能够化解猪瘟风险。

四、机遇与挑战

对于规模化的养殖企业来说，非洲猪瘟带来的影响是极端的。对于未感染的猪场，继续进行规模化养殖并适时控制出栏时间可以得到比以往更多的利润；但对于已感染的猪场，将面临倒闭的风险，这种影响是毁灭性的。尽管非洲猪瘟给生产生活都带来了较大的改变，但同时也带来了许多机遇与挑战。

1. 非洲猪瘟带来的挑战

（1）对脱贫攻击的挑战。通过养殖来带动当地贫困户脱贫致富是脱贫攻坚工作中的一项重要组成部分，无论是散户单独进行养殖还是与企业合作共同养殖，出现非洲猪瘟的解决办法都是将生猪及时销毁。当某一地区出现疫情后，对当地的影响将是大范围的，养殖户的损失巨大，非但无法获得利润，还会损失仔猪成本与饲料成本，这给贫困户脱贫攻坚带来了很大的挑战。

对养猪模式的挑战。近年来，许多公司与政府、农户合作，采取“政府+龙头企业+养殖户”的合作经营方式，组建了许多养猪合作社，养猪业得到高速发展。但不同的龙头企业与农户之间的合作方式也不尽相同，有的企业将仔猪分配到户，不设立养殖场，仅提供技术及饲料支持，后续进行统一回收；有的企业则是通过建立养殖场，分配仔猪或者直接和农户合作，雇佣农户作为养殖工人，在养殖场饲养生猪。这些养殖模式因为非洲猪瘟的到来存在着一定的安全隐患，企业需要在后续的养殖生产上对生产养殖方式以及管理运营模式进行调整，确保企业及农户的生猪养殖能够可持续发展。

（2）对规范养殖的挑战。面对凶险的非洲猪瘟疫情，缺乏安全防范措施的散户以及小型猪场，终究是无法摆脱染病、销毁处理的下场。非洲猪瘟疫情有很大一部分发生在使用泔水养殖的养殖户，泔水是最危险的感染源。传统的养殖方式中，泔水喂猪十分常见，尽管有关部门进行过泔水喂猪危害的宣传，还是有一大部分养殖户选择泔水喂养，非洲猪瘟的爆发则是对此的警示。很多散户和小型养猪场，缺乏生物安全意识，不进行系统的防疫，一些消毒设备形同虚设，消毒措施不落实，终究会逐步被淘汰。生猪规范养殖则是对生猪生产过程中环境、卫生防疫、饲料、生产管理、饲养管理等各个环节制定相应的标准化规则，从多方面确保安全。

（3）对运输设备的挑战。生猪调运次数十分频繁以及运输生猪车辆过于简易，都是导致猪瘟疫情长距离蔓延的主要原因。尽管在疫病发生后政府部门对生猪运输进行了严格的把控，但目前我国的生猪调运系统依旧存在着不可监管、不可追溯、生物安全性低等问题，对于生猪调运设备的升级仍然面临着巨大的挑战。

2. 非洲猪瘟带来的机遇

（1）养殖业产业结构的升级。目前养猪业占畜牧业的比重高达 50%（1.5 万亿），猪肉消费占肉类的 63%以上，非洲猪瘟使得猪肉供给量严重不足，价格大幅上涨。目前尚未发现有效的办法防疫、消灭猪瘟病毒，此时牛、羊、家禽类的需求就会随之增大。这对当前养殖业产业结构的升级是一个很好的机遇。

（2）冷鲜肉消费逐渐被接受。在以往的猪肉食品行业中，人们的消费更偏向于生鲜肉，对于冷鲜肉始终抱有不信任的态度。而受此次非洲猪瘟的影响，国内生鲜猪肉的供给量缺口很大，价格上涨严重，国家投放了大量冷冻肉以缓解市场压力。市民对冷鲜肉的接受程度发生了很大的转变，这种现象将加速猪肉食品行业的发展。

五、相关思考与政策建议

1. 思考与总结

针对此次实地调查，我们查阅了相关文献资料，并结合自身观点，做出如下思考：

（1）脱贫攻坚，政府领导是关键。以养殖助脱贫离不开政府的牵头领导，经了解，紫云县多个贫困村新建起来的养猪场采取“责任人”制，由政府成立相关工作小组，派出紫云县畜牧局的相关人员担任养殖场负责人，养殖场的修建、选址、合作均有负责人带头实施，大进家庭农场的厂房场地由政府拨款出资进行选定和修建，提供给贫困农户进行合作经营，政府派驻的负责人也会长期参与养殖场的经营管理，将农户、企业的问题反映给上级部门进行处理。

（2）扶贫的成效也取决于参与的群众基础。大进家庭农场所在地紫云县大营镇原是极贫乡镇之一，能够在短短几年之内实现摘帽，除了政府和企业的大力支持之外也离不开群众广泛参与的基础，“农户+政府+龙头企业+能人”的产业发展模式表明了群众的参与是密不可分的。

（3）加强与农户之间的利益联系可以为扶贫增添动力。养殖场中引进了“养殖能人”，对产量高、存活率高的养殖农户给予更高的奖励，这样的激励给养殖农户们增添了更多工作动力，为养殖场的创收以及脱贫都增添了许多动力。

（4）有效的合作运行机制是重要保障。大进家庭农场是由政府、企业、农户、合作社多方合作的，有良好的技术、资金、劳动力以及政策支持，通过合作，政府能够完成脱贫目标，企业、农户通过一系列的合作扶持也能够从中得到收益，有效的合作运行机制使得大进家庭农场成为一个多方共赢的合作项目。

（5）严格的检疫防疫机制是预防非洲猪瘟的重要一环。非洲猪瘟在全国多省出现，贵州也有多地出现感染现象，结合非洲猪瘟传染性强、致死率高的特点，在没有有效的抗体疫苗的情况下，建立严格的检疫防疫机制是隔离瘟病的重要一环，在德康公司的带领下，养殖场内采取“物理+化学”的消毒方式，并且对水源进行净化，同时对生猪进行严格血液抽检都为抵御非洲猪瘟做出了巨大贡献，这一系列的严格机制也使德康大进家庭农场截止到目前栏内生猪未有感染非洲猪瘟的病例。

2. 2019 年中央生猪政策

2019 年 7 月 3 日，国务院办公厅出台《关于加强非洲猪瘟防控工作的意见》（国办发〔2019〕31 号），主要内容为防疫，餐厨管理，产地检疫，调运，屠宰，加工监管，进出境，防疫体系，检疫责任，稳生产。2019 年 8 月 21 日，国务院常务会议提出稳定生猪生产和猪肉保供稳价措施，主要内容为恢复生产，取消非法限禁，取消 15 亩（1 亩=666.7 m^2）上限，加强防疫，体系建设，保障供给。2019 年 9 月 10 日，国务院办公厅提出《关于稳定生猪生产促进转型升级的意见》(国办发〔2019〕44 号)，主要内容为稳定当前生猪生产，加快构建现代养殖体系，完善动物疫病防控体系，健全现代生猪流通体系，强化政策措施保障。2019 年 9 月 11 日，国务院常务会议纠正不合理禁养限养规定。

以上政策表明，政府正在积极响应非洲猪瘟这一重大事件，国务院各部委已经开展行动，在养殖方面与生态环境方面进行宏观调控的同时，对飞速上涨的猪价进行合理管控并对生猪复养进行补贴，鼓励农户重新进行养殖，尽可能缓解生猪存栏量不足的问题。

10 月 30 日，贵州省花溪区的外三元生猪价格高达 37 元/公斤，而到 11 月 1 日其价格下降到 34.2 元/公斤，生猪价格下降趋势明显，得力于政府合理的政策，也离不开市场机制的自我调整。预计猪价还会发生较大波动，但总会在市场与消费者之间达到帕累托最优，而非洲猪瘟所带来的外部性，可以说像地不烧不肥一样，只有将高新技术的农业企业筛选出来，才能在乡村振兴的大势之下，全面促进三农的共同发展与繁荣。

2019 年国务院办公厅提出《关于稳定生猪生产促进转型升级的意见》(国办发〔2019〕44 号文件)，该文件给定了发展的明确目标——保持 95%左右的自给率。未来 2022 年，产业转型方面取得重大进展，养殖规模化率将达到 58%左右，规模养猪场（户）粪污综合利用率达到 78%以上，到 2025 年，产业素质明显提升，养殖规模化率达到 65%以上，规模养猪场（户）粪污综合利用率达到 85%以上。除此之外，于康震副部长在记者提问中提到，中国猪肉消费在肉类消费占比为 62.7%，过去 10 年统计，中国人均消费猪肉达 38 kg，那么就能计算出国内需要猪肉为 5320 万吨，如果按照目前 95%自给率，国内就需要生产猪肉 5000 万吨，这是国内未来生猪保有量的基数。

总的来说，中央政策在考虑到产业结构布局的不合理、养猪生产能力的良莠不齐、防疫体系建设的不健全等方面后，得到一个结论，就是产业转型升级的必要性。另外，能繁母猪和生猪存栏的数量逐渐下降，也能说明中国养殖业发展的弊病所在，检疫防疫方面存在严重问题，当非洲猪瘟发生时，大部分养殖场难以生存下去，直接阻碍生猪的稳定供应。因此，加快养殖产业转型升级的步伐，促进绿色化、集约化养殖，提高生猪产能，才是解决非洲猪瘟的关键。

3. 政策建议

大到农业企业，小到养殖场、散养户等，应及时加强防疫管控工作，从根源上杜绝非洲猪瘟。政府应加强宏观调控，合理调整生猪产能，平缓猪价波动，逐渐解决能繁母猪与生猪存栏下滑问题。建设防疫区，实施区域化有机管理，通过综合防控措施加强生物安全体系建设，有效控制猪瘟蔓延。

参考文献

[1] 成建国．非洲猪瘟对我国养猪业的影响与挑战及应对措施[J]．科学种养，2019（07）：5-7.

[2] 荣朝兵．谈非洲猪瘟带来的挑战与机遇[J]．农业开发与装备，2019（05）：41+43.

[3] 仇华吉．非洲猪瘟：挑战与对策[J]．兽医导刊，2019（07）：12-14.

[4] 高全利．“非洲猪瘟时代”饲料企业的责任与担当[J]．北方牧业，2019（07）：12-14.

[5] 李伟民．金融大辞典[M]．哈尔滨：黑龙江人民出版社，2002.

[6] 毛晓梅．养殖业保险如何破局保监会提出 5 种模式来发展[J]．畜牧市场，2005（01）：36.

[7] 周永利，刘琴，赵楠．养殖业政策性保险在实施过程中存在的问题[J]．中国动物保健，2014，16（02）：11-12.

[8] 刘奇．应对非洲猪瘟需要创新思维[J]．中国发展观察，2019（16）：51-52.

[9] 吴宇飞，庞训胜．生物安全体系视角下动物疫病控制体系的构建[J]．安徽农业科学，2019，47（18）：100-102+114.

[10] 王珏，符乐．非洲猪瘟对我国养猪业的影响[J]．当代畜牧，2019（07）：72-73.

[11] WANG T, SUN Y, QIU H J. African swine fever: an unprecedented disaster and challenge to China[J]. Infectious diseases of poverty, 2018, 7(1).

[12] 牧林．并行盘点解读（2007/2019）恢复生猪生产相关政策[J]．猪业科学，2019，36（09）：142-143.

[13] 本刊综合．非洲猪瘟防控对猪场转型升级的影响[J]．四川畜牧兽医，2019，46（09）：14-15.

[14] 彭贤伟，熊康宁．贵州紫云县区域贫困及其形成原因分析[J]．贵州师范大学学报（自然科学版），1998（03）：59-63.

[15] 韦夏青. 贵州省紫云县精准扶贫问题与对策研究[D]. 沈阳：沈阳师范大学，2019.
[16] 牧林. 并行盘点解读（2007/2019）恢复生猪生产相关政策[J]. 猪业科学，2019，36（09）：142-143.
[17] 本刊综合. 非洲猪瘟防控对猪场转型升级的影响[J]. 四川畜牧兽医，2019，46（09）：14-15.
[18] 林远群. 分析生猪屠宰检疫应把好几关[J]. 农业开发与装备，2016（05）：162.
[19] 农业农村部. 发生非洲猪瘟省的邻省暂停生猪跨省调运[J]. 北方牧业，2018（18）：5.

非洲猪瘟对生猪养殖场的影响

——以大营乡和宣威镇两地为例

邓澳　罗鸿远　吴高丽　徐世美
（贵州大学经济学院　贵阳　550025）

【摘　要】近期，全国很多省份接连发生多起非洲猪瘟的案例，非洲猪瘟的爆发速度和它的严重危害性是空前的。那么，在非洲猪瘟的影响下，各生猪养殖场会以什么样的举措应对，来抵御这次危机？我们调查了贵州省安顺市紫云县的大进家庭牧场和麻江县宣威镇基东村生猪养殖场。通过这两个案例的调查，我们了解到在这样的大环境下，两个猪场所采取的防疫措施、风险、成本分析以及盈利手段等方面的内容，然后就我们观察到的现状提出了一些建议和解决手段。

【关键词】非洲猪瘟；防疫措施；风险成本；盈利点

一、前　言

在非洲猪瘟的影响下，猪瘟病毒的严重危害性对生猪养殖场来说无疑是场灾难，因此对当前情况下生猪养殖场发展情况进行调查，分析其现状以及经营状况，了解生猪养殖场采取的防疫措施等基本情况，对于研究非洲猪瘟对生猪养殖产业造成的冲击具有重要意义。我们此次的调查对象为位于安顺市紫云县大营乡大进村的大进家庭牧场和凯里市麻江县宣威镇基东村生猪养殖场。目前大进猪养殖场内有生猪 1000 多头，整个养猪场造价 1000 多万，是一个大中型养猪场；基东村生猪养殖场依托“公司+党支部+合作社+基地+农户”模式，该村积极进行产业结构调整，生猪养殖场具有很大的发展前景。

通过此次的调查，对养猪场的实际经营状况，以及所采取的应对非洲猪瘟爆发的措施进行了解，探究养猪场在这么大的猪瘟风险下是如何销售盈利的，以及对经营成本做了一些调查分析，进而给养猪场应对非洲猪瘟提供一些建议和防疫方法。实地调研观察，对生猪养殖产业管理人员及工作人员进行采访，以及通过参考文献和当下有关新闻热点来进行资料信息收集。

二、问题呈现

谈起非洲猪瘟，我猜想有些大学生可能会说，我在学校，非洲猪瘟跟我没有关系，一是我不吃猪肉，我现在都是吃鸡肉、牛肉等各种除猪肉以外的肉；二是我都是在食堂吃，我又不买猪肉，理由充分无可反驳。但是作为农经人，我要告诉你的是，非洲猪瘟到底跟我们有没有关系。

早在 1921 年，新闻就报道了在非洲的肯尼亚发生了首例非洲猪瘟疫情，这可能是其名字的来源。在 20 世纪 60 年代，非洲猪瘟传入欧洲；在 70 年代，非洲猪瘟传入南美洲；在 2007 年，非洲猪瘟又传入高加索地区和俄罗斯；2017 年以来，全球多个国家爆发过或者正在爆发非洲猪瘟疫情，其中亚洲几个国家的疫情尤其严重，生猪的发病率和病死率达 100%。

2018 年 8 月 1 日，在我国辽宁省沈阳市沈北新区的一个生猪养殖户的生猪养殖场发生疑似非洲猪瘟疫情，该养殖场生猪存栏一共有 383 头，发病的猪有 47 头，死亡的猪也有 47 头。此疫情引起了农业农村部的高度重视，农业农村部在接到关于此疫情的报告后，紧急下发通知指导沈阳市做好生猪的各项防治措施，并对此批生猪进行了采样检测。在 8 月 3 日，中国动物卫生与流行病学中心（国家外来动物疫病研究中心）确诊该起疫情是非洲猪瘟疫情，这是我国首次发生的非洲猪瘟疫情。

在沈阳市猪瘟疫情发生后，农业农村部根据《非洲猪瘟疫情应急预案》启动Ⅱ级应急响应。农业农村部指出，非洲猪瘟不是人畜共患病，病毒不会感染人。同时，提醒生猪养殖者，要严禁从疫区调运生猪，注意做好日常消毒工作，尽可能封闭饲养生猪，采取隔离防护措施，尽量避免与野猪、钝缘软蜱接触，严禁使用未经高温处理的餐馆、食堂的泔水或餐余垃圾饲喂生猪，一旦出现不明原因死亡异常增多且有猪瘟类似症状的，应及时上报当地兽医部门。

在 8 月 1 日发生的非洲猪瘟疫情之后，在多个相关部门严加管控下，全国各地的生猪养殖场坚决按照上级政府部门的工作指示安排做事，有一定的效果，但全国多个地方陆续出现了多起非洲猪瘟疫情。患非洲猪瘟的猪主要临床表现差异比较大，不易识别，所以就需要生猪养殖者平时对养殖场的生猪细微观察。据有关专家指示，非洲猪瘟最主要的传播途径是健康的生猪与患病的生猪或污染物的直接接触，健康的生猪被带有非洲猪瘟病毒的蚊子等媒介昆虫叮咬也可能患病。

不了解非洲猪瘟病毒是否感染人的普通消费者谈猪肉色变，不敢买猪肉，市场上猪肉的价格也居高不下，其他猪肉替代品的价格也随之上涨。在 2019

年 3 月份，原国家首席兽医师张仲秋表示，非洲猪瘟不会影响猪肉及其制品的食用安全；非洲猪瘟发现近 100 年来，全球范围内没有发生过人感染非洲猪瘟的情况，该病毒不会感染人。

三、影响分析

在 2018 年中国辽宁沈阳境内首次发现传入非洲猪瘟，造成的严重破坏时期是在 2018 年末到 2019 年，据 2019 年 6 月 30 日公布的数据显示共发生 143 起病疫事件，涉及 25 个省，非洲猪瘟对中国社会造成很大影响，不仅增加了国家财政负担，同时也对广大消费者和养殖行业带来诸多不利影响。为做好防疫工作，在 2018 年，中央财政共安排动物防疫等补助经费 68.28 亿元，主要支持重点动物疫病国家强制免疫补助、强制扑杀补助、养殖环节无害化处理补助以及非洲猪瘟疫情防控等工作。特别针对非洲猪瘟，考虑到动物防疫需要等实际情况，2018 年 10 月提前下达了 2019 年动物防疫补助经费 54.96 亿元。2019 年，中央财政又下达非洲猪瘟强制扑杀补助经费 4.99 亿元，有力支撑了非洲猪瘟疫情防控工作。仅以贵州省来看，贵州省在 2018 年 10 月首次发生非洲猪瘟病例，但是在短短两个月的时间内就扑杀病猪 11769 头，补助经费 1412.28 万元，对地方和国家财政造成了沉重负担。

面对非洲猪瘟广泛扩散的情况，各级政府及社会各界都加大了监督管理力度，我们以贵州省为例，在 2019 年 7 月公布的数据显示贵州省各级农业农村部门查处养殖经营者非法调运行为 688 起，销毁生猪 1.04 万头、生猪产品 12.15 万公斤，查处人员 595 人，罚款 472 人，罚款金额 157.35 万元。各部门加强对防疫工作的管理，贵州省已于 2019 年 10 月 25 日起启动非洲猪瘟疫情Ⅰ级响应。各级政府也在中央的统领规划下根据自身实际情况提出各类相关文件和制定相应政策，做好非洲猪瘟的防疫工作，减少造成的损失。

在非洲猪瘟的影响下，据 2019 年 7 月公布的数据显示有超过 112.9 万头猪被扑杀，全国范围内减少的生猪存栏量在 7000 万 ~ 1.15 亿头，预估计在 2019 年猪肉总产将减少 800 万 ~ 1000 万吨，这背后是整个养殖行业的萧条，大量的养殖场直接破产，这就导致了近期猪肉价格飙升，从原有正常水平下的每斤十几元上涨到二十几元，在少数地区甚至突破 30 元，这就造成了大量的消费者难以承担较高的销售价格，严重影响日常的生活需要。同时大量可繁育母猪的死亡导致中国的养猪行业面临无猪可养的局面，最直观的感受就是仔猪价格在原有基础上上涨了 3 倍左右，这些都是当下社会面临的重要问题，也是急需解决的问题。

上述情况造成的直接影响就是整个养殖行业对生物病毒的防疫意识上升到前所未有的高度，各个生产者尤其是企业都在原有的基础上完善消毒设备和加快消毒频率，加强了对生产的监督管理，国家也在不断地完善有关动物防疫检疫的相关标准，这是整个中国养殖业的进步。

四、案例调查

据国内相关非洲猪瘟的研究分析报告显示，非洲猪瘟严重困扰中国的养猪业并将持续困扰中国的养猪业，生猪养殖者以及消费者对非洲猪瘟的恐惧，加上疫情依然得不到有效控制，导致全国各地生猪的存栏量持续走低，生猪的散养户也将逐渐退出历史舞台，大型养殖企业疯狂扩张，并逐渐形成寡头式的经营模式，这样的发展模式是疫情下的大势所趋。在这样的形势下，我们小组决定对贵州省内两个地区的生猪养殖场进行调查。在10月上旬，我们分别对安顺市紫云县大营乡、凯里市麻江县宣威镇两个地方的两个养殖场进行了实地调查。以下是我们的案例及案例描述：

1. 安顺市紫云县大营乡生猪养殖场

调查时间：2019年10月4日。

调查人员：罗鸿远、邓澳、徐世美。

调查地点：安顺市紫云县大营乡大进村，德康集团大进家庭牧场。

（1）大进家庭牧场的地理位置

该养殖场位于安顺市紫云县大营乡大进村。大营乡位于紫云县城东南面，地处紫（云）望（谟）罗（甸）三县交界地带，也是安顺市、黔南布依族苗族自治州和黔西南布依族苗族自治州交界处，东与罗甸县木引乡、纳坪乡接壤，西南与望谟县乐旺镇、郊纳乡相邻，西靠猴场镇，北与宗地乡毗邻。

（2）大进家庭牧场的基本情况简介

大进家庭牧场所在的大营乡作为贵州省紫云苗族布依族自治县唯一的一个一类重点乡镇，也是全省确定在今后3年内要重点突破的100个重点乡镇之一，不仅拥有政府部门的大力支持，还有着许多政策的倾斜式发展条件，极大地促进了养殖场的发展。大营乡类似于一个交通枢纽，得天独厚的区位优势让养殖场可出栏的生猪销往外地不是一个难题，养得出好猪，卖得出好价格。而且养殖场修建在距离城区较远的深山的平地，距离城区较远，有利于生猪防疫工作的进行；养猪场建在山间的平地，平地的水资源丰富，一方面解决了前期养殖场修建的用水问题，另一方面也不担心后期饲养猪时的用水问题。目前该生猪养殖场内有生猪1000多头，整个养猪场造价1000多万，是一个大中型养猪场。

① 生猪养殖场的合作模式

基本合作模式：合作社+龙头企业+能人+贫困户

由紫云县政府牵头，寻找优秀养殖企业，企业提供猪苗、饲料、药品以及生猪养殖技术指导，当猪出栏时只需要考虑销售问题。

由大营乡生猪养殖合作社向养殖场提供后勤服务，对养殖场的工作人员和养殖场地进行管理；并在养殖场附近招聘生猪养殖能人，不仅替养殖场解决了找不到生猪养殖能人的问题，也解决了附近贫困户“足不出户”的就业问题，从而让他们脱贫致富。

② 利益分配方式

大营乡生猪养殖场的每批生猪出栏后都将进行结算。首先要扣除德康集团前期的投入成本，譬如猪苗成本、饲料成本……这一部分的钱款也将最终打入合作社，作为合作社的款项，然后扣除合作社的投入成本之后，才是养殖场的最终收益。

2. 凯里市麻江县宣威镇基东村生猪养殖场

调查时间：2019年10月5日。

调查人员：吴高丽。

调查地点：凯里市麻江县宣威镇基东村生猪养殖场。

（1）宣威镇生猪养殖场的地理位置

宣威镇是麻江县的一个农业大镇，在县境东南部，东西长16.5 km，南北宽15 km，面积222 km^2。东与凯里市、丹寨县相接，南邻都匀市，西靠贤昌乡，北与龙山乡接壤，东北与下司镇相邻。宣威镇辖内有17个行政村和一个居委会，据2017年统计显示有39481人，其中农业人口有35678人，非农业人口有803人。耕地面积一共有27248亩，其中田有17247亩，地有10001亩。我们实地调查的养殖场所在的基东村位于宣威镇境内的西部，东邻平定、腊白村，西连贤昌乡，南接岩莺村，北抵瓮袍村。全村总面积10.06 km^2，耕地面积1582亩，其中田1103亩。

现在，已经到了脱贫攻坚的最为关键的时期，基东村的村民及村干部紧紧抓住让当地农户脱贫致富的重点，眼光更长远，狠抓产业发展，下定决心要脱掉深度贫困村帽子。近些年，宣威镇基东村积极响应国家扶贫政策，不等不靠，紧紧围绕以产业发展引领扶贫的新路子。

（2）宣威镇生猪养殖场简介

① 宣威镇四通八达，只要生猪养出来了，就不愁销路。

② 村干部齐心协力，村民协力配合，促进产业发展。

经营模式：依托“公司+党支部+合作社+基地+农户”模式，该村积极进行产业结构调整，2018 年 7 月，村里的生猪养殖场进行了分红，40 户农户每户分得 400 元。

五、案例分析

1. 风险管理

风险分析：非洲猪瘟以其广泛的传染性和长达 18 个月的存活性以及不可治愈性而令养殖行业谈非洲猪瘟色变。面对非洲猪瘟大面积扩散的情况，2018 年 11 月 19 日农业农村部印发《非洲猪瘟疫情防控八条禁令》，由此可见整个社会面对非洲猪瘟防疫的重视。截止到 2019 年 6 月 30 日，全国发生 143 起非洲猪瘟疫情，7 月 4 日，全国 25 个省区的疫区才全部解除封锁，然而这一切造成的影响就是全国扑杀病猪 100 多万头，生猪存栏量大量减少，猪价持续上涨，能繁育母猪大量减少，难以提供足量仔猪，大量养殖户直接破产，生猪养殖业受损严重，对社会造成广泛影响。为应对非洲猪瘟的冲击，在全社会防疫的工作中逐步形成了国家统一规划，地方根据实际情况进行协调，生产者进行自我管理的应对体系，保持正常生产经营。

（1）国家财政补助。非洲猪瘟的致死率 100%，现阶段没有特效药根治也没有有效的疫苗，只能做好防治工作减少猪瘟病毒的传入，因此对患病的生猪只能扑杀，以防止进一步扩大受灾范围。在当下非洲猪瘟大面积爆发的情况下无疑增加了养殖户的风险，从 2007 年开始中国生猪保险已经逐步建立了较为完备的体系，据了解非洲猪瘟强制捕杀补助相关标准如下：能繁育母猪和 300 斤以上的肥猪 1200 元/头，200～300 斤肥猪 800 元/头，80～200 斤肥猪 500 元/头，仔猪补助 200 元/头，各地区根据具体实际情况进行调整，贵州省非洲猪瘟扑杀按 1200 元/头的标准执行，根据《贵州省财政厅贵州省农业农村厅关于申请重大动物疫病扑杀中央财政补助经费的请示》显示，在 2018 年受非洲猪瘟影响共扑杀生猪 11769 头，扑杀经费合计 1412.28 万元，中央财政按 80%予以补助，共计 1129.824 万元。在国家强制扑杀患病猪的时候还应该进行严格区分，防止扑杀错误的情况，该情况不仅会增加地区和国家财政负担，同时也会对生产者造成不必要的损失。

（2）地方风险管理。紫云县是贫困县，在地方农业保险助推脱贫攻坚型产业发展中有如下的规定，针对养殖白猪生猪、紫云花猪生猪，能够正常生产经营，管理规范的批次出栏 50 头以上的农业企业、农民专业合作社、家庭农场可投保，按猪价比进行赔偿，保费缴纳如下：对一般养殖户、养殖企业（专业合作社）省级财政承担 50%，市级财政承担 10%，县级财政承担 10%，自缴 30%；对建档立卡贫困养殖户，省级财政承担 70%、市、县级财政各承担 10%，建档立卡贫困户承担 10%的保费从切块到县的财政扶贫专项资金中统筹安排，这是地方针对脱贫生猪产业保险的一种。此外还有现行市场上关于生猪的相关保险，这些举措都提高了养殖主体抵御风险的能力。但是据此次在贵州省紫云县了解的情况显示，针对非洲猪瘟，生猪保险提供的为单头生猪保险上限 800 元，以 100 斤重量为标准，100 斤以下不予以赔偿，然而现在一头仔猪价格由原来的 400～500 元上升到 1500 元左右，购买保险会增加成本，很有可能会导致亏损，但是抵御风险的能力并不会提高，保险购买的意义并不大，因此养殖户对购买保险的意愿并不强。

（3）养殖主体自我管理。非洲猪瘟的冲击，将国内养殖者对生物安全防治的意识提高到近几十年未有的新高度，为应对猪瘟养殖者加强自身的管理，安全防疫意识也全面提高，德康集团大进家庭牧场为防疫在原有生产方式上做出调整，从原有的连续性生产转变为输入-输出式生产，即批次生产，同期购入仔猪同期出栏，尽量减少与外界的接触，同时每批猪出栏之后都要对猪舍进行全面消毒，再购进猪苗，对进入的装运车辆和人员也进行消毒，此外更新自动化消毒设备，购进火焰喷射器、净水器等器材，加快消毒频率，同时拒绝外人进入生产区，打造密闭环境，防止非洲猪瘟病毒的传入。这也是当下面对非洲猪瘟整个生猪养殖行业的缩影。

2. 成本转嫁与盈利

（1）成本介绍。德康集团大进家庭牧场是一个造价 1000 多万，有着近 1000 头猪的大型养殖场，这样的大型养殖场的整体运作需要消耗大量的人力、物力，有着各种各样的成本，包括饲料成本、人力成本、检疫成本、猪舍及养猪设备的折旧费，以及销售费、运费、水电费等杂费，这些构成了该猪场的所有成本。

饲料成本占所有成本的绝大部分，有 70%的成本付出是来自饲料。饲料的供应以及好坏决定了养殖场的养殖效益，而且为了最大化收益，需要让猪肉高产又健康，因此在饲料方面要下足工夫。其中要考虑以下几个方面：第一就是原料的搭配、营养的均衡，如果达不到这些，那么有可能会导致饲料的利用率不高，造成饲料浪费，从而增加成本；另一方面饲料的质量也对猪的生产有着很大的影响，养殖场饲料以玉米为主要原料，而玉米质量有好坏之分，质量高的玉米当然价格也会高，并且随着每年玉米产量的变化，饲料的成本也会随之变动；第三就是加工成本，饲料买回来是要进行加工调配的，该猪场有着自己的饲料搭配配方，有自己的饲料调配工序，这也是饲料成本的组成部分之一。

这么大一个养猪场的运作是需要很多人来管理的，人力成本也是所有成本中的一部分，占到了总成本的7%。猪场养殖上千头猪，需要耗费大量的人力，这就涉及雇佣工人的人工费用，包括猪苗选购人员、饲料采购人员、养殖工人等，工人的薪资也占了成本的很大一部分。

任何一个猪场都是需要考虑对猪的疫病进行防治的，特别是现在非洲猪瘟的爆发，大大增加了猪场的防疫费用，包括各种净水设备、隔离设备以及用来防疫的药物等，而且猪瘟也使得猪场的消毒频率增加了，这样也间接地增加了猪场的防疫成本。猪场的房舍、机械等设备每年会产生 17%的折旧，这也是构成养猪成本的一部分。

（2）猪瘟影响下的盈利。在非洲猪瘟大面积冲击下，中国国内的养猪业面临三种情况，第一种，受猪瘟的影响较大，养殖场大量受损，直接破产或者处于破产边缘。第二种则是少量受损，只在前期受到影响。第三种则是并未受到影响，一直处于正常生产的状态。据此次调研了解到的情况显示，在非洲猪瘟爆发以前，仔猪价格平均价格 7 ~ 8 元每斤，400 ~ 500 元每头，而在猪瘟爆发以后仔猪价格上涨到 15 元每斤，1700 元左右每头。仔猪价格的上涨增加了生产者的成本，但是相对的生猪出栏价格也从以往的 7 元每斤上升到 15 元左右每斤。同时检疫成本和猪舍消毒的成本也在增加，增加了血检报告，乡和县级证明，以及市级畜牧局单位的检疫合格证明，但是该证明仅仅是跨地区销售的时候才需要开具，主要是由销售者来承担。在猪舍消毒方面由原有的每周 1 次增加到每周 2 ~ 3 次，并在猪舍里铺石灰消毒，成本价低。饲料价格并没有受到猪瘟的影响而上涨。也就是说生产者在整个养殖链中成本的增加主要在于仔猪的购买。

对比前后的变化可知每头猪的价格增加了 1200 元左右，但是一头 270 斤猪在猪瘟爆发前出栏价格在 2025 元（按每斤 7.5 元计算），而在近期猪瘟严重影响下出栏价格可达 4050 元（按每斤 15 元计算），抛除增加的 1200 元左右的成本，每头猪可增加获利 825 元左右，这也就是说只要在非洲猪瘟的冲击下不出现养殖场大量受损，直接破产或面临破产的情况，养殖场都是在盈利，实际上增加的成本只是间接地转嫁到消费者身上。此外据调研了解，为增加利润，生产者存在“压栏”行为，也就是到生猪出栏时间不出栏，在饲料价格不变，市场需求严重不足的情况下，生猪出栏越重，获利越多。这也间接导致了市场供给的不足，市场上肉价进一步涨高，形成一个恶性循环，而由此产生的额外费用也由消费者承担，增加了消费者负担。

3. 增强防疫措施

（1）饲养管理上加强预防

非洲猪瘟病死率高达100%，而且至今没有任何治疗手段，根据农业农村部的规定，发生疫情必须立刻封锁、捕杀。因此，对于猪瘟的防控，在饲养管理上要加强监管，从养猪的各个流程、各个细节上入手，控制好每一个过程，断绝猪瘟进入养猪场的一切可能性。通过观察询问，我们发现，调查的两家养猪场为预防非洲猪瘟，在以下几个饲养管理方式上做了加强措施。

① 时刻关注疫情流向。非洲猪瘟爆发以来，迅速在我国大范围蔓延，传播规律难以把控，方向难以预料。所以，猪瘟爆发后猪场加大了对周边养猪场、散养农户的养殖情况进行密切关注，一旦哪里发现病猪，就立刻做好相应预防措施。同时，在整个养殖场的周边区域内，或者是整个地区、贵州省，甚至是全国范围内关注猪的整个生产体系，以此来对猪瘟的爆发、传播、流行方向做好大致的预测，提前做好防范措施来应对。

② 加强人员流动、猪场运输车辆进出、饲料等供应物资的管理监督。猪瘟病毒的传入必然有着它的传播途径，或许是由人、外来车辆带进来的，也或许是猪吃的食物中隐藏的，加大对这些方面的管理监督，可以减少猪瘟传入养猪场的机会。我们去的这两家猪场都严格限制外来人员的进入，我们此次去调研也没有见到猪，只是在猪场范围内参观和听讲解员介绍，由此可以看出养猪场对这方面的重视程度。不仅仅是我们，即使是猪场的工作人员和管理人员，在做好相应的措施之前都不能进入猪的养殖区域。外来的物资也要由人工搬运进去，猪场内的工作人员生活起居都在猪场内，这一定程度上杜绝了病毒由工作人员带入猪圈的机会。在猪的饲料方面，猪吃的饲料都要经过严格的质量筛查，劣质的、发霉的、不卫生的饲料都将被排除出去，猪场也在寻求着固定的饲料收购途径，亲自去监督玉米从种植到收获再到加工生产成饲料的全部流程，力求保证饲料的质量卫生。特别是猪瘟发生后，猪场管理人员尤为重视这方面的工作。

③ 做好猪场卫生清洁和杀毒工作。很多病毒的爆发都是由于平时不注重猪圈卫生而引起的，从小在农村生活的我们，对于传统的家庭散养猪圈再熟

悉不过了，为了获取种地的农家肥，很多猪圈常年不进行清理，猪圈脏了就去山上弄些落叶盖上，一层又一层，长年下来，猪圈养了一代又一代的猪，积累了不少病毒，这些都是造成猪瘟爆发的隐患。当然，现代养猪场已经不是这样了，都是卫生猪圈了，猪产生的粪便都会进行定期清理，保证猪圈的干净卫生。猪瘟发生以后，猪场增加了对猪圈卫生的清理频率，除此之外，还对猪圈进行消毒处理，主要采用的消毒方式是高温消毒和碱类消毒。清洁和消毒频率平时都是正常一周 2 ~ 3 次的小处理，主要进行的是卫生清洁和一些简单的消毒处理。此外，每次猪圈清栏之后，空下来的猪圈要进行一次大处理，这样之后才能继续养殖下一批猪。通过频繁的"小处理"和细心认真的"大处理"相结合，以养一栏猪，再消毒空栏一段时间，再养下一栏猪的循环方式，大大减少非洲猪瘟爆发的可能性。

④ 不再采用泔水喂猪。由于猪是杂食性动物，人能吃的猪也很喜欢吃，很多猪场都会到处收购泔水来饲养猪，减少养猪成本，包括很多散养农户都习惯如此用泔水来给猪吃，据我们对农村养猪户的观察，几乎所有的养猪户都是这样配猪食的：首先，将泔水加水烧开，然后加入打碎的野菜，最后再加磨成粉的玉米面。这样的配方一直以来都是传统的养猪方式，但这样很容易在里面夹带病毒，导致猪生病。我们去调研的这两家猪场中，据讲解员介绍，在猪场中没有这样的方式，也不会采用泔水喂养猪，猪的饲料配方也以玉米为主要成分。养猪场这样的决策也是猪圈内没有爆发猪瘟的原因之一。

⑤ 没有把猪进行散养，做好相应防护措施避免猪与外界产生接触。一直以来很多东西只要和生态结合起来，身价就会立马飙升，比如生态养鸡、生态养鱼等，生态养猪的例子也有过，把猪进行散养，让猪自己觅食，到处跑动，对猪的健康是非常好的，这样生产出来的猪肉质也会好很多。但是让猪和外界接触多了，与病毒接触的机会也相应多了起来，比如一些虫子、人类垃圾等。我们调研的两家猪场都是封闭性的，防护措施做得特别好。大进家庭牧场有五六个养猪间，并且还在扩建，每个猪场都相对封闭，有独立的水供应系统、排污系统，从外面根本看不到任何缝隙，这对防疫病毒来说有着很好的效果。

⑥ 随时观察猪的情况，对发现可能患病的猪进行及早处理。这两家养猪场虽然没有出现病猪的案例，但是也在时刻关注着猪的状态，比如猪是否发烧、拉稀，有没有正常进食，身体有没有发红等，一旦有异样就格外注意，必要时上报处理，做好隔离措施，避免由于处理晚了造成损失。

（2）物理防疫措施

非洲猪瘟爆发后，猪场负责人深知猪瘟的严重性，加大了对防止猪瘟传播这方面的投入，在猪圈的范围内增加了铁网和铁片相结合的围栏，铁丝网让外围的狗、猫、老鼠之类的动物无法进入养猪场，铁皮的修建防止了一些虫子的进入，再加上整个猪场都是在一个小盆地内，很少有车辆和人员经过，范围内人烟也很稀少，相对较为封闭，这对防疫病毒有很大的帮助。

除此之外，在猪的饮水方面，虽然水是从外界引入的，都是传统的山水、井水。但是在养猪场内增加了水处理设备来对饮水进行消毒，而且据负责人介绍，后期还会投入自动净水设备。净水频率在以前的大环境下是一周一次，但是现在由于猪瘟的影响变为一周两次，废污水也排放到离猪场相对较远的地方，从水源上制止猪瘟病毒的传播。

我们去养猪场的一路上，特别是在临近养猪场的范围内，随处可见路上白白的石灰粉，这主要是利用碱类的防毒效果来进行杀毒。包括堆饲料的仓库，为了防止饲料受潮变质产生病虫害，还专门把堆放的地方修建了一个小台子，旁边有水沟用来排水。可以说大进家庭牧场在防范猪瘟这方面是做了很多肉眼可见的工作的，这次非洲猪瘟对他们的养猪场没有产生影响和这些措施密不可分。

（3）疫苗防治工作

虽说目前来看并没有任何能有效防治非洲猪瘟的疫苗，这样的话给猪接种疫苗似乎是没有必要了，但是非洲猪瘟只是现在主要面临的一种病毒，并不是说其他类型的猪瘟不需要进行防治，养猪场依旧像以前一样进行疫苗注射，用来防止猪瘟的爆发。从我们的调查来看，养猪场对于疫苗接种有以下几点细节。

① 不过早注射疫苗。开始我们也不太理解这样做的原因，按道理说刚出生的幼猪不是身体最弱最容易受到感染的时期吗，注射疫苗不是可以给幼猪增加抗体，防止生病吗？后来我们去查阅了资料，发现原来是因为幼猪能够从母乳中获得母源抗体，如果在这时候注射的话，会干扰和破坏母源抗体的作用。

然后就是不要对同一头猪进行重复注射。按平常思维来想，给猪注射的抗体越多会越好，但是这样的话效果往往会适得其反，适量地注射能引发体内的抗体，效果更好，如果在短期内重复注射的话，反而会让生猪更容易感染上猪瘟。

② 在母猪的怀孕期间，也不会给猪注射疫苗。注射疫苗只能在母猪产前或者产后进行，如果在孕期内进行注射的话，难免会造成母猪的早产和流产，甚至使仔猪死胎。

③ 不共用针头和注射已经失效的疫苗。有时候会为了图方便和节省成本，

会几头猪共用一个针头，甚至连消毒处理都没有，这样容易造成交叉感染。有的时候由于保存不当，或者未及时注射，导致疫苗失效，这样的话注射的疫苗是完全没有效果的。

养猪场经营者告诉我们，只有时刻注重这些接种疫苗的细节，把握好每一个步骤，不对猪瘟疫苗的注射掉以轻心，抱着认真负责的态度，这样才能养出健康的猪，才能有效抑制猪瘟的爆发，才能更好地经营养猪场，实现盈利目标。

（4）猪苗的选购

我们调研的这两家养猪场对于猪苗的选购标准总结下来就是：健康、无疫情、属于优良品种的猪。由此来看，养殖者对于猪苗的选择考虑的不仅仅是猪的品种，还很在乎所选购猪苗的健康程度和病疫情况。对于选购的每一头猪苗都要进行健康检查，一方面是为了防止购到病猪，造成损失；另一方面则是避免带有病毒的生猪进入猪圈，形成大范围的感染。同时，在运输过程中也做好防疫措施，避免猪仔与过多的人和物接触，装车前也对车厢进行消毒处理，猪苗到养猪场前对猪栏也进行了清洗消毒，同时在猪苗的食物中放入了少许维生素和抗生素，增强猪的抵抗病毒能力，提高存活率。

4. 非洲猪瘟防疫政策对养猪场的影响

（1）防疫政策措施。从农业农村部印发的《非洲猪瘟疫情应急预案》和《非洲猪瘟防治技术规范（试行）》来看，目前国家对于猪瘟的防疫措施主要还是坚持以预防为主，在加强免疫的同时，采取捕杀与隔离的措施，两相结合对非洲猪瘟进行有效防控。地方政府还制定了各种应急预案，从疫情发生的各个阶段来分析，采取相应的预防措施。在猪瘟没有蔓延到的时候，做好相应防疫措施，地方政府向农户提供防疫知识和技术，有的地方政府还向养殖户免费发放石灰粉，用来防止猪瘟的传播；在感染上猪瘟后，相关人员立马过来拍照证实，确定后派遣专门人员来对病猪进行处理，同时也对管辖范围内的所有养猪户进行监督，严防有病猪却隐瞒不报，或者自己私自处理，将病猪随意抛弃这样的行为，以此来对猪瘟蔓延进行控制。

（2）增加了销售环节的检疫监管程序。据养猪场管理人员介绍，非洲猪瘟爆发后，生猪的销售受到了相关卫生监督机构更严格的检疫，一旦没有通过非洲猪瘟的检疫，就不允许进行销售。对刚刚出栏的猪进行的仅仅是初步检疫，更多更严格的检疫流程还是在屠宰场内进行，要对猪屠宰前和屠宰后的各个方面进行排查。在屠宰前一旦发生猪瘟就立刻禁止宰杀，在屠宰后发现要立刻上报，并做好相关消毒处理。对于养猪场来说，只要保证好每头待销售猪的健康水平，秉持着生产者的良心，不抱有侥幸心理去销售病猪，这些检疫监管程序就不会对养猪场产生什么太大影响。

（3）其他政策影响。活猪的运输车辆要进行备案登记。这样做的目的在于把控生猪的流向，一旦发生猪瘟可以更好更快的追根溯源，以便从源头把控。我们调查的两家养猪场都是不负责活猪运输的，因此对养猪场的影响不大。但是有些地方施行了禁运政策，这使得养猪场一些销售渠道受到阻断，生猪销售受到影响，好在现在由于猪瘟影响，猪肉供应不足，只要生产的猪是健康的，销售渠道并不是很大问题。受到了有关部门更严格的监督。自非洲猪瘟爆发以来，会经常有相关部门到养猪场来进行检查监督，不仅检查次数多了，检验方式也更为严格，从猪苗的选购，到猪的各个生产环节，包括猪圈环境，饲料等方面，都要进行严格检查，杜绝猪瘟的发生。这也迫使了养猪场的经营者不得不细心对待每一步环节，间接地减少了养猪场出现猪瘟的可能性。得到了相关政府部门的一些防疫技术指导。非洲猪瘟爆发后，为了防止猪瘟持续蔓延，当地政府会派遣相关知识人员到各个养猪场进行技术指导，告诉养殖户猪瘟的基本信息和现在的传播流向，为方便经营者决策给提供一些信息，同时针对养殖场的情况做一些防疫建议，为养殖户提供帮助。

六、观点建议

1. 继续加强对非洲猪瘟的防控

随着经济全球化的进程，世界各国间的来往接触日益频繁，然而一种趋势的形成，总归是有利亦有弊。传统的预防猪的疾病的举措已经落后。基于我们小组对两个地区的生猪养殖场的调查，提出以下发展建议：

（1）从源头上断绝非洲猪瘟病毒

要想猪不被感染非洲猪瘟，首先要从源头上断绝病毒，最好的预防措施是断绝源头。非洲猪瘟来势汹汹，一旦感染，病死率为100%，被称为猪的HIV。非洲猪瘟发现已有百年，但仍然没有研制出完美、高效的疫苗，所以最有效的防控为从源头上断绝。非洲猪瘟病毒（ASFV）的主要传染源：感染了ASFV的家猪的直接传染、携带病毒的野猪以及被感染的软蜱等。然而非洲猪瘟的传染一般为接触性感染，空气不传染病毒，但需要持续封锁，保证这些动物远离养猪场。感染ASFV的猪要及时隔离，并将感染的猪进行扑杀无害化处理。要建立防护栏，避免野猪近距离接触养猪场的猪。在养猪场的窗户、通风口处安装细网，防止被感染的软蜱，或者昆虫叮咬，引发疾病。

（2）切断疾病的传染途径

疾病传染的主要途径为易感动物和患病动物之间体液或者排泄物的直接接触，其次是通过污染的饲料、人、动物、车辆或者污染的间接接触。麻江的养猪场以及紫云的养猪场都是很好的典例。这两个养猪场都建立了安全防护栏、养猪场的规范化，阻断传染途径。

将养猪场建立在一个通风好，水、电、交通便利，远离水资源、污染，其他养猪场以及人群居住的地方。除此之外，养猪场要尽量机械化，这样不仅会减少与人类的接触，还会及时将猪的排泄物排出猪舍，减少细菌的滋生，而且还会降低养猪成本——人工费、猪生病的各种费用等。养猪场的规范化，是减少生猪间排泄物接触的最直接的举措。

病从口入。喂猪的饲料一定要保证安全、可靠的饲料，禁止喂养含有猪肉、猪血、猪骨头等一切与猪相关的饲料，以及泔水等含有病毒滋生或者污染的饲料。

所有和猪场有关的，除了空气，进去的东西一律高温消毒，最好使用全价熟化料（经过消毒），防止有些饲料厂把退场的污染的料二次销售。

非洲猪瘟病毒可以寄生在任何动物或者物品上，具有很长的潜伏期。所以运输猪仔的车辆一定要高温杀毒，饲养的人员或接触猪的人员，猪的居住环境都要定时杀菌消毒。

（3）保护易感动物

一定要提高猪自身的非特异性免疫，杜仲素杜仲叶提取物、MYD88、酶解蚯蚓小肽、甘露醇聚糖肽、金丝桃素聚糖肽、中链脂肪酸等有很好的阻断作用。在饲料中添加微生态制剂，特别是液体活菌制剂，比如液体活菌添+肠动力，可以很好地保护消化道黏膜健康。

定时检疫。一定要请检疫员定期检疫，及时发现并隔离患有非洲猪瘟的猪，保护其他没有患病的猪，将生产成本降到最低。

2. 建立完善的安全防御举措

应该增加销售环节与检疫监管程序并重。很多养殖户会抱侥幸心理，生病的猪隐瞒上报，会加大猪的传染范围，特别是出栏猪。生猪的销售受到相关卫生监督机构更严格的检疫，一旦没有通过非洲猪瘟的检疫，就不允许进行销售，而且更利于源头的追踪。

3. 研制有效、安全的非洲猪瘟疫苗

非洲猪瘟病毒在 100 年以前就在非洲肯尼亚被首次确定，然而中国农业

农村部新闻办公室通报我国首例非洲猪瘟疫情是在2018年，但是很快非洲猪瘟病毒席卷我国绝大部分的地区，导致中国猪肉供给出现了严重的供不应求状态。非洲猪瘟是由非洲猪瘟病毒感染导致的一种具有高度传染性和致死性的烈性传染病，它是一种个体巨大、结构复杂而历久弥新的DNA病毒。即使是百年之后，它也是历久不衰，每一个物品或者东西都可以成为它的宿主，而且其致死率高达100%，到目前为止都还没有研制出有效的疫苗和药物来抑制或者阻止非洲猪瘟病毒的传播。研制出有效且安全的疫苗或药物预防和治疗ASFV是迫在眉睫。

2019年5月哈尔滨兽医研究所自主研发的非洲猪瘟疫苗取得了阶段性成果。但疫苗还需要进入临床试验阶段的考验。10月份，中国科学院与中国农业科学院的多个院士团队的共同努力，最终成功地解析了非洲猪瘟病毒的颗粒精细三维结构。解析出非洲猪瘟病毒颗粒无疑是为研制出非洲猪瘟病毒疫苗奠定了坚实的基础，相信在不久的将来，号称猪类艾滋病的非洲猪瘟终将会被攻克。

4. 从政策上落实

为了有效地防控和扑杀非洲猪瘟疫情，切实维护和保护养猪产业能够得到稳步健康的发展，保障猪肉产品供给的安全，根据《中华人民共和国动物防疫法》《中华人民共和国进出境动植物检疫法》《重大动物疫情应急条例》《国家突发重大动物疫情应急预案》等有关规定，制定《非洲猪瘟疫情应急实施方案（2019年版）》。

只有每一个人或者单位，发现生猪处于不正常死亡或者其他不正常的情况，就马上向当地的检疫站、当地畜牧兽医主管部门以及动物卫生监督机构或者动物疫病预防控制机构报告，才会让政策得到应有的落实。各地应该以《非洲猪瘟疫情应急实施方案（2019年版）》为基础，建立适合本地的预防和控制政策，在建立完善的安全防御举措的情况下鼓励散户养殖生猪。

5. 从生猪养殖户到消费者

从生猪养殖户到消费者，这一过程包括生猪养殖者、屠宰者、消费者以及检疫者、防控者等对猪价影响的全部行动。控制这一全过程，就能有效控制非洲猪瘟的疫情，不仅会有利于非洲猪瘟的源头追溯，而且生产者安心，消费者更是放心。

非洲猪瘟的侵袭，导致中国猪肉供给量直线下滑，加上中国人的消费习惯，造成了猪价上升了一倍之多。其中也有别有用心之人囤积猪肉，让猪价上升，从中牟取暴利，政府应该加强这类防控，避免人心浮动。消费者可购买其他肉品，让猪价稳定。

只有每一个环节都不出现纰漏，才能有利于非洲猪瘟防控与猪肉价格的稳定，也才能将非洲猪瘟彻底根除。

6. 其他建议

（1）借鉴国外经验

非洲猪瘟历经百余年，虽未研究出有效安全的疫苗，但仍有国家将其根除。

曾经饱受非洲猪瘟困扰的西班牙，用了 30 多年的时间将非洲猪瘟彻底根除。原因就在于西班牙虽然没有研制出非洲猪瘟疫苗，但是建立了完善的防疫措施、兽医网络，建立严格的猪群流动机制，完善的检测扑杀流程。我们可以借鉴国外的经验，尽早将非洲猪瘟从中国的土地上根除。

（2）加强人员培训，以及养猪防控教育

养猪需要优秀的人才，但是得要有引路人，优秀的人才会将猪养好且安全。养猪防控非洲猪瘟教育会给人们一些警示以及建议，将非洲猪瘟控制在可控的范围之内。

七、结论及思考

通过此次的调查，我们发现虽然猪瘟的爆发并未波及所调查的两个养猪场，它们都没有发生因非洲猪瘟而导致生猪死亡的事件，但是为了防患于未然，两个养猪场都采取了很多相应的防御措施。其中，在防疫措施方面，两个养猪场都增加了许多防疫设施、防疫手段，也寻找到了一些适合自身的防疫方法；并且我们也探究了养猪场在这么大的猪瘟风险下是如何销售盈利的，以及对经营成本做了一些调查分析，同时也针对养猪场的实际经营状况，以及所采取的应对非洲猪瘟爆发的措施，提出了一些我们自己的建议。总的来说，非洲猪瘟的爆发没有波及这两个养猪场，说明它们都有适合自己的预防和经营方法，都存在着可借鉴的地方。但同时也不可松懈，非洲猪瘟目前还处于高峰期，如果不注重防范的话，一旦猪瘟在养猪场内蔓延，可能会引发严重后果，还需要谨慎对待，严格控制好每一个生产环节。并且在此基础上把握住机会，实现更大的盈利。

非洲猪瘟的爆发虽然使养猪场存在着更多更大的风险，给生猪养殖带来很大的不确定性，也无形中增加了许多管理成本。但是，由于这次猪瘟，养猪场的相关防疫措施更加完善了，对于企业的经营管理是一次比较大的促进，间接地提高了养猪场的经营能力和抗风险能力；同时，由于非洲猪瘟，猪肉在市场上的供给链跟不上，对于这些没有受猪瘟影响的养猪场来说，无疑是一个实现更高盈利的好机会，风险与机遇并存，如果养猪场能够把握好，那么对于养殖企业的发展来说存在着巨大好处。

参考文献

[1] 凯博. 农业农村部发布非洲猪瘟Ⅱ级疫情预警[R]. 央视新闻客户端，2018-08-03.

[2] 王凯博，刘成，石爽爽. 非洲猪瘟不会影响猪肉及其制品的食用安全[R]. 央视新闻客户端，2019-02-23.

[3] 覃军. 猪场非洲猪瘟的防控对策[J/OL]. 现代农业科技，2019（20）：223-224.

[4] 王喜忠. 非洲猪瘟防控及与本地猪瘟区别辨识[J]. 农家参谋，2019（20）：129.

[5] 魏群. 关于非洲猪瘟的防控策略[J]. 现代畜牧科技，2019（10）：111-112.

附　录

附录 A　调查心得

我们调查小组分为两队调研小组，一队去安顺市紫云县养猪场，另一队去凯里市麻江县宣威镇基东村养猪场，这两个养猪场的最大特征均是没有被感染非洲猪瘟，而且保护生猪的安全措施都做得非常的好。

从阻断非洲病毒的途径上。养猪场的地理位置都很好，无论是通风条件，还是水电、生态环境以及交通条件都很不错，能够及时解决并且防控非洲猪瘟。而且还远离居住人群，这样就避免了无关人员携带的病毒传染给生猪。除此之外，这两个养猪场都建立了围栏、围墙，避免携带病毒的动物接近生猪，将其及时挡在了外围。紫云县养猪场的具体细节，我不是很清楚，因为我没有去调研过，但基东村的养猪场，除了这些做得好之外，还在通风口处安装上了铁丝网，防止携带病毒的昆虫叮咬生猪，传染病毒给生猪，例如软蜱等携带非洲猪瘟病毒的昆虫。各种设施设备齐全，猪舍分为鲜明的两个部分，即吃喝与拉撒两个部分。吃喝部分：喂养饲料以及水全靠机械进行，这样减少人进去喂养，也就减少了细菌病毒的接触，从根源上断绝非洲猪瘟的传染；拉撒部分：每只猪都很自觉，所以猪舍非常干净，猪的排泄物会由机械清理，这样会及时将猪的排泄物带离猪舍，减少细菌的滋生，而且排泄物还可以回收利用，猪舍通风系统良好，将猪舍内热气及时散发出去，保证猪舍温度、湿度都保持在良好的状态，减少猪患病的概率。

从检疫上。基东村养猪场的生猪每两天一次检疫且检疫免费，这样子会及时发现并防控猪瘟。猪生病时，会及时将生病猪隔离，有效避免了传染其他猪，生病好后，才能将猪放回原来的地方喂养，这样有效地避免了交叉感染。

从猪饲料上。猪食用的都是安全，没有污染的饲料，而且饲料来源都市指定且固定的，便于追踪，所以安全可靠系数非常的高。

没有被感染的这两个养猪场从源头、传播途径、猪饲料等都建成了完善的防疫举措。就算还没有研制出安全、有效的非洲猪瘟疫苗，但只要阻断源头、途径，做好检疫的各种保护措施，非洲猪瘟也不能将生猪怎么样，毕竟它们不能凭空地产生、复制、感染生猪，即使非洲猪瘟病毒为烈性病毒，病死率为 100%。

只要认真做好，尽心去做，非洲猪瘟也能够彻底清除。在没有研制出疫苗的西班牙尚且能够将非洲猪瘟病毒从境内彻底清除，成为世界上主要猪肉出口国之一，更何况我国还成功解析了非洲猪瘟病毒的颗粒精细三维结构，在不久的将来，安全且有效的疫苗可能就正式上市了。

非洲猪瘟这场没有硝烟的战争，最终也会像它一般，悄悄地来，悄悄地去，没有什么是不可能的，每一处的成功案例都是证明。

对于这次小组作业，我们知道一定要团队合作，为了这次作业，小组开了几次会议，大家大开脑洞、集思广益，这才有了现在的成果。最后，我们感谢老师给我们小组机会做了这次作业，大家都进行了实地的调查，学到了很多。

附录 B　小组分工明细

调研过程、整体构思全员参与，文章撰写分工如下：

徐世美：问题的提出、案例描述、整体分工协调。

吴高丽：观点建议、调查心得、文章初稿排版。

邓澳：摘要、增强防疫措施、非洲猪瘟防疫政策、总结、排版修改。

罗鸿远：非洲猪瘟造成的现状分析、风险管理、成本转嫁。

非洲猪瘟对猪肉市场主体的影响研究

——以贵阳白云区黔之灵食品有限公司为例

余其浪　吕博威　张敏　田芬
（贵州大学经济学院　贵阳　550025）

【摘　要】非洲猪瘟来势汹汹，在全国各地都掀起了一股猪肉高价的热潮。2019年8月21日，“猪肉价格”的问题还登上了国务院的常务会议，中央部署稳定生猪的生产，保证猪肉的供应，将猪肉保供稳价工作推到新的高度。8月30日，中央又召开了全国稳定生猪生产保障市场供应的电视电话会议，全面部署稳定生猪生产和猪肉保价稳价的工作。与此同时，各地方政府也相应出台了政策来应对这场“猪肉价格保卫战”。这场“凶猛”的猪瘟，究竟对猪肉及其相关产业带来了怎样的影响呢？我们又可以从中看到哪些问题？而作为生猪生产中重要一环的屠宰加工企业，猪瘟对它们的影响又是怎样的呢？

【关键词】非洲猪瘟；市场结构；检疫制度；屠宰场

一、概　况

非洲猪瘟爆发以后，我国猪肉市场受到强烈的冲击，给生猪的养殖培育，屠宰加工，市场供给等不同环节造成了不同程度的影响。而屠宰场对生猪进行屠宰，加工这一环节处于猪肉消费供给结构的中间环节，研究非洲猪瘟对屠宰场造成的影响，能够较为清晰明确地了解到非洲猪瘟对整个猪肉市场的影响，包括生猪供给，政府政策，屠宰场的经营、管理、销售模式等。

1. 非洲猪瘟概况介绍

2018年8月3日在中国首次证实非洲猪瘟疫情，河南、安徽、黑龙江、内蒙古、吉林等22个省（自治区）爆发，此后，有关政府部门启动了应急机制，对疫区生猪进行封锁、扑杀，无害化处理和消毒处理措施，如非洲猪瘟疫区或高危地区（包括猪、野猪等）的猪及猪产品未经热处理而外销。严禁任何个人或单位从疫区引进未经高温处理的猪及其产品。对发生疫情的县（市、省、区），全省生猪交易市场一律关闭。暂停生猪跨省调运，暂时关闭全省生猪交易市场。生猪从疫区转移到邻近省（区），对疫区所在省乃至邻近省的养猪业产生重大影响。目前，辽宁、河南、浙江、江苏省疫区解除封锁，尽管进行了有效的处理，非洲猪瘟爆发频率仍有增加。2018 年 10 月份和 11 月份发生次数均为 20 余起，这大大增加了防控困难，给中国的养猪业带来了巨大的影响。贵州省在 2018 年 10 月份连续发生了两起疫情。

2. 非洲猪瘟扩散原因

非洲猪瘟主要是通过接触或采食受非洲猪瘟病毒污染的物品而经口传染或通过昆虫吸血而传染。传染方式主要分为 4 种：

（1）空气传播。短距离可通过空气传播，受污染的饲料、泔水、剩菜和肉类下脚料、棚子、车辆、设备和服饰可间接传播该病。蜱虫可以通过交配或垂直传播。非洲猪瘟病毒不仅可以通过产卵或交配的方式在蜱虫之间传播，而且还可以通过叮咬引起野猪与软蜱的交叉循环感染，从而将非洲猪瘟病毒传播给健康的猪。

（2）国际贸易和人员往来。在非洲猪瘟传入中国的可能途径中，国际贸易和人员往来携带病毒污染的肉类风险最高。随着中国改革开放的不断发展和经济发展水平的不断提高，入境的外国游客或出境旅游的中国游客数量逐年增加。入境游客、回返者和国际包裹可能携带受污染的猪肉或猪肉产品从疫区带到中国；来自疫区的国际航班、飞机和船只产生的食物垃圾如果被国内的猪接触和食用，也可能引发疫情。非洲猪瘟以这种方式跨越边境传播的案例很常见，一艘停靠在格鲁吉亚的国际货轮引发了东欧的疫情，因为这艘船上装载着受污染的泔水，并在港口附近喂给了生猪。

（3）引种。种猪传播的重要途径之一，就是病毒可以潜伏在种猪身体里，并随种猪传入国内。冻猪精液中的非洲猪瘟病毒可存活较长时间，经人工授精后可传播给母猪并引起疫情。

（4）野猪活动。中国拥有丰富的野猪资源，特别是在与俄罗斯接壤的生物走廊地区，野猪可以在两国边境附近来回移动，一旦俄罗斯边境爆发疫情，通过野猪活动进入中国也是一个很大的风险。

3. 政府对非洲猪瘟的应对措施

非洲猪瘟爆发后，我国出台了一系列应对措施，主要分为以下几点：

（1）明确了运输途中发生疫情的应对措施。对过境途中发现的疫情，以运输病猪的车辆、船舶、飞机等运输工具作为疫点，应当及时采取应急措施，不得返回。同时，对当地进行非洲猪瘟风险评估工作，确定疫区、受威胁地区，并根据评估结果采取相应措施。

（2）明确了扑杀范围。明确疫区的猪应全部扑杀。疫区的猪应严格隔离，并在实验室进行检验。病原检测为阳性的场点的生猪必须全部扑杀，阴性场点应彻底消除疫情传播的风险，然后再继续喂养或屠宰。

（3）明确了解除封锁的条件。对于有疫情的养殖场，在解除封锁的过程中应引入哨兵猪，并通过对哨兵猪的监测措施，在 30 天内解除封锁。对没有哨兵猪监测措施的养殖场疫情，关闭时间为 42 天。

（4）根据屠宰场主要职责的履行情况，对恢复时间进行了不同的安排。对屠宰场主动报告的疫情，经过彻底的清洁和消毒、实验室检测合格和通过风险评估，48 h 后可以恢复生产。动物和兽医部门检测到屠宰场爆发疫情后，在采取上述措施后，需要 15 天才能恢复生产。

（5）明确了养殖场解除封锁后空栏时间。封锁解除后，对疫点和疫区应扑杀范围内、需继续饲养生猪的养殖场户，引入哨兵猪进行临床观察，饲养 45 天后，临床无异常且实验室检测为阴性的，方可补栏，空栏时间为 45 天。

4. 非洲猪瘟对屠宰场的直接影响

猪瘟爆发以来，为了控制疫情的蔓延，国家开始严格控制生猪屠宰过程。不仅派出官方兽医进入屠宰企业进行监督，而且对生猪屠宰企业的规模提出了要求。农业部连续发布了多项与生猪屠宰有关的文件，要求关闭不符合规定的屠宰企业，压缩落后产能，严厉打击私屠滥宰行为，鼓励优势屠宰企业整合产业链，加快推进生猪屠宰监管政策，中小屠宰场环保、检疫成本大幅提升，私屠滥宰得到较好治理。专家表示，大量小型屠宰场面临风险，因为年屠宰能力低于 20 万的屠宰场很难获得批准。最重要的是，大部分屠宰加工企业的利润来源主要是对生猪屠宰过程中收取的加工费，这种经营模式利润的主要影响在于生猪数量。非洲猪瘟爆发以后，生猪数量锐减，大部分屠宰加工企业面对生猪数量减少的现状只能苦苦硬撑，对其是一个重要的打击。同样，生猪运输行业受到的影响也更为彻底。众所周知，长途跨省运输是传播非洲猪瘟的重要途径之一。去年疫情严重时，跨省运输的生猪几乎全部停止。虽然生猪跨省运输已经恢复，但从长远来看，冷链运输已成为大势所趋，活猪运输行业的生存空间将日益狭窄。

目前，非洲猪瘟疫情尚无有效手段抑制，生猪产业链上游受到严重影响。

同时，国家又针对环保、疾病防控和检疫提出了一系列要求，中游屠宰企业作为非洲猪瘟最后的“看守人”，责任重大。屠宰企业作为“看守人”，需要更加精细的检疫，也就是说，屠宰企业需要购买更加精细的检测仪器，投入更多人力、物力和财力确保疾病检疫的万无一失，这无疑增加了屠宰企业的屠宰成本。由于非洲猪瘟的爆发，屠宰企业的屠宰量大幅下降，屠宰成本却不断增加，从而导致中游屠宰规模和企业的减少，屠宰行业趋于萎缩。

5. 非洲猪瘟对黔之灵生猪供给的影响

非洲猪瘟爆发前，黔之灵的生猪很大一部分是从东北调入，原因主要有三个：

（1）贵州省更倾向于肥肉较多的猪肉。南方多数区域饮食习惯倾向于热胴体，而北方消费者则热衷于冷鲜肉，且我省居民倾向于肥肉型猪肉，东北生产的生猪适应了我省消费偏好，平均每头猪的肥肉均高于省内生猪肥肉比重。

（2）东北生猪产量高于省内生猪产量。前几年的环保政策对南方五个水网区 130 多个县提出调整生猪生产政策要求，2016 年 4 月发布的《全国生猪生产发展规划（2016—2020 年）》，对我国的养猪业提出战略性规划，系统提出了后来被业内称作“南猪北养”区域布局政策的基本方针，在全国设立了重点发展区域、潜力增长区域、适度发展区域和约束发展区域。重点鼓励潜力增长区特别是东北地区生猪产业发展，东北生猪养殖规模进一步扩大，从而使得东北生猪产量得到了较快提升。

（3）过去东北生猪价格低于省内生猪价格。一个原因在于东北仔猪的平均价格低于省内仔猪价格，其次就是东北的饲料价格低于省内饲料的平均价格，且东北生猪养殖的规模优于省内养殖规模，这些养殖成本的不同，直接影响了生猪的进厂价格。所以即使东北地区与贵州相距更远，但是刨去了运输成本以后，依然比贵州本地的生猪利润空间更大，这也是贵州偏好东北生猪的重要原因。

猪瘟爆发后，生猪来源由省外养殖场转为省内散养户。主要原因有四个：

（1）东北是最先爆发猪瘟的地区，受到的损害也是最大的，生猪存栏量和能繁母猪存栏量连续下滑，补栏需要较长时间。且养殖户有一种害怕心理，一些养殖户并未和猪瘟“正面交锋”，但如果周边一旦出现疫情，3 km 以内的生猪都要被扑杀掩埋。为了避免不可控的事情发生，部分养殖户选择及早清栏且暂停养猪。造成了生猪存栏量的锐减，同时，养殖场也就提高了生猪出栏的价格。广西、云南等地区疫情严重，省内养殖场的生猪多以较高的价格销往疫情严重的地区。而省内散养户养殖的生猪质量较好，养殖一头猪的平均时间长于养殖场，且生猪的平均体重高于养殖场的生猪体重，价格也低于省内养殖场，因此，黔之灵公司的生猪来源由养殖场转为了散养户。

（2）生猪、能繁母猪禁止跨省运输。即使是在跨省运输禁止力度减轻后，没有检疫票的生猪是无法进行长途运输的。某些地方政府出于稳定本地区物价水平的目的，采取了一些保护政策，如不给生猪的长途运输开具检疫票，这样一来，本地区的生猪不会外流，一定程度上稳定了本地区的生猪价格。此外，从其他地区流入本地区的生猪，没有检疫票的，政府采取“一刀切”方式，一律视为非法调运，通过全部扑杀的方式以降低本地生猪感染猪瘟的概率。

（3）非洲猪瘟传染性强、病死率高。按照非洲猪瘟的疫情扩散特点，我省的防控措施主要集中在对外来病源的严防死守上，屠宰场严格限制外来生猪输入，因此屠宰场本身能够接收到的省外的生猪数量也有减少。

（4）贵州省内发生的猪瘟疫情相对其他省较轻。非洲猪瘟爆发前期，农户由于恐惧低价将生猪进行部分抛售。随着疫情的严重以及政府的重视，到了今年 6 月份，猪肉跨省调运越来越严格，而省内的生猪由于前期抛售，售卖，屠杀等以及供不应求，猪肉价格就开始往上涨了。非洲猪瘟破坏的不仅是省内生猪养殖产业链，生猪供需关系的平衡，也破坏了生猪定点屠宰场的利益链，增加其运营成本。以贵阳市白云区黔之灵食品有限公司为例：去年同期该屠宰场日屠宰量能够达到 1200 头左右，而现在每天的屠宰量下降到了只有 400 ~ 500 头，而该屠宰场的盈亏平衡点日屠宰量在 500 头左右，所以现在基本是不能盈利的，甚至是亏本。并且在非洲猪瘟爆发以后，政府针对屠宰场的消毒，卫生，检疫，环保等也出台了一系列的政策和要求，增加了该屠宰场的营运成本。贵州在全国来说，省内大部分生猪产业链保留得比较完整，除了黔南地区，其他地方的产业基本还算完整，黔南地区的母猪、种猪基本已经全部屠杀，产业链受到严重破坏。跨省运输禁令力度减轻后，省内养殖场将销售目标锁定为外省受灾严重的地区，因为这些地区生猪价格高，利润大。省内的散养户较多，养殖规模较小，且生猪价格低于养殖场价格，他们无法像养殖场一样可以自主地将生猪销往省外。因此，在非洲猪瘟爆发后，省内散养户成为黔之灵的生猪主要供给源。

二、黔之灵有限公司简介

1. 基本情况

贵阳黔之灵食品有限公司成立于 2000 年 11 月，公司前身为贵阳市白云区光明屠宰有限责任公司，注册资本2000万人民币，是贵阳市生猪定点屠宰企业，取得“生猪定点屠宰证”“贵州省排放污染物许可证”“动物防疫条件合格证”等证件。场地占地面积约45亩，总投资5000余万元，现有屠宰线6条，日屠宰量可达1300余头，企业管理人员10人，肉品质检员9人，工人30人。建设了机械化屠宰车间、生猪检疫办公车间、待宰车间、隔离车间、急宰间、无害化处理间、锅炉房、污水处理站。2017年，屠宰生猪342676头，生猪产品主要供应白云区、观山湖区、云岩区、南明区和修文县。

由私人经营户收购生猪，将生猪运到屠宰场进行检验、屠宰、分割，市场的购买者直接与经营户进行沟通买肉，屠宰场不参与这个交易的过程，既不承担收购也不承担销售，只是承担屠宰加工的过程，赚取的是屠宰加工费。运送到屠宰场的生猪都是由私人经营户自己去收购，然后自己找车将生猪运送到屠宰场的，到达屠宰场之后，屠宰场会对车辆进行消毒。在非洲猪瘟爆发以前，屠宰场几乎每天都会有存栏量，有时候存栏量甚至能够高达上千头，但是自猪瘟爆发以来到现在，每天的屠宰量都远远不够，更不用说存栏量了。非洲猪瘟未爆发以前，屠宰场检疫制度主要分为生猪进厂检查登记制度，动物检疫申报制度，肉品品质检验管理制度，“瘦肉精”检测制度，肉品质量安全追溯制度，不合格肉品召回制度。

2. 相关管理制度

（1）生猪进厂检查登记制度

为确保生猪健康程度及猪肉质量保证，各生猪屠宰场驻厂检疫人员需认真做好宰前检疫检验动作，对每一批次入场生猪严格执行索要票证制度，没有检疫证章、耳标等合法标志的生猪不得进厂屠宰。同时。政府和工厂要做好“瘦肉精”等药物残留的抽检工作。

（2）动物检疫申报制度

该制度是根据《中华人民共和国动物防疫法》和《动物检疫管理办法》而制定，是动物卫生监督机构根据检疫工作需要。同时需要设置好动物检疫的申报点，并向社会公布动物检疫的申报点，范围和对象，是为了方便动物养殖者、经营者在乡镇、村社及屠宰场设置的动物检疫集中申报地点。申报点对受理的检疫申报，及时派官方兽医前往现场进行临栏检疫，屠宰的动物还需进行屠宰全程现场检疫。

（3）“瘦肉精”检测制度

“瘦肉精”又称为“克伦特罗”，是一种类似肾上腺素的神经兴奋剂，可用于畜牧业的生长兴奋剂，同时还可作为饲料添加剂促进猪的生长，能够长时间维持猪的兴奋状态，并且能够在促进猪瘦肉生长的同时抑制肥肉的生长。当人们摄入克伦特罗时，会出现皮肤过敏、红肿、干渴、发红、失眠等症状，并且过量的摄入还会导致一系列的代谢紊乱。由于该药物会在猪的可以食用的组织中积累残留，长期摄入含有克伦特罗的猪肉制品则可能会导致染色体畸变，诱发恶性肿瘤。所以国家已出台相应的政策并明确规定了猪肉中不能检出的激素类药物残留成分有沙丁胺醇、克伦特罗等。因此，为保证被屠宰的生猪体内不含“克伦特罗”，特制定本完善的检疫系统对猪进行检疫。

（4）肉品品质检验管理制度

这个制度是按照《生猪屠宰管理条例》以及《生猪屠宰产品品质检验规程》等其他标准而制定的，以确保能够及时准确地检验待屠宰体和内脏，并确保生猪产品的检验率是 100%。同时，为了保证猪肉的卫生质量以及其商品价值，屠宰时只能从一个部位开始进行，并且需要适度的深度，严禁随意切割，锯切，这样就不会造成太多的组织切口或损伤病变的自然现象。

（5）肉品质量安全追溯制度

生猪肉产品的生产，加工和检验应当严格按照《生猪屠宰业操作规程》和《生猪屠宰业产品质量检验规程》来进行，在整个过程中严格做好质量控制。同时按照《病害动物和病害动物产品生物安全处理规程》进行无害化处理，保证整个屠宰加工过程的肉品的安全控制。

（6）不合格肉品召回制度

严格按照《肉品卫生检验试行规程》及相关规定，严格禁止不合格的伪劣产品离开工厂进入市场，应严格执行不合格的肉品召回制度，并且需对召回的肉产品进行无害化处理。

（7）猪瘟检疫

由以上检疫流程可以看出，屠宰场在针对肉品卫生，安全，质量等方面均十分重视，从生猪进厂到肉品出厂实施了一系列完备的检疫流程，确保进厂的猪是健康的，出厂的肉品是安全有质量保证的。以上措施是非洲猪瘟爆发前的检疫流程，非洲猪瘟爆发后，增加了入厂前的检疫，并且每天都对场内进行消毒。

3. 非洲猪瘟爆发后增加的检疫流程

非洲猪瘟爆发后，政府加大了对屠宰场的监管力度与检疫流程，派了一支 50 人的检验队在屠宰场，24 h 值班进行检验。2019 年 4 月份开始新增了一个抽血化验的流程，该流程是由白云区政府组织培训，每个抽检人员都接受了从抽血位置，抽血方式等的专业培训；而化验室对非洲猪瘟的检测则是由设备厂家组织专业的培训，化验试剂价格约 2000 元，可以检测 48 个样品。

每一批次运过来进行屠宰的猪都需要提供一个产地检疫证明，有这个证明才可以进入屠宰场，而自非洲猪瘟爆发以来屠宰场检验的项目主要就是非洲猪瘟，每一批次猪的检验时间大概 70 min。

而且，整个检疫过程是在屠宰场外进行的，待检疫结果合格后才允许这些生猪进厂。据了解，是因为非洲猪瘟的处理方式：如果在屠宰场进行检疫，若检测出非洲猪瘟，则该屠宰场需承担责任，屠宰场内所有生猪直接进行捕杀掩埋处理，且屠宰场需要进行停运整改；若是在屠宰场外检测出的，则责任方在于运送生猪过来那方，与屠宰场没有关系。

三、猪瘟对猪肉价格的影响

1. 对全国猪肉价格的影响

短期内，在非洲猪瘟疫情发生后，为防止疫情传播，政府依法发布封锁令，相关部门禁止生猪、种猪跨省运输，生猪的跨地区流动受到限制，满负荷养猪的养殖场只能在当地屠宰和销售生猪。对于生猪输出省来说，当地猪肉消费有限，供过于求，导致猪肉价格下跌。有限的仔猪转移和本应出栏生猪的继续养殖，增加了养殖户饲料成本、劳动力成本等方面的负担，养殖户面临着资金链断裂的风险；生猪屠宰加工企业的生肉和肉制品面临着冷链运输和冷库成本增加的问题。封锁力度减轻过后，养殖户因存在惧怕、恐慌心理，大量抛售生猪，甚至存在生猪提前出栏和能繁母猪大量出栏的现象。因此，短时间内非洲猪瘟的发生将导致疫区所在地区和周边地区的生猪价格下降，给养猪场造成重大损失，对养猪业的发展产生重大影响。对于受约束发展的南方水网地区来说，南方省份前几年因环保拆迁政策关闭了许多养殖场，生猪养殖减少，生猪的存栏量低于生猪输出省。非洲猪瘟爆发后，生猪、种猪跨省运输受到极大影响，南方水网地区无法从外调运生猪，且这些地区人口密集，猪肉需求量大，人们又倾向于食用热胴体，这些因素综合起来使得南方地区猪肉供不应求且价格较高。

长期内，非洲猪瘟爆发次数增加，全国受灾地区增加，加上猪瘟刚爆发时养殖户恐慌性抛售生猪，有的养殖户为了避免更大的损失，甚至给出了一头生猪几十块钱的价格，这给生猪供给造成了极大的亏损，从去年下半年开始，生猪存栏量和母猪存栏量明显下滑，下滑的幅度达到近十年最高。且养殖户担心非洲猪瘟疫情反复发生，不清楚非洲猪瘟下一步的走向，不敢补栏，不敢增加能繁母猪数量。其次，非洲猪瘟检测推高了生猪屠宰成本。因非洲猪瘟的发生，进入生猪屠宰场的生猪都要做非洲猪瘟检测，从而提高了生猪的屠宰成本。市场影响作为生猪饲料主要配置的玉米、豆粕等原材料的价格上涨，这无形中增加了生猪的饲养成本，生猪饲养成本增加很大程度上影响了生猪价格。生猪存栏量和能繁母猪存栏量下滑，养殖成本的上升，养殖户不敢养殖，进而导致 2019 年生猪供不应求，猪肉供应紧张，价格持续上升。

从具体价格呈现来看，2019 年 2 月以前，猪肉价格仍保持平稳，甚至还略低去年的同期价格。但是 2 月以后，3 月初猪肉价格就开始攀升，直到今年 8 月，猪肉价格开始了疯涨。今年 8 月 5 日，生猪（外三元）批发价格为 19.87 元/公斤，环比增长 13.3%，同比增长 44%。而到了 8 月 30 日，生猪（外三元）的批发价格已经到了 27.19 元/公斤，同比增长了 98.8%。猪肉价格一路飙升，截止到 10 月 22 日，猪肉价格已经达到了前所未有的高度，生猪（外三元）全国批发价 39.34 元/公斤，与去年同期的 13.87 元/公斤相比，增长了 183.6%，几乎是去年同期价格的 3 倍。

2. 对全国各地区猪肉价格的影响

全国各地区猪肉价格变动趋势与全国相当，但是因为各地养殖产业发展和被猪瘟破坏的程度不同，全国不同地区对猪肉价格的涨幅也都有不同。广东省 8 月 1 日生猪（外三元）批发价格为 23.06 元/公斤，10 月 22 日生猪（外三元）批发价格为 43.26 元/公斤，同比增长 163.0%。黑龙江省 8 月 1 日生猪（外三元）批发价格为 18.73 元/公斤，10 月 22 日生猪（外三元）批发价格为 39.63 元/公斤，同比增长 266.6%。云南省 8 月 1 日生猪（外三元）批发价格为 15.79 元/公斤，10 月 22 日生猪（外三元）批发价格为 33.54 元/公斤，同比增长 123.7%。浙江省 8 月 1 日生猪（外三元）批发价格为 21.24 元/公斤，10 月 22 日生猪（外三元）批发价格为 42.03 元/公斤，同比增长 142.0%（图 1）。

就全国生猪养殖业来看，西南地区的贵州云南生猪产业基本还保存完整，因此在全国猪肉价格疯涨的前提下，这些省份的猪肉涨价还算较小，虽然价格依旧有上涨，但是对当地居民来说还可以接受。相比较之下，一直作为我国重要的生猪生产基地的东北三省地区来说，当地因为靠近生猪的出产地所以一直享受着猪肉的优惠价格，在全国来说价格都非常优惠，不过由于猪瘟对东北地区生猪养殖产业的大肆破坏，这个曾经最重要的生猪出产地变成了猪肉涨价的急先锋，对当地居民来说，价格翻倍接近 4 倍，因此虽然总的来说猪肉价格并不算国内最高，但是对当地居民来说仍然非常难以接受。而今年猪肉价格一直领跑全国的广东、广西等南方地区，猪肉价格虽然高于全国水平，但较以往本来就高昂的猪肉价格来说，虽然猪肉价格不断攀升成为全国最贵，但是其实增幅并不算离谱，仍然在国内平均水平以内。

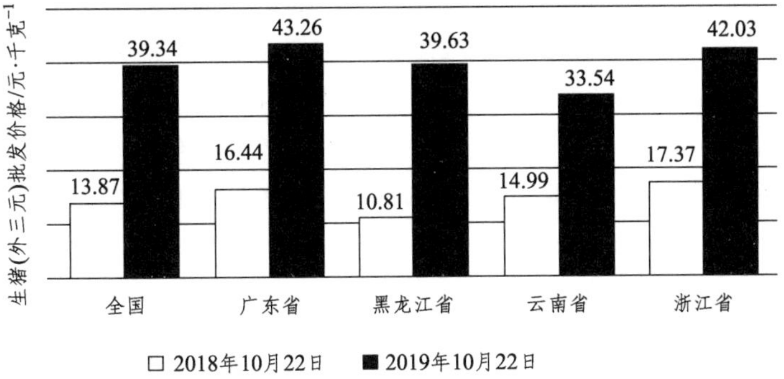

图 1　部分省生猪（外三元）批发价格变动

注：数据来源于智农通。

3. 对黔之灵屠宰场屠宰价格的影响

总的来说，在这场猪瘟当中，养殖户和消费者是受到影响最大的。但是作为加工者的屠宰场也遭受了影响，以该屠宰公司为例，目前该公司对每头猪的屠宰管理费基本保持 3 元/公斤，而在受到猪瘟影响前，每只猪的屠宰管理费不到 2 元/公斤。并且在保持 3 元/公斤的屠宰管理费前提下，屠宰企业仍然处于亏损状态。猪瘟对屠宰场价格的影响主要有以下几个原因：

（1）生猪数量减少。该公司是单纯的屠宰加工企业，利润基本全部依靠对生猪的屠宰来获得，其利润的盈亏平衡点保持在 500 头左右，高于该数量则屠宰场就有利润可赚，低于此数量屠宰场则处于亏损状态。由于生产线已经实现了自动化，所以无论屠宰数量的多少生产成本都保持不变，因此屠宰数量越多，盈利空间越大。而在去年同期，屠宰场每天的屠宰数量在 1200 头左右，但是在 2019 年 10 月份，每天屠宰数量不到 500 头。而这样的情况不仅出现在黔之灵这一家屠宰场，贵阳地区的三大屠宰场即乌当区的嘉旺屠宰场、花溪区的巨农屠宰场以及白云区的黔之灵屠宰场，这三大屠宰场收入的生猪数量对比去年同期都大大减少，每家的屠宰数量基本都减少了 50%以上。屠宰基数大量减少，但是人工、水电、天然气等硬性成本还是没有变化，企业为了亏损不至于太过严重，只能上调屠宰管理费。

（2）生产成本的不断增加。非洲猪瘟的爆发让所有的养殖户胆战心惊，而屠宰加工企业同样如此，由于大规模的屠宰，一旦爆发疫情，损失更是会远远大于普通养殖户。因此，屠宰场对场内的消毒防疫工作非常重视。以前每月一次全面消毒，每周一次基本消毒；而现在每天都要进行基本消毒，每周一次全面的消毒。除此之外，抽血化验工作也由屠宰场承担，在非洲猪瘟爆发以后，政府要求对每一头的猪都要进行抽血化验，严禁没有通过化验的猪被屠宰上市。所以每个屠宰场不仅要屠宰，还要承担化验防疫工作，而每一次检验的试剂加上辅料以及人工成本达到了70元左右每次，一次只能化验10头猪的血样，而这笔因为防疫而多出来的化验费仍然由屠宰场自行承担。

（3）政府新规定、新设备的成本增加。屠宰加工企业的成本增加不仅来自对生猪的检验化验工作，也来自政府的政策内容。政府对于屠宰场要求很多新型设备，除此之外还需要购买在线监测，第三方抽检，制定监测方案，增加了对企业的运营成本，这些政策增加了企业大约80万的成本。

四、政府管理政策

1. 猪肉出入境政策

自非洲猪瘟于2018年在我国沈阳首次发现后，为进一步建立非洲猪瘟防控长效机制，胡春华副总理提出，要对非洲猪瘟实行分区防控，一方面通过落实属地管理责任，狠抓措施落实，防范疫病传播。各个省份对进出境内外的生猪都进行了严格的把控。通过我们对屠宰场的调查寻访过程中，我们了解到了贵州省对生猪进出的最新政策——检疫票制度，对每次进出的合格的生猪都发放检疫合格票，持有检疫合格票的养殖场才可以对外进行输出，而对于进入贵州省内的生猪，则需要进一步对其进行检疫，合格后才准许放行。

对于非法运输的生猪政府的打击力度也十分的严厉，发现未有检疫合格证的生猪，政府除了对相关的养殖户进行经济处罚外，对于发现的非法运输的生猪进行“一刀切”的政策，对其进行集中的捕杀与烧毁、就地掩埋，同时对发现非法生猪运输地的相关责任人进行问责。根据贵州省的安排，贵州省政府应急指挥部办公室在11月1日违反非洲猪瘟防控典型病例调查责任制后，根据省防治非洲猪瘟电视电话会议精神，省农业农村厅派出约12个专项工作组，对案件进行督查。截至目前，全省共查处违反猪瘟防治法律、纪律的政府部门官员8人，拘留7人，提请纪检部门介入5人，已劝告28人，通报17人。其中清镇市官方兽医5人因违法出具动物检疫证明被拘留，2人被纪检监察部门调查。白云区调查拘留2人，约谈17人

2. 对疫情区的处理

贵州省对于猪瘟疫情区所采取的方式为以发现疫情的地区为中心，对3 km以内的区域的生猪按照要求启动应急响应机制，采取封锁、扑杀、无害化处理、消毒等处置措施，对疫区内全部病死和扑杀猪进行无害化处理。将不符合环保政策的养猪场进行取缔。同时，禁止所有生猪及其产品运出封锁区域，严格禁止生猪运进封锁区域。而对于3 km以外12 km以内的受灾区域，通过政府成立专门的检疫工作站，对区域内的所有生猪进行抽血化验检疫，对于已确认的疫情，应按照"早、快、严、小"的原则进行应急反应，以实现早期发现。快速反应，严格处理，减少损失。对未发现疫情的生猪进行分栏饲养。同时政府也在每个相应的屠宰场设立的专门的检疫机构——检疫室，该机构由50个政府人员组成，每天24 h轮流值班，并对进入屠宰场的猪进行血液取样测试。1.5 h后生猪等化验结果出来为合格后才准许进行屠宰。支持大型生猪养殖场和屠宰场"点到点"的猪只和产品的转让。严格按照产地检疫规程开展生猪产地检疫，加强生猪运输车辆备案管理，扎实做好清洗消毒和无害化处理工作，加强对交通运输环节的检查，坚决消除猪瘟传染病传播风险。不层层加码禁运、限运措施，无正当理由不拒开检疫证明，不阻止符合条件的种猪和仔猪调运。

3. 对养殖户的激励政策

2018年8月，沈阳首例猪瘟爆发后，加之当时猪肉价格的下降，贵州省大多数散户生猪养殖户出现养殖恐惧症——怕自家所喂养的生猪染上猪瘟，开始部分的抛售猪肉。一直到2019年上半年，全国各地爆发猪瘟，猪肉又开始大量抛售。导致生猪散户养殖户急剧减少。贵州省政府为了保证猪肉市场的供应稳定和猪肉价格的稳定，对生猪养殖户也提供了相应的政策鼓励。积极争取金融、信贷部门对农户养殖户的支持，充分发挥各级农业信用担保机构的政策保障作用，为合格猪农申请贷款提供信用支持。有条件的乡镇街道结合财力给予必要的贷款贴息补助。落实好能繁母猪和育肥猪保险政策，协调保险公司对符合条件的养殖场户足额理赔，加快猪险与无害化治疗的衔接，结合城乡经济条件，提高保费补贴标准。加强与银行业金融机构合作，进一步稳定预期、稳定信贷、稳定支持，不得对生猪养殖场户、屠宰加工企业等盲目停贷、限贷。对于大型养殖场则提供养殖补贴政策。并对其进行定期的抽样检疫。鼓励和引导大型生猪养殖场，尤其是大型养殖企业在加强生物安全防范的前提下积极增养补栏，适时补充优质后备母猪，稳定提升现有生猪产能。实行多点饲养、适度规模、规范化管理，确保畜产品安全供应。

4. 保障猪肉供应和市场监测

为了保障猪肉的市场供应，响应国家冻肉的供应政策，贵州省也进行了冻肉的储备供应计划，但是贵州省的冻肉供应相当的少，主要是因为南方地区对冷鲜肉接受程度不高。即使政府实行提供冻肉但是也只有少部分，且主要提供给生鲜超市。

贵州省疫情爆发后，省农委高度重视，迅速采取有效措施，积极应对。建立辖区内畜牧业统计监测预警工作计划，保证统计监测数据的及时性、准确性和完整性，做好统计监测预警工作。具体、及时、高质量地完成统计监测任务。

细化落实部门间责任，确保资金保障，落实统计监测预警工作经费，建立地方财政资金为主的信息采集经费补助机制，保障数据核查、数据分析等工作正常开展。将把重点放在加强猪生产和市场价格的动态监测，科学地研究和判断市场形势，及时发布动态信息，通过各种渠道宣传、解释和充分利用期望，提高养猪场农户的信心。政府要做好农民思想工作，严格监督生猪和产品的流通和运输，努力把疫情影响控制在最低限度。

五、非洲猪瘟对产业发展的影响

1. 消费习惯的转变

消费习惯的转变主要包含两个方面的内容：

（1）肉类消费组合的转变。猪肉是我国国民消费中肉类的绝对主角，肉类消费中的 63%都是猪肉，然而猪肉有着其他肉类没有的缺点，就是高含量的饱和脂肪酸。而这也是我国心血管疾病的主要导火索，相比较之下其他对猪肉消费比较少的国家的心血管疾病发病率就远低于我国。这场猪肉价格的飙升让很多人直呼吃不起猪肉，我国许多地区的批发和零售市场上，猪肉硬生生由低端消费品变成了奢侈品，消费者不得不转向其他鱼肉、鸡肉等替代品，而这很有可能是改变我国肉类消费习惯的重要推动力之一。改变消费习惯，改善膳食结构，也更有利于我国国民身体素质的提升。

（2）热鲜肉向冷冻肉的转变。虽然热鲜肉的口感优于冷冻肉的口感，但由于活体猪在运输途中很可能被感染，因此，一些大型养殖企业开始涉足屠宰加工业，将生猪就地屠宰，把活体猪运输转变为冷冻肉运输。这种做法在很大程度上降低了企业的损失，同时，也保证了市场上猪肉的供给。由于这些养殖企业的规模较大，对于市场上猪肉供给的影响较大，因此，热鲜肉的供给会减少，冷冻肉的供给增加，从而影响人们的消费习惯。

2. 疾病防疫体系的发展

面对非洲猪瘟，克服下来的国家基本都形成了完善的疾病防疫体系，能够将疫情处理在最远之外，保证整个产业不会同时遭遇打击。我们国家的防疫检测还不够完善，检测范围和检测能力都非常小，只能在疫情爆发以后才开始进行后期的处理，距离发达国家疫病检测能力还有很远的路要走。除此之外，对于疫点的处置能力和效率也需要提高，很多地方的疫点都是私下处置的，对土壤、植被和水源都造成了一定的污染。

3. 疾病补偿机制的完善

猪瘟的保卫战实际上就是一场打钱的战斗。西班牙面对猪瘟斗争了30年，借助了欧盟的资金支持，利用技术支持和经费支持建立了流动兽医团队，最重要的是形成了对发生疫病的猪的足额快速补偿，养殖户不会因为爆发的疫病而满盘皆输，稳定了养殖户的再养殖情绪。我国面对猪瘟爆发启动了疾病猪的扑杀，但是对于后面的补偿却非常孱弱，甚至一些地区答应的补助根本没有发下来。这打击了养殖户的养殖激情，无疑加剧了生猪养殖户减少的现象，养殖户的全部投入一点没有收回来，即便是猪瘟过去以后，其也不敢再次尝试养殖。

4. 生猪养殖产业布局的优化

我国的生猪养殖产业上一直存在着一个明显的特点，那就是产区与销区的分离。并且这种趋势随着养殖规模化的发展，日趋明显，逐渐形成了“南猪北养”的格局。在这种模式的发展引导下，北方（主要为河南省、山东省和东北三省）的生猪出栏量逐步提高，占全国的比例也有着明显提升。造成这种现象的原因有很多,但是主要原因是2015年起逐步收紧的养殖环保政策，由于水网、生态等原因，南方地区养殖行业受到的挑战明显高于北方。在这样的背景下，生猪养殖产业逐步开始了由南向北的转移。环保的高压一直没有停下，2018 年后，环保政策不仅限制了行业的准入门槛，更主要的是影响了生猪养殖的量的增加。而这样的发展趋势也符合国家部门的想法，按照中国农业部做出的规划，南方的大部分地区都属于生猪发展的约束发展区，相比较之下，北方的大部分地区都属于生猪养殖的潜力区和重点发展区。随着环保工作的不断展开，南方生猪养殖压力巨大，更加是不断向北方转移。南北双方比较之下，北方饲料价格明显低于南方，一开始因为环保而被迫转移的生猪养殖企业在发现成本低于之前的南方养殖后更是开始主动地转移，这更加速了国内南猪北养的趋势的发展。

在国内养猪特点趋向“南猪北养”的趋势下，非洲猪瘟的出现，将会给这样的局面带来新的特点，简单来说，非洲猪瘟会即刻缓解这一趋势。因为南猪北养的特点带来的生产和销售分离的局面非常不利于国家对于疫情的防控。因为产销分离，国内猪肉的供给非常依赖长距离的生猪运输。而通过车辆的长途运输生猪是非洲猪瘟传播的主要途径之一，这无疑会加剧疫情在全国范围内的迅速扩散。基于这样的原因，在非洲猪瘟全面爆发之后，国家全面叫停了生猪的大范围运输，而且对于长距离无运输证的偷运现象采用了一刀切的全部扑杀掩埋措施。可是在停止生猪南调以后，南方各省的猪肉市场迅速告急，这也是造成南方猪肉价格迅速上涨且供给缩小的主要原因，而这也造成了主要产区养殖户大亏，销售区养殖户大赚的局面。

而面对非洲猪瘟的侵袭，一方面，我们该思考的还有这样的产业布局是否合理，生猪养殖产业是不是应该反思在过去几年中布局的危险性，调整产业布局，适当地放缓在北方的基地建设，而且逐步强化南方的养殖规模。另一方面，国家的政策导向是否也应该做出适当的调整？之前一刀切对南方密集水网地区的养殖产业的禁止是否该做出改变？面对市场已经供给深刻不足的现实情况，我们应该逐步地放宽养殖条件，鼓励适度、适量地发展，至少地区要有基础的供给能力，否则，如果再遭遇一场猪瘟，局面又将和现在的情况一样尴尬。

5. 养殖模式和技术变革

非洲猪瘟爆发对于促进养殖模式和技术的变革和升级主要体现在两个方面：

（1）养殖模式变化：分散养殖，降低疫情传播风险

在非洲猪瘟盛行的背景下，控制生产成本和有效防范疫情之间的转化是所有经营者首先要考虑的问题，这也会为产业变革和升级提供现实依据。

生产者首先应该明确自己的养殖规划，确定合理的经营模式。当前的经营模式主要有“公司+农户”与自繁自养两种。“公司+农户”模式符合我国的政策导向，如环保、社会化服务和扶贫等，投资规模小于自繁自养模式，符合业务扩张的逻辑，国外的龙头企业史密斯菲尔德证实了其可行性。从防控的方面来看，“公司+农户”的分散管理更有利于疫情防控。对于大型规模化

养殖场而言，由于单一猪场养殖规模大，生猪对外销售频繁，每月甚至每周都需要对外销售生猪，人员车辆来往密集，感染疫情的风险反而较高。

“公司+农户”模式虽然是生猪养殖的发展趋势，但是其自身也有不可忽略的缺陷。首先，企业的管理能力要求比自繁自养模式高；其次，它的生产效率比自繁自养模式低。非洲猪瘟的出现，将推动养殖业向“公司+农户（家庭农场）”的方向进行升级。具体来说：在“公司+农户（家庭农场）”模式下，第一，养殖集团为合作农户提供防疫支持；第二，猪的育肥周期为 5～6 个月，养殖户不用自己繁殖仔猪，每一轮养殖周期只需要 5～6 个月。只要管理得当，“全进全出”和完全封闭的培养可以大大降低感染的概率。在“公司+农户”模式下，企业需要帮助合作农户建立起完整严密的防控体系。且要控制合作农户规模，规模过小，管理成本较高，不利于公司良性发展。一般来说，有一定规模的家庭农场，养殖时间相对较长，疾病防控意识较高，能够更有效地配合和融入公司的防控体系，降低疾病发生的概率。

对养殖集团而言，一方面，育肥外包减少了与外界人员和车辆接触的机会，降低了感染风险。另一方面，养殖户的分散性降低了疫情对养殖场整体出栏和存栏量的不利影响。自繁自养的大型养殖集团在风险分散上存在劣势。因此，对于自繁自养模式下的大型养殖集团来说，合理缩小养殖规模是规避风险的最佳选择。

（2）养殖技术和管理体系升级

如前文所述，不论是从非洲猪瘟病毒的传播路径还是从防控体系的能力上看，大型养殖集团都比散养户更具备防控优势。当前的养殖场建设是从低成本和环保出发的，防控体系是在现有的养殖环境下建立的，但是在非洲猪瘟常态化的情况下，养殖场的建设还要注重防控体系的完善。

非洲猪瘟提高行业进入门槛。由于目前非洲猪瘟仍旧缺乏有效的治疗手段，因此，非洲猪瘟防控体系的建设就与养殖场的存亡不可分割。“控制传染源、切断传播途径、保护易感群体”是传染病防控的三大要点。当前能够做的就是前两项，即控制传染源与切断传播途径。因此，目前的疫病防控举措，主要是从车、人、物的流动入手。车流控制上，为了消除车辆感染，养殖场可以建立中转站和二次洗消中心，可以购买专车；在物流控制方面，为了降低饲料原粮的传染风险，则利用自产饲料的优势对饲料进行高温制粒及闷罐熏蒸。为了防范种猪流通带来的传播风险，可依靠自身的养殖体系建设来减少进口和外购仔猪的流通。人流控制上，依靠自己的技术厂长解决猪场疾病问题，而不需要外部兽医人员的流动帮助解决问题。这些措施，很多是农民个人，甚至很多中小养殖场都无法做到，即使能做到，是否能坚持下去，也是对行业管理水平的一个新的挑战。

从管理能力来看，非洲猪瘟疫情风险最大的是散养户。首先，这类养殖户，很多仍在使用泔水饲喂，而且其无法做到最大限度的人流物流隔离，是受非洲猪瘟疫情冲击最大的群体。其次，对于中小规模化养殖场而言，虽然能够做到基本的封闭半封闭养殖体系，但是也没有像大型养殖集团那样能完善的洗消、隔离、饲料防控体系。

6. 生猪养殖、屠宰和销售一体化

我国当前生猪产业链单一且分散，大部分地区生猪养殖和屠宰行业集中化程度低，物流发展不成熟，行业整合空间较大。生猪产业链包括四个主要环节：育种→养殖→屠宰加工及流通→消费。非洲猪瘟的爆发，为我国生猪产业整合带来了新的契机。在非洲猪瘟到来之前，由于环保禁养政策的推动，我国生猪主产区主要集中在北方，而猪肉消费区特别是热鲜肉消费区主要集中在南方。一般来说，屠宰企业主要靠近消费区，通过活猪调运的形式，把生猪从产区运至销售区附近的屠宰企业进行加工过后，最终流向消费端。活猪运输过程，无论是养殖企业承担还是屠宰企业承担，长期来看，都是一笔不小的开支，如果养殖和屠宰能够整合，就能很大程度降低中间运输成本。对屠宰企业来说，如果能够拥有一个养殖场，或是与固定的大型养殖场合作，企业的屠宰数量就有了保障，从而获得更高的利润。销售是必不可少的一个环节，生猪的养殖和屠宰一体化，长期来看，可以一定程度上减少各个流通环节的中间费用，从而直接影响白条猪的价格。养殖、屠宰、销售一体化也将推动屠宰企业向生猪产区靠拢，产能与生猪养殖规模、消费区域相适应。

非洲猪瘟及补贴政策对养猪产业的影响

黄洪
（贵州大学经济学院　贵阳　550025）

【摘　要】2018 年 8 月份非洲猪瘟传入我国，来势汹汹，此次猪瘟使大部分养猪户尤其是小型养殖散户亏得血本无归，也使全国养猪产业遭受重创。大量的养猪户亏损巨大必定会破坏社会和谐稳定，因此各地区分别出台补贴政策以止损，然而补贴政策能够防止养殖户的亏损又是否能防止整个养猪产业的亏损呢？经过这次瘟疫后，大部分养殖户对养猪业产生了恐惧心理，都已无力或不敢再次从事养猪业，这些补贴政策又是否能再次激起他们的信心？本文以此为探索目的对非洲猪瘟及其衍生的补贴政策进行研究调查，并对这些政策未能涉及之处提出建议和总结。

【关键词】非洲猪瘟；补贴政策

一、非洲猪瘟的发生

非洲猪瘟是由非洲猪瘟病毒引起的猪的一种急性、热性、高度接触性和高病死率的外来动物传染病，且全球尚无有效的药物和疫苗可供使用。自 2018 年 8 月以来，非洲猪瘟以势不可挡的姿态陆续席卷全国各个省区，此次瘟疫的爆发对我国的养猪产业和猪肉市场造成了极大的影响。养猪户经此一“疫”丧失养猪的信心，甚至感到恐慌，更使准备养猪的人却步。而猪价的暴涨对肉类市场和百姓的饮食影响巨大。

1. 致病源

非洲猪瘟病毒　（ASFV），属于非洲猪瘟病毒科非洲猪瘟病毒属，双股 DNA，是唯一核酸为 DNA 的虫媒病毒，容易基因多变，有囊膜，主要在网状内皮细胞和单核巨噬细胞中复制，可以在钝缘蜱中增殖（是其主要传播媒介）。

由于是有囊膜病毒，很容易被常规消毒药杀灭，如季铵盐类、氯制剂、氧化剂、碘制剂和戊二醛等均可以有效杀灭病毒。由于在网状内皮细胞上复制，很容易导致皮下出血和充血，导致四肢、耳朵、腹部瘀斑，感染单核巨噬细胞后，通过淋巴和血液快速遍布全身，引起淋巴结出血（类似猪瘟）。很容易导致脾肿大，易碎，变现为暗红色或者黑色；心包积液，肺水肿或者局部肉芽肿。由于 ASF 低温情况下，生存时间可以达到几年，室温下可以存活数周。这对于低温保存下的肉制品，厨房的餐厨垃圾而言，就是传染源。由于 ASFV 生存能力强，在 25～37 °C 情况下可以生存数周，低温情况的冻肉可以达到数十年。在未熟肉制品、腌肉、泔水中病毒可以长时间存活，这对于猪肉制品的流通危害巨大。由于 ASF 发病后猪病死率非常高，几乎可以达到 100%，目前没有药物和疫苗来进行控制，很容易引起社会恐慌，导致不明情况的人们不愿吃猪肉，认为是人畜共患病。也有可能导致兽药企业乱抬价格，猪价不稳，抛售或者价格上扬均有可能，社会不安，导致养猪企业人心惶惶。由于发病后，发病猪死亡，周边疫区需要扑杀，造成非常大经济损失。这种疾病的产生主要是由于生猪在养殖过程中感染非洲猪瘟病毒。非洲猪瘟是一种基因型多、易变异的病毒，这种病毒主要存在于家猪中和野猪、蜱虫中。因感染非洲猪瘟而死亡的病死猪是现阶段这种疾病大范围传播的主要传染源。由于这种疾病对外界环境的适应能力较强，可以在生猪排泄物及生猪体内长期生存繁殖，因此在进行防治过程中往往存在较多困难。

2. 传播途径

这种疾病的主要传播途径有以下几种，首先应是直接接触，在对生猪的养殖过程中，如果出现了携带有这种病毒的生猪或已经发病的生猪，在健康猪与其接触过程中会造成感染。同时病猪的粪便、体液分泌物、血液等在接触饲养设备、运输工具、饲料及饲养工具之后同样会造成这种疾病的传播。这种方式的传播途径主要是通过口鼻。其次，通过蜱虫传播。由于致病病毒可以寄生在一些蜱虫体内，尤其是带刺蜱虫。携带有致病病毒的蜱虫在对健康猪进行叮咬时会造成感染。甚至携带有致病病毒的蜱虫死亡后被生猪食入，同样会造成感染。因此，蜱虫在这种疾病传播过程中不仅是一个传播载体，同时也是病毒寄生的宿主。再次，非洲猪瘟同样可以进行跨界传播。由病猪制成的肉制品及食物残渣等同样是一种传染源。通过研究发现，这种方式是现阶段疾病跨界传播的主要方式。最后，在自然界中生长的野猪本身对非洲猪瘟病毒的抵抗力较强，在感染这种疾病后不会立即表现出发病症状，但可以携带致病病毒进行传播。

3. 影　响

（1）对养猪产业的影响

猪肉是目前畜牧业中占比很高的行业，禽鱼类等生产和消费明显低于养猪业。非洲猪瘟的爆发会导致养猪业占比的降低，禽鱼类养殖业的占比会提升。在疫情爆发后，对生猪的管理导致屠宰加工分布不均衡，养殖场的正常经营和管理也有一定的影响，资金短缺，养殖压力增加。养猪场的产业布局和相关的配套设置也需要进行转变。

非洲猪瘟是对生猪的安全管理不足导致，所以在之后的管理工作开展中就需要采取合理的措施，完善对养猪业的管理。在管理工作进行中还需要重视养猪安全问题。

餐厨剩余物饲喂生猪是非洲猪瘟传播的重要途径之一，所以在养猪业的发展中不能采取泔水方式养猪。避免采取泔水喂养，需要政府将餐厨剩余物无害化处理作为公益事业，需要主管部门建立完善餐厨剩余物全链条监管机制，确保“禁喂”措施落实落地。应该合理的采取饲料喂养，还应该保证饲料的安全。

非洲猪瘟的爆发导致我国养猪业需要采取生猪调运，改善目前生猪管理不足的问题，需要进行运输装备的升级。目前的调运主要是采取简易的车辆运输，这对生猪调运管理不足，还有可能导致疫情的扩散，自身的监管不力。

（2）对市场和人民的影响

2019 年 7 月 1 日官方最新消息显示，中国非洲猪瘟防控工作取得阶段性成效。截至 6 月 30 日，全国共发生非洲猪瘟疫情 143 起，其中有 131 起解除了疫区封锁，目前，共有 25 个省份的疫区全部解除封锁。

然而虽已有九成疫区按规定解除封锁，但由于能繁母猪从出生到可配种并产仔需要 1 年左右，而仔猪育肥需要 5 ~ 6 个月，即便现在开始大量补栏，生猪出栏量短期内也难以回升。万德数据显示，截至 2019 年 3 月 29 日，22 个省市生猪和猪肉价格同比分别上涨 21.4%和 15.4%，一些地区涨幅更为明显。随着后期供给逐步趋紧，国内生猪及猪肉价格还将进一步上涨。

从短期市场影响来看，通过冻猪肉投放和加大猪肉进口、增加替代肉类供给，猪肉价格涨幅将会回落。热鲜猪肉短期供给整体上偏紧，冻猪肉供给仍较充裕。从国内来看，去年第四季度和今年上半年大量生猪屠宰企业增大了库存，特别是华中、华东地区，整个冻猪肉的库存与往年相比增加了 30% ~ 40%，能够弥补一部分的供给缺口。在国际市场补给方面，猪肉进口自 2019 年 4 月份开始明显增加，近期新增西班牙、荷兰、奥地利等国家多家猪肉企业输华资格，有效拓展猪肉进口来源、适度增加进口数量。通过将冷鲜肉纳入鲜活农产品绿色通道，加快猪肉流通速度、降低流通成本。冻猪肉投放抑制了目前猪肉价格的过快上涨，广西、海南、广东等多个省份出台了保障猪肉供给的措施，包括向市场投放储备冻猪肉、向中低收入群体提供平价猪肉等。肉禽和蛋禽等猪肉替代品产能明显增加，通过合理引导肉类消费结构，可以提高禽肉的消费替代性。肉禽生长周期短、料肉比低，短期内能够快速生产以弥补猪肉供给缺口。与猪肉价格相比，鸡肉仍具有优势，2019 年 8 月份白条鸡仅为猪肉价格的 65%，而牛羊肉价格分别是猪肉价格的 2.14 倍和 2.10 倍。

在中国几千年的饮食文化中，猪肉一直是中国人的最主要肉食，猪肉价格暴涨对人们生活的影响无疑是巨大的，且猪肉的替代品也同样都是肉类，所以猪肉的价格一再上涨，人们已经快要吃不起肉，生活受到严重影响。

二、补贴政策

（1）《财政部、农业农村部关于做好非洲猪瘟强制扑杀补助工作的通知》中将非洲猪瘟纳入强制扑杀补助范围，对此次强制扑杀补助标准暂按照 1200 元/头执行（含人工饲养野猪，疫情以外及以后年度强制扑杀仍按照现行标准执行），中央财政对东、中、西部地区的补助比例分别为 40%、60%、80%，对新疆生产建设兵团、直属垦区的补助比例为 100%。以上补助经费从 2018 年 8 月 1 日起实施，按照实际扑杀生猪数量据实结算。各地可根据生猪大小、品种等因素细化补助标准。

（2）各地要向养殖户做好非洲猪瘟扑杀补助政策的宣传，引导养殖场（户）减轻顾虑，积极主动报告疫情，配合做好疫情处置工作，坚决彻底拔除疫点，降低疫病传播风险。

（3）各地要切实做好因非洲猪瘟扑杀生猪数量的登记备案、扑杀补助经费的核实发放等工作，避免出现谎报、多报，套取国家补助资金的现象。同时，要做好疫情监测排查和监督管理，防止养殖场（户）为得到扑杀补助故意传播疫情。

（4）地方各级财政要积极支持有关部门做好疫情处置和宣传引导等工作，确保疫情处置工作有效推进。

其中，不同的补贴比例是十分让人在意的。比如辽宁省朝阳市最新公布的补贴通知。值得注意的是，这个通知中，安全隔离区和疑似猪只的补贴是不一样的，用途也不相同。

在安全隔离区中：

能繁母猪和 300 斤以上的肥猪，补助是 1200/头；200 ~ 300 斤肥猪的补贴仅有 800/头；80 ~ 200 斤小肥猪的补助仅有 500/头；50 ~ 80 斤架子猪的补助是 300/头；仔猪补助为 200/头。

在疑似病例中：

能繁母猪和 200 斤肥猪的补助是 1200/头；80 ~ 200 斤小肥猪的补助是 800/头；50 ~ 80 斤架子猪的补助为 500/头；仔猪补助为 300/头。

三、政策影响

新颁布的政策将提升养殖户补栏、扩产积极性。疫情、环保和贷款难等因素是限制补栏意愿和产能恢复最主要的因素，政策意在解决养殖户“不敢养”“没钱养”和“没地养”的问题。通过扩大生猪保险支持力度，降低养殖户对市场风险和疫情风险担忧。当前仔猪购买成本翻倍、生物安全和环保改造成本明显提升。针对这些问题，通过将仔猪纳入生鲜农产品绿色通道，减少仔猪价格上涨导致的生猪养殖成本增加。通过扩大畜禽粪污资源化利用整县推进项目实施范围，增加所有适用于生猪生产的机具购置补贴，减缓了养殖户粪污处理成本压力。针对贷款难和资金链紧张，通过为符合授信条件种猪场、规模养殖场和屠宰加工企业做好相关金融服务，开展土地经营权、养殖圈舍、大型养殖机械抵押贷款试点解决长期以来养猪业贷款难的问题，实施贷款贴息、规模场补贴解决前期猪价下跌和疫情导致的资金链问题。在养殖用地方面，纠正之前环保拆迁中“一刀切”的做法，稳定目前已有生猪产能，提供异地重建养殖用地、加快环评程序审批，提高新增产能投产速度。这些措施对于生猪整体产能恢复、激发养殖户积极性将会起到明显的保障和推动作用。

四、政策建议

这些政策使得养殖户的亏损得到了一定的补偿，尤其是小型散户的基本生活得到保障，在社会维护方面贡献巨大，也稳定了养殖户对养猪产业未来前景期望。而此次疫情爆发、扩散及其应对所面临的难点集中体现了我国生猪养殖业的发展短板长期没有得到补齐，使整个行业在突发疫情中表现脆弱。

一方面是由于我国生猪行业小规模散户的养殖比重较大。另一方面是因为我国养猪产业链不完善。小规模散户的专业性与规范性相对来说有很多欠缺，而且各种政策也难以完全渗透，因此给出以下几点政策建议。

1. 切实引导

降低养猪户对灾情可能复发的焦虑情绪的同时，加大政府政策的宣传力度使养殖户尤其是散户对养猪业的未来前景彻底放心，最重要的是切实引导关键技术步骤，提升其专业性与规范性。

2. 不同地区制定不同的适宜的相关政策

虽然猪瘟在全国各地几乎是同时段时间内爆发开来，但由于各地的实际情况不同，尤其是少数民族地区的不同风俗，而且不同地区的猪肉涨幅也不一样，因此应针对不同情况对症下药，把政策落实到更细节的地方去，确保养猪产业能在这一“疫”之后恢复往日之景，并且在技术与制度上拥有超越性的进步。

3. 加快完善升级生猪养殖产业链，全面提升产业素质

（1）大力发展适度规模生态化养殖。在东北等玉米主产区和环境容量大的地区，合理规划，支持养殖场户建立标准化规模养殖基地，鼓励有条件的小农户稳步扩大规模。支持规模猪场建设完善环保设施装备，促进养殖废弃物综合利用，加快推进生猪产业转型升级和绿色发展。

（2）加大生猪良种推广力度。加强与国外优良种猪企业合作，支持核心育种场建设，组织技术人员上门服务，切实提高母猪繁殖率和仔猪成活率。

（3）科学规划屠宰、加工、物流配送等产业链布局。鼓励生猪产业相关企业开展养殖、屠宰、加工、销售一体化经营，形成与养殖、消费相匹配的屠宰、物流布局，提高产消结合度，争取利用3～5年的时间，将跨省“调肉”常态化。

（4）以提高效益为核心，以提高附加值为抓手，稳步实施“互联网+生猪产业”发展战略，推进电商与实体结合、互联网与产业融合、屠宰企业与零售终端直接对接等新业态。

五、总　结

非洲猪瘟发生后养殖户深受其害，导致大量养殖户不得不退出养猪产业。

从当前来看，猪瘟对养猪产业带来巨大冲击；从长远看，猪瘟导致养猪业在以后必须迅速转型升级：养猪终成行业，且规模化猪场逐年递增，散养户逐年递减；养猪人的综合防控意识得到真正树立；疫情过后，养猪行业迎来较长时间丰厚的利润；畜牧兽医体制得到完善，畜牧兽医机构的职能更加明确、队伍建设得到加强。

补贴政策虽让养殖户获得一定的补助，但这次猪瘟爆发的规模空前巨大，造成的损失也难以估计，养殖户从中走出不仅需要物质上的补贴，更需要时间的验证，因此短时间内养猪产业或许不会回复往日风景，但祸兮福所倚，更加规范的养猪产业必不会缺席。

基于非洲猪瘟背景下的猪肉价格调控

杨兴江
（贵州大学经济学院　贵阳　550025）

【摘　要】自 2018 年 8 月 3 日中国确诊首例非洲猪瘟疫情以来，非洲猪瘟已经在我国蔓延 2 年多了。在此之前，我国作为养猪及猪肉消费大国，生猪出栏量、存栏量以及猪肉制品均位于全球首位，并且与他国进行频繁的交易，人口流量大，这大大地加大了非洲猪瘟进入我国的可能性。所以在 2017 年 4 月 12 日，我国农业部发布了关于进一步加强非洲猪瘟风险防范工作的紧急通告。可在 2018 年 8 月 2 日，在沈阳沈北新区发现并于 3 日确诊了首例非洲猪瘟。随着疫情的越演越烈，猪肉的价格从开始的 12～14 元每斤上升到 25～30 元甚至 30 元以上。对此，中央以及各级政府出台了一系列的政策去调控猪肉价格，并寄望尽快恢复原来状态。

【关键词】非洲猪瘟；猪肉价格；政策调控

一、绪　论

在猪肉价格的迅速增长的背景下，不仅需要市场的调控，更需要政府出台相关政策来对猪肉价格进行调控，所以我们此次的研究对象是国家以及地方政府相关的政策文献资料。

针对当前猪肉市场，在非洲猪瘟这一条导火线下，猪肉价格都普遍大幅度上涨。因此对于肉价上涨的其他原因以及政府是通过什么方式来解决或者控制的是我所感兴趣的，进行各方面的查阅了解得知国家还有政府都相继出台一系列的政策来通过各种形式去对猪肉价格进行有效的调控。对于不同的地区，在贯彻中央政策下，它们都根据自己的情况进行相关政策制定。对于这个选题，文中会相继列出中央和一些地区的相关政策，呈现一些专家的意见以及自己的一些观点，不管政策或是观点，都希望能够给地方政府在制定政策上提供参考。

由于中国是首次出现非洲猪瘟，在此条件下，各领域对于猪肉价格的波动的影响因素、走势、预测等都做了相关的研究，但对于政策对猪肉价格的影响这一方面相对缺少，所以在此次研究中仅以相关调控猪肉价格的政策进行文献梳理、表达观点。此次研究比较片面，并不深入，希望能有更多相关优秀研究课题的出现，增加这方面的文献资料。

此次对猪肉价格的相关调控研究，仅涉及国家以及地方政府的相关政策了解，对于价格调整的工作。价格上涨是非洲猪瘟作为导火线而引起的猪肉存栏量减少，产能不足导致供需不平衡的价格上涨，所以本文以了解政府对于生猪产业的重建、猪肉价格的补贴、生猪的合理养殖、保障供给等方面为研究对象，增加自己对于非洲猪瘟中政府层的认识，同时也希望能呈现给他人这一方面的资料。

二、非洲猪瘟背景下猪价波动情况

当前猪肉价格面临的主要问题是猪肉产能不足，如果猪肉供需平衡，猪肉的价格就不会无限制地上涨。据国家统计局数据显示，2019 年 6 月份，全国居民消费价格指数同比均上涨 2.7%，其中猪肉价格同比增长 21.1%；7 月份的全国物价指数上涨为 2.8%，其中猪肉价格同比增长 27%，8 月份的全国物价指数上涨仍为 2.8%，其中猪肉价格同比增长 46.7%；9 月份的全国居民消费价格指数同比增长 3.0%，其中猪肉价格同比增长 69.3%。可见，8 月份猪肉价格虽然上涨较快，即使上涨了 46.7 个百分点，其他商品价格也并未同步上涨；食品价格增长影响 CPI 上涨约 2.21 个百分点，仅猪肉价格就使其上涨约 1.65 个百分点，而牛肉、羊肉、鸡肉、鸭肉、鸡蛋以及鲜果价格合计影响 CPI 上涨约 0.49 个百分点，所以 CPI 同比增长从 8 月份的 2.8%到 9 月份的 3%主要是由于猪肉价格快速增长的推动而突破的。

猪肉价格走高，从中央到各级政府出台政策促进生产保障市场供应，平衡猪肉供需关系。中央为增强猪肉供应能力，2019 年上半年投资 37 亿，支持畜牧大县开展畜禽粪污资源化利用整县推进项目建设；针对非洲猪瘟对猪生产造成的影响，出台临时贷款贴息政策，对种猪场、规模猪场的流动资金和建设资金贷款给予贴息，支持养猪企业扩大规模和缓解资金压力，稳定生猪产能。地方上如广西南宁市发展和改革委员会在 8 月 30 印发了《南宁市发展和改革委员会关于实行猪肉价格临时干预的通知》，并于 2019 年 9 月 1 日起实施，每天上午 9 时起，在 10 个食品市场定点摆摊设位进行每人每天购买不超过 1 kg 猪肉的限量销售，提供的肉品有精瘦肉、五花肉、前后腿肉、排骨，其销售的最高限价按低于前 10 天市场平均价 10% 的价格核定，每 10 天公布一次。对于这样供应，南宁市发改委称是根据全市前期市场的需求量平均水平确定的，每个摊位供应 1 头猪，供应量较为充足，所以市民没有必要进行盲目的“囤货”“抢货”。对于这样的价格只是低了一点，可能对于以原价购买猪肉不会有太大的影响，再者这还是限量购买，这也是政府能做出的较好的调控。

三、猪肉价格上涨的原因

猪肉价格不管在什么时候都可能会有增有减，但在非洲猪瘟突如其来的时候，猪肉价格却一直持续上涨。究其原因还是非洲猪瘟作为导火线而引起的猪肉存栏量减少，产能不足，供需不平衡致使价格上涨。

1. 非洲猪瘟与猪周期的叠加

自从 2018 年 8 月初发生非洲猪瘟疫情以来，截止到 2019 年 7 月 3 日，全国共发生非洲猪瘟疫情 143 起，扑杀生猪 116 万头。“肉价高—母猪存栏量在增加—生猪供应量增加—肉价下跌—大量淘汰母猪—生猪供应量减少—肉价上涨”，这样的走势在肉价高的时候再碰上非洲猪瘟，意味着猪肉此时不涨，更待何时。而对于非洲猪瘟的传播，相关专家表示有三个阶段：第一阶段呈现出点状发生、远距离的跳跃式传播的特点，其主要原因是由未经高温处理的感染猪产品（如冻肉，低温肠等）污染了泔水，最后通过泔水传播给生猪，概括为“食源性传播”；第二阶段是由点到面，形成区域性流行，传播的方式是各种运猪车、饲料车以及一些相关人员携带的猪瘟病毒，概括为“物源性传播”；第三阶段是多点式的散发，软蜱等媒源性传播途径开始凸显，预计在六七月份天气转热过后，一些吸血昆虫作为介导将发病地区的病毒带到其他地区。所以相比较而言，对于疫情的控制最好是在第一阶段，这也是最关键的时期，此时若能严格执行国家的扑杀和检疫制度，将减少了非洲猪瘟防控的工作，可惜的是很多地方都错过了这一时期，使得猪瘟肆意蔓延。有的地方一旦被确诊为非洲猪瘟疫情，其疫点内的猪都会被全部扑杀和无害化。如我国首例发生在沈阳市沈北新区的疫情，在其疫点内的 913 头生猪全部被扑杀和无害化处理。所以非洲猪瘟是猪肉价格上涨的主要原因。

2. 环保攻坚战下养猪场的压力

国家对环境污染的重视，对于一些不符合环境保护要求的养猪场进行了“环保一刀切”，对于没有购买对应的环保设备，致使达不到环保的审批要求的都被关了。由于环保政策的要求，在“看不见的手”的控制下，小型的养猪场和不符合卫生的猪场被大量关闭，退出市场，导致猪肉的存栏量减少，市场的猪肉供应减少，造成供需关系失去平衡，必然导致猪肉价格的上涨。环保禁养下，在饮用水水源保护区、自然保护区的核心区和缓冲区、风景名胜区、城镇居民区、文化教育科学研究区等是禁止猪养殖的。环境保护的行动固然是要实行的，但是不能急于求成。

3. 其他原因

猪肉平价的时候养猪人希望猪价能涨，现在猪价真的涨了，养猪人却不养了。非洲猪瘟的到来，对养殖户补栏积极性造成很大的影响，导致存栏量的减少，真是一病毁所有。在此之前，如果仔猪贵，养猪人可以选择不买，或者选择少买；猪价贱，可以不卖，适当压栏等待价格上涨，或是逢高就出栏。如果被确诊为非洲猪瘟，当前国家是严格执行扑杀和无害化处理，甚至是一锅端的，这给养猪人带来的可是相当大的损失和打击。所以很多养殖场迫于疫情的压力，都暂时不进行猪的养殖，农村散户不仅怕还没得卖就死了，而且自己家过年猪也没得吃的。

四、猪肉价格调控政策

面对猪肉价格的上涨，中央出台了一系列的政策来提高猪肉产能，恢复生猪生产，市场猪肉保供稳价；加强对重点地区、重点品种，特别是猪肉等重要民生商品价格变化的检测预警频次，等等。各地区政府在执行中央下达的政策要求下，根据各地的情况也出台一些相关政策和方案来促使猪肉价格降下来。如福建莆田试点推出猪肉价格补贴政策；贵州省的生猪市场保供稳价应急预案；四川 15 个部门联合出台了“猪九条”的通知促生猪生产保市场供应，等等。

中央及各级政府通过对猪的恢复生产、疫情防御、养猪及扑杀补贴等来稳定生猪生产和猪肉保供稳价，而并非通过明令来限制猪肉价格的范围。

1. 中央调控政策

8 月 21 日召开了国务院常务委员会议，会议指出，稳定生猪生产，保障猪肉供应，事关“三农”发展、群众生活和物价稳定。会议确定了五项稳定生猪生产和猪肉保供稳价措施。一是综合施策恢复生猪生产；二是地方要立即取消超出法律法规的生猪禁养、限养规定；三是发展规模养殖，支持农户养猪；四是加强动物防疫体系的建设，提升疫病防控能力；五是保障猪肉供应。

（1）恢复生猪生产、支持养猪

对于恢复生猪生产，2019 年 9 月 10 日国务院办公厅印发了《国务院办公厅关于稳定生猪生产促进转型升级的意见》，意见明确了发展生猪生产，保障市场供应，实行省总负责，落实“菜篮子”市长责任制。从生猪养殖地的规范选择、现代化的养殖体系构建、猪瘟疫情的防止、完善市场调控机制、加强生猪产销检测以及强化政策措施保障等来为恢复生猪生产保驾护航。切实完成工作将会带动中小型养猪场的社会化服务体系逐步健全，增强猪肉供应保障能力，其自给率在 95%左右；发挥市场在资源配置中的决定性作用，加大政策的扶持，完善防御体系，构建一个节约、产能快、环保的合理生猪生产布局，满足居民对于猪肉消费的同时，向更高质量的台阶走去，促进经济社会的和谐发展。

财政部为了大力支持恢复生猪生产，也陆续出台了一些有针对性的财政支持政策。第一是出台临时贷款贴息政策，对种猪场和规模猪场的流动资金和建设资金按不超过 2 个百分点进行贴息；第二是增加生猪调出大县奖励资金规模，19 年增加奖励资金规模，促使大县激发生产能力，猪生产恢复扩大；第三是提高生猪保险保额，将能繁母猪保额从 1000～1200 元增加至 1500 元、育肥猪保额从 500～600 元增加至 800 元，扩大育肥猪的保险规模；第四是支持生猪良种补贴，对于使用良种猪精液进行人工授精的将给予不超过 40 元的补贴；第五强化省级财政统筹力度，切实为生猪市场保供稳价保驾护航，做好疫情防御工作，落实中央政策。

（2）划定和管理生猪禁养、限养

对于生猪禁养区的划定和管理，生态环境部和农业农村部联合发了通告文件。一要科学划定禁养区，饮用水水源保护区、自然保护区的核心区和缓冲区、风景名胜区、城镇居民区、文化教育科学研究区以及法律法规规定的其他禁养区内不得进行各类养殖，并且除此之外不得划定其他禁养区；二要开展禁养区划定工作的排查，在省政府的领导下成立专门的工作组，对于禁养区的划定进行排查，将不合理的地区进行整改；三要立即取消超出法律法规的生猪禁养、限养规定，落实好地区的生猪禁养区的工作，并在整改后进行审评和建立监督机制，适时进行活动开展，防止禁养区的不合理划定；四是加大政策支持禁养区的养殖户重建工作，对于猪场搬迁的进行技术指导和帮扶，对于不符合要求的养殖场给予一定的过渡期，避免“一关了之”的做法。

科学的划定和合理的禁养区，在保障居民美好生活的同时，也给养猪产业的发展指明路，对于猪场的合理安排，养殖户们可以在符合法律法规的前提下不受外界的干扰（如养猪场建在城镇居民区，不仅自己猪场污染需要处理，而且会遭到投诉猪场的气味重、噪音大、影响居民区的文化，等等），更有利于猪场的和谐发展。还有对于养猪场的关闭不能“一关了之”和“只关不建”，这些问题都是需要有关监管部门进行监督和指导工作的。

（3）保障猪肉供给

为保障国庆期间猪肉供给，商务部同国家发展改革委、财政部开展中央储备肉投放工作，并于向市场投放了储备猪肉 10000 t。之后，还会同有关部门密切关注市场，适时投放猪肉，保障市场供给。此外，各地区也纷纷制定政策保障猪肉市场供给，如南宁市的限价限量销售猪肉、四川的“猪九条”举措，落实“菜篮子”市长责任制，健全猪肉市场供应保障机制等。同时猪肉进口增加，为猪肉市场的运行也助力不少。

随着非洲猪瘟疫情的逐渐稳定，防御体系的完善，之前备受打击的养殖户、散户也慢慢拾起信心，再加之国家和地方政府的政策支持，开始增加补栏或是重新开始养殖，相信之后对于猪肉的供给也是增添不少。

2. 地方调控政策

在落实中央下达的政策之外，地方政府也根据自身的情况纷纷为猪肉的保供稳价制定了一些针对性的政策文件和举措。这里分别以四川的“猪九条”和贵州的“生猪市场保供稳价应急预案”为例进行介绍。

（1）四川“猪九条”措施

2019 年 8 月 26 日，四川省 15 个部门联合出台了促进生猪生产保障市场供应九条措施，稳产保供，增加猪肉在市场的供应，把物价水平降下来。“猪九条”的内容为：大力推进生猪标准化养殖、切实落实生猪产业发展用地、深入开展畜禽类污染资源利用、切实提升生物安全水平、大力推进屠宰场加工业转型升级、严格落实“菜篮子”市长责任制、强化生猪生产资金保障、严厉打击违规违法行为、加强基层畜牧兽医队伍的建设。比较完整的一项举措为“猪”提供了多方面的服务，可以更有效促进猪的生产，尽早为猪肉的保供稳价做出成绩，恢复猪肉供需的平衡。

（2）贵州生猪市场保供稳价应急预案

为健全生猪市场机制，稳定市场猪肉供给和减缓市场价格大幅度波动的情况，省农业农村厅与省委宣传部、省发改委、省财政厅、省商务局、省市场监管局联合制定了生猪市场保供稳价应急预案。正常情况下，猪粮比价在5.5∶1～8.5∶1之间；当猪粮比价在8.5∶1～9∶1时，价格轻度上涨，处于蓝色预警区域，启动三级应急响应；在持续一个月在9∶1～9.5∶1时，价格中度上涨，处于黄色预警区域，启动二级应急响应；比价连续一个月高于9.5∶1时，价格重度上涨，处于红色区域，启动一级应急响应。

明确判断猪市场的变动，将猪粮比价拿出来作为一个核心的参考标准，针对不同的情况制定不同的应急响应，当问题出现时可以更有效、有针对性、具体地去解决，避免错过措施解决的时机，造成猪价的更大波动，反而达不到目的。

3. 监督体系

市场监管总局及各地市场监管部门正对目前的猪肉市场价格变动情况，应及时组织对生产到销售各个环节进行监督，对囤货涨价、串通涨价、起哄抬价的严厉查处，绝不姑息，加大法律法规的宣传，监督市场的运行情况。提供12358平台接受猪肉价格投诉，并密切关注平台投诉情况，一经发现及时处理，保证市场的秩序不乱，保障消费者的权益。有了监管部门以及投诉平台的有利相助，加上国家和地方政府的各项政策，对于猪肉价格的稳定将会更有利。

例子："看得见的手不易伸长"

2019年10月29日，贵州省铜仁市江口县下发告诫书限制猪肉价格，规定白条猪肉价格不得高于20元一斤，腿夹肉、五花肉、精瘦肉、猪脚、排骨售价每斤在25元以内。并说明"凡不按以上规定的价格执行，视为扰乱猪肉保供稳价市场，恶意哄抬物价，如接到消费者举报，要予以严惩"。这样的行为是不合理、是违反《中华人民共和国价格法》的，所以很快就有媒体对此进行了报道。对此，次日江口县就告诫书一事发文通告，表明将对此进行整改。

问题的根源还是非洲猪瘟，如果没有非洲猪瘟的出现，就算猪肉价有波动，也不会达到这种程度。各级政府和社会的努力，加上政策的扶持力度，相信猪肉价格很快走到原轨上来。10月17日，农业农村部的相关人员在发布会上表示随着各项政策的落实和市场行情的转变，2019年底前，生猪产能有望探底回升，2020年有望基本恢复到正常水平。所以，猪肉价格不会无限增长，这只是目前的情况。

养殖场污染与可持续发展

王朝田
（贵州大学经济学院　贵阳　550025）

【摘　要】最近非洲猪瘟的爆发，带来了一系列的肉质食品安全问题，许多小养殖场因为有安全隐患，停厂停产，一时间猪肉供应紧张，猪肉价格飞涨，从而引起了许多人关注养殖中的环境污染问题，因为卫生防治的不到位也是非洲猪瘟肆虐中国的一大原因。本文就简述了一部分原因以及解决措施。
【关键词】环境污染；非洲猪瘟；问题；措施

一、引　言

非洲猪瘟是一种恶性急性传染病，病发快，病死率高，它对养殖户最大的风险是因为传播路子广。从去年的八月份开始，非洲猪瘟就开始对中国的猪肉养殖产生了巨大的影响。并且它是一种急性、热性高传染的疾病，在没有有效对抗非洲猪瘟的疫苗研究出来以前，养猪户都是无能为力的，但是却可以在非洲猪瘟在自家养殖场爆发以前提前做出准备。首先需要将进一步了解非洲猪瘟的发生阶段，第一阶段为潜伏期，潜伏期一般在 4 ~ 9 天，此时生猪外观无异常，活动采食均不受影响，但是病毒在生猪的体内开始大量繁衍，迅速扩散，随后就进入发病期。发病期一般在 3 ~ 5 天，生猪开始出现厌食，体温逐渐增高，懒惰四肢无力，皮肤出现小型红紫色斑块。随着病情的加重发绀部位逐渐扩大，体温持续到 40 °C 以上，然后进入死亡期，死亡前期生猪体温下降是其和其他疫情最大的区别。同时，非洲猪瘟能在猪与猪撕咬、交配、蚊虫叮咬等间接渠道进行传染。因此养猪户在猪场里采用各种办法控制一些蚊虫，老鼠等接触外，也要保证猪的饮水安全，因为通过饮水更容易感染，一定不要让料和水放在一起饲喂，更不要使用通槽进行喂养。所以对于非洲猪瘟，我们也并不是毫无措施的，将危险扼杀于摇篮之中，从根源上断绝传染源，就需要养殖场的卫生合格，营造出适合养猪的良好生态环境，这样才能更好地可持续发展养殖业。

二、存在的问题

1. 畜牧养殖的环保意识薄弱

随着畜牧业的兴起，越来越多的人开始兴建养殖场，在造成高额收益的同时对于养殖过程中所留下的环境污染却不及时治理，导致很多污染现象和危害后果不断凸显。而规模较大的畜禽养殖场的选址合理，且养殖场内都建设了沉淀池、沼气池等处理设施，这样的处理形式效果较好。但是，规模较小的畜禽养殖场缺少污染治理和环境保护意识，导致畜禽养殖的环境较差。这是因为好多的养殖人员并没有保护环境的意识，认识不到环保的重要性以及不及时处理环境污染所带来的不良后果。且我国的养殖人员通常都是农民，自身的文化水平偏低，对于环保没有正确的认识，为了提高畜牧生产中环境保护水平，需要不断提升养殖者的环保意识，更好地实现精细化管理。

2. 缺少基础设施建设

近年来，卫生局等部门加大环境保护力度，但是在环境保护基础设施方面落实不足，但是许多当地的小养殖场并没有履行国家的政策，基础设施并没有安装，对畜牧产品的安全检测也不上心，比如猪用自动饮水机、污水处理器等设备都没有安装到养殖户中，许多没经过处理的废物就会污染周围环境。同样造成这个原因的是资金不足，对于小养殖场来说，加大基础设施的建设无疑大大增加了养殖场成本。所以他们认为这样的投资是没有必要的，侧重于养殖而忽略了善后处理。

3. 有机肥使用率低

动物的粪便是天然的有机肥，所以要合理的利用。相较于工业化肥，畜禽粪便有机肥的使用起效过程较长，甚至在使用短期内效果不如工业化肥的使用效果。由于使用有机肥需要大量的劳动力，这就会增加使用成本的投入，这导致有机肥的使用量减少，而如果没有对动物的粪便进行及时处理，任由粪便暴晒和流淌，很有可能导致微生物大量繁殖，影响周边人们的日常生活，甚至导致地下水的污染。

4. 环境监控和管理不完善

目前来看，我国的畜牧养殖环保区建设还不完善，相关的宣传工作也没有达到预期效果，此外，也没有相关部门的人员对养殖场进行环境的监督管理，因此管理欠缺、监控效果不足等都已经严重地制约了环境污染的治理效果。

三、改进措施

1. 改变清粪工艺

畜禽养殖行业要实行干清粪方式，代替传统的水冲粪处理方式，即将畜禽的粪便与污水进行干湿分离，便于对粪便和污水进行分开处理，同时，粪便可以使用机械方式或者人工方式采集。

2. 粪污处理

（1）堆肥还田。粪污还田是比较经济的粪污处理方式，主要是将粪便进行干湿分离，干粪便通过堆肥发酵用于还田，形成“农作物—畜禽养殖—粪污—农作物”的方式，进而实现农业生产加工的良性循环，以及农业废弃物的再次利用，这种方式适用于农村有充足场地的区域。

（2）沼气处理。将收集来的猪粪等放入沼气池中，在沼气池中进行一系列发酵以后产生沼气、沼液、沼渣。沼气可用于人们日常的供暖、做饭等，而沼渣和沼液则可以直接用来给农作物施肥。

（3）三级厌氧池处理。在畜禽养殖行业中，可使用三级厌氧池进行粪污处理，主要是指粪污通过干湿分离设备后，针对粪水部分进行厌氧发酵处理，经过发酵处理后，用于还田种植农作物。这种处理方式能有效处理粪水，在提高其实际利用率的同时，也降低其对环境的污染程度。

（4）舍外降解床。舍外降解床主要用于规模较大的养殖场，通过机械设备将粪污进行收集，送至降解床，经过了翻耙机将粪污翻耙均匀。降解床常用的垫料是锯木、谷壳等材料，通常能使用 2 年，而这些被更换掉的垫料可以用作菌菇种植的基料，或者用于农作物种植，进而实现粪污的零排放。

（5）有机肥加工。有机肥加工主要用于牛粪和猪粪处理，需要建设有机肥加工厂，将畜禽粪便通过生物处理方式，转化成为有机肥，并且可将有机肥料用于种植果树、茶叶等农作物，进而实现种养结合，有利于提高畜禽养殖行业的粪污利用效率，进而降低环境污染问题。

3. 林下生态养殖

（1）介绍

林下生态养殖是充分利用林地自然资源，实施林下种与养结合生产，实现农、林、牧业资源共享、生态循环发展的复合模式。利用果园，给动物提供开阔的活动空间，用散养的方式使得品质提高，果园里的杂草、虫子、果实等都是动物的天然饲料，可以节约成本。同时动物在果园里帮助果树吃害虫，吃杂草，能更好地帮助果树生长，这两者是互惠互利的关系。这样的新兴模式可以提高畜产品的质量、节约喂养成本、增强肉质、降低对环境的污染破坏等优点，有极好的发展前景。

（2）特点

① 能有效地保护动物和环境。在林下进行生态养殖，相当于把动物放回野外，让动物重拾野性，通过散养的方式使动物天性解放得到更好的生长发育，同时也让当地的生态能获得不少的缓解。同时由于养殖了动物，那么人们也会对于这里的生态会进行保护，创造出更有益于动物生长生产的环境，所以在这样的模式下，林园与动物是相辅相成互惠互利的关系。

② 节约喂养成本，生态养殖。在林下生态养殖下动物的活动空间广阔，食物种类繁多，并且土壤当中富含各种矿物质元素，能有效地改变以前的饲料喂养模式，并且能够补充动物生长中缺失的各种元素，促进动物的健康生长。同时，它还降低了疾病的发生率，提高了动物的生长速度和肉质比重。

③ 提高畜产品的品质，保证了生长健康。林下生态养殖模式有效地改善了动物饲养环境，增加了与自然资源接触的机会，长期地在广阔的空间运动，能有效地促进肌肉生长发育，增加肉质硬度。而散养的动物食用草木、昆虫等生态粗食有利于提升肉质风味，使肉品质明显比工厂养殖的动物产品更好，市场竞争优势大，同时，在林下生态的养殖下动物能够耐粗饲、增强抗病性，可以减少兽药的使用，保障了畜产品的质量安全。

④ 分期、分区饲养，有效降低生态压力。林下生态养殖模式，利用围栏来划分区域，分期的放养能有效地保持土壤肥分，保证优质的草场资源，并且广阔的养殖有益于动物释放的有害气体的净化和挥发，可以有效地减少疾病的发生，有利于动物的健康生长。同时，与以前在养殖场里的生产过程中造成的空气和水污染等相比较，现在的林下生态养殖模式是一种经济收益与生态收益的双赢模式，降低了环境的压力，并且也对动物的生长提供了明显的帮助，而动物生产有机肥料反馈给森林，形成了一种良好的可循环发展。

⑤ 前景展望。林下养殖的模式能很好地做到经济效益、社会效益和环境

效益三者的统一。提高了林地的利用率的同时，也给养殖业带来了新的方向，这样的生态养殖，动物肉质良好，畜产品品质优良，市场竞争力强。同样的，这样的新兴养殖模式的出现，可以很好地有效解决不少地方因养殖造成的污染问题，畜产品本身的安全问题也是得到了保障。未来的发展中，林下养殖也会与旅游业合为一体，进行更好的可持续发展。

四、政府监管

1. 加强宣传教育，提高环保意识

绿水青山就是金山银山，在进行畜牧生产时，不仅要提高养殖的整体水平，还需要做好对养殖从业者的管理，通过大力的宣传，确保养殖从业者自身有较强的环保意识。要使畜牧业与环境保护协调发展，必须加强宣传教育，使养殖业者充分认识到环境保护的意义。首先需要提高畜牧业工作人员的环境保护意识，积极广泛开展宣传工作，营造出人人关注的生态的良好氛围，在广大畜牧工作人员中普及有关法律法规和常识，并采取奖惩制度，奖励积极回应的从业者。其次，对不参与环境保护的人采取惩罚措施，可以适当采取一些强制性措施，提高人们的环境保护意识。确保农民在养殖过程中尽最大努力的减少可能造成环境污染的各种不利因素，实现畜牧业的可持续发展。环境保护部门的工作人员要深入到基层，使农民认识到环境保护的重要性。再次，要加强对职工的培训，转变工作思想，改变工作作风，做好宣传工作，不断渗透环境保护意识，贯彻落实可持续发展的方针。最后，除了传统的宣传方式，当今流行的网媒也是不错的选择，拍摄小视频，通过官方账号上传也能得到不少关注。

2. 制定完善的相关法律法规

畜牧业生产对环境的污染越来越严重，除了相关从业人员环境保护意识薄弱外，缺乏健全的法律法规也是一个不容忽视的因素。制定健全的法律法规会十分有效地规范行业，拥有十足约束力。所以，为了实现我国畜牧生产整体水平的提升，减少对环境的污染，需要逐渐实现国家监督力度的提升，实现深度管理和广泛控制，需要根据实际情况来制定新型的法律法规。法律法规的制定应尽可能全面，涵盖各种细节，如畜牧业和水产养殖业的污水排放问题。但现阶段我国尚未颁布有关农业环境保护的法律，对于现有的畜牧业生产相关的法律法规，要进行不断完善，提升畜牧的科学管理水平，提升

对兽药和饲料添加剂的控制，严格按照国家的法律法规要求，实现畜牧业综合性控制。对于已经存在的畜牧生产相关法律，要进行再次检查，发现其中的不足进行及时改正。对于依然存在漏洞的法律，要进行及时补充，实现畜牧生产和环境保护的相互融合，提升综合法律规范水平，更好地发挥出法律的强制管理作用。

3. 建立起完善的环境保护激励机制

当前的畜牧业属于整体利润较低，经营风险较大的一个产业。单纯依靠畜牧业主投入大量人力物力进行污染控制是很困难的而且不符合生产业的利益需求，大部分的人会选择作壁上观。为缓解养殖业主的经济压力，政府相关部门有必要制定畜牧业环境管理激励机制，加大对无污染养殖业主的优惠力度，加大对支持污染物治理建设的资金支持，加大对畜禽生产污染控制技术的研究支持，采取经济奖励机制鼓舞技术人员的研究斗志，争取利用技术人员一流的技术手段减少畜牧污染源的排放。同样的，还要对不作为的养殖业主进行一定的惩罚，对于污染严重并且没有整改意思的养殖场应给予罚款且停产的手段，只有采用合理经济奖惩和法律处罚，可以有效地解决畜牧养殖业的环境污染问题。

参考文献

[1] 葛影影，何国戈，郑经成，等. 林下生态养殖模式探讨[J]. 养殖与饲料，2019（10）.

[2] 上海蒙，刘维军，张建永. 畜牧养殖环境污染的原因及有效对策[J]. 今日畜牧兽医，2019（09）.

[3] 何永生. 畜禽养殖粪污治理及资源转化利用[J]. 畜牧兽医科学（电子版），2019（11）.

[4] 韦美蕾. 畜牧生态养殖体系建设[J]. 畜牧兽医科学（电子版），2019（11）.

[5] 罗娟红. 生态养猪的技术措施[J]. 现代畜牧科技，2019（10）.

[6] 李双全. 畜牧生产中环境污染存在问题及应对措施[J]. 畜牧兽医科学（电子版），2019（11）.

地方传统习俗习惯对猪肉价格的影响研究

李彬彬
（贵州大学经济学院　贵阳　550025）

【摘　要】以贵州省铜仁市印江县为研究样本，因铜仁地区习俗相近，习惯类同，可以小见大，印江县的研究结果能较好地拟合整个铜仁地区传统习俗习惯对猪肉价格的影响。以走访、询问村城中婚嫁送肉传统是否受肉价影响和村城中饮食行业采购对猪肉变化和饮食定价的改变以及城市居民的消费占比来研究肉价。调查表明，婚嫁送肉等习俗不会因为肉价的涨跌而改变，也不会影响肉价的走向，虽在一定程度上消费了市场上的肉量，但猪肉销量的主力在于各饮食行业的采购以及酒席类的采购。考虑到饮食定价一定程度与肉价有关，经调查研究分析，饮食店的价格涨幅与肉价的上涨比例代换相对对等，则承担肉价上涨的还是城镇居民。而统计各种耗肉量得出的结论是各种消耗不会因为肉价上涨而减少需求，损失的消耗量和减少的供肉量不对等。

【关键词】猪瘟；猪肉价格；供应量

一、猪肉对城镇的重要性

印江县是一个相对传统的小县城，城内几乎没有工业，居民岗位除各职业文员外大多为餐饮服务业。毫不夸张地说，城内每一个角落都有餐馆、粉馆营业。而根据本人 20 余年的生活经历加上以前家中做过相关行业了解到，城内餐饮店或多或少地以猪肉为原料，猪肉需求巨大，所以城内猪肉供应各餐饮业的数量占了每天供应量的大部分。猪肉暴涨后一个偶然的事件让我思考传统习俗对肉量的消费是否对肉价也有一定关系。于是在我走访询问下发现，婚嫁过程中有一个送条肉的习俗，而此前我家中有人结婚送条肉更是多达几十上百条。当然，具体数量根据家族数量而定，但不可否认的是，这一习俗对猪肉的销量是有一定关系的，另外，在日常酒席中除了一些可有可无的肉菜外，我们这儿还有一个习俗是酒席中必有梅干扣肉和卤菜，所以这一销量也在我的考量之中，至于居民日常的消费也会有一定分析。但不管怎样，对于这座城市，不可置疑的是，猪肉掺杂于方方面面，与每个人的生活都息息相关甚至不可分割。

之所以赘述了这么多对猪肉销量相关的事宜，除了想表明猪肉对本城的重要性之外，也想通过供需关系来探索肉价的涨跌，因为我们知道，猪肉就和水果一样，第一天卖不出去，第二天的价格必会降低以求速卖，因为没人愿意用相同的价钱买不怎么新鲜的食物，特别是对于印江县这样讲究凌晨杀猪现卖而很少用冻肉储藏来隔天卖的地方。所以我们有理由相信，本地肉价难降反有升值必是各种渠道迅速消耗了猪肉的缘由。

二、餐饮业对猪肉的内销

由于小城几乎没有第二产业，所以城内的节奏放松，人们的日常娱乐活动较多，而较大的人流量对较小的城市而言意味着无论何时何地都不会显得荒凉，于是乎，城内大大小小的餐馆应运而生，粉馆更是遍布每一个角落，而这大大小小的几十上百家餐馆、粉馆中对猪肉的需求必然是十分庞大的。以我家为例，此前我家在做生意时大概一周需要消耗 100 ~ 200 斤猪肉，考虑到个体差异，估计平均每个店每周的猪肉消耗量为 70 斤左右，那么平均每天每个店消耗 10 斤。全城除去不用猪肉做原料的，大大小小大概算是 100 家，则每天消耗 1000 斤左右。菜市场大约 15 个摊位，假设每个摊位每天屠宰一头猪，而一头猪大概 200 斤出笼，屠宰率大概在 72% ~ 80%，则一头猪大概有 150 斤猪肉可供销售，整个菜市场每天大概供应 2250 斤猪肉，也就是说，市场上的肉大概有一半是由该地的餐饮业消耗的，当然，考虑到两者同为买卖交易，要想衡量它对猪肉价格的涨跌的影响还需要看各餐饮业在猪肉利用后的销售价格变化。即假设猪肉价格上涨了一倍，而各店主由于长期大量购买，相对而言只涨了大概 0.7、0.8 倍，店主对猪肉加工之后售卖，假设一碗猪肉为原料的汤粉原先售卖 8 元，在猪肉涨价后提高到了 9 元，而这 1 元中的提升空间人力、物力中只有猪肉起了变化，则说明这 1 元的变动完全为猪肉，可以理解里面的猪肉提升了 1 元钱，而根据经验，一碗汤粉里面的猪肉在 1 ~ 2 两（1 两=50 g），我们估算 1 斤肉可做 7 碗粉，则相对而言 1 斤肉提升了 7 元。这与原先的肉价换算在一定程度上相抵的。由此，我们可以判断，即使猪肉价格暴涨，对其最大消耗方餐饮业来说也是几乎没有影响的，因为经营者把价格上涨这个价格空间转移到了消费它们的消费者身上。换而言之，如果假设成立，那么购买猪肉的实际就是普通居民。而餐饮业在两者的猪肉交易中充当中介桥梁作用，进而推导出，居民需求，供需平衡，价格稳定。反过来，价格上涨，供不应求，居民仍旧需求。当然，上述一大串的前提为涨价。那么这些餐饮业涨价了吗？通过实地走访调查发现，县城内饭馆价格略有提高，而粉馆无论是否以猪肉为原料的都平均提高了 2 元，而根据我们上述的推导分析，相当于每斤肉提高了 14 块钱左右，彼时猪肉的价格为 28 元一斤。由此，除了填补猪肉价格上涨的空间外还隐隐小赚一点，最后承担猪肉价格上涨的还是消费者。

三、婚嫁习俗及酒席对猪肉的需求

印江县城甚至是铜仁地区乃至全国的婚嫁都有一个习俗，就是给直系亲属送条肉，我们这儿称之为“条方”，传统称之为离娘肉。如果你认为这方面对肉的需求较少就错了，以我家为例，我姐出嫁时计算出送的肉多达 40 条，一条 5 斤，也就是说相当于需要 200 斤的猪肉，这只是婚前习俗，还要计算酒席用肉。而关于这部分我特意去问过家中长辈，现在猪肉价格那么高，这个习俗会改变吗？家中长辈毫不犹豫地说不会，想来也是，结婚就是为了喜庆和彩头，谁会为了这点东西惹不开心呢？好了，现在来思考一个问题，婚嫁习俗对一个地区猪肉的消耗量的影响，其实我觉得是有点影响，但影响不大。单指离娘肉，因为我们谈论的是县城，诚然印江有 45 万左右的人口，但我们讨论的市场是城内的市场，因为除城内以外，各乡镇也有相对卖肉点，所以，我们来假设一下，假设城内人口为 10 万左右，适婚人口估计也就几千左右，平均下来估计也就一周 1 ~ 2 对人结婚吧，而且根据个体差异，一般能买 30 条肉也就差不多了，也就是说，由离娘肉的消耗量也就一周 150 斤左右，一天 20 斤左右，对整体的影响杯水车薪。虽然离娘肉对整体影响不大，但是酒席上的猪肉消耗量绝对有很大占比，而酒席和婚嫁不同，结婚的人周期毕竟较长，而办酒席的则多得多了，特别是印江这种小县城不受限制办酒席的，估计每天都有人在办酒席，而除了常见的瘦肉炒菜之外（可替代如鸡、鸭、鱼）。另一个习俗则增加了猪肉的销量，我们这边有一道菜是酒席必备，叫梅干扣肉，还有一个大部分酒席都会准备的卤肉，大多由猪头肉、大肠等组成拼盘。而梅干扣肉则是由带皮肥肉成块。我们照旧来估计一下其销量，我们县城一般按多少桌来评判其规模，一般的酒席在 60~120 桌不等，我们取一个折中值，80 桌，而一桌饭菜对猪肉的需求量我们估计为 1 斤（包括瘦肉炒菜、梅干扣肉、卤肉等），中午场由于非正式酒席减半，一天的用肉量在 1.5 斤左右。一天一家人办酒席需用 120 斤左右，根据实际，一天办酒的大概在 2~3 家，则用于置办酒席的猪肉用量在 300 斤左右。我们在这里的估计量是由考虑猪价上涨可能性替代不怎么重要的猪肉菜的，而前面我们分析估计得出的县城每天猪肉的供应量在 2250 斤左右，在餐饮业需耗了大约一半的数量后，300 斤左右的占有量其实也算是蛮多的。

四、居民的日常需求

其实分析到这里每日的猪肉剩余量已然不算多了，因为我们估计的每日供应量虽然不一定算得准确，实际比估计多一些，但相差应该不会太大，但猪瘟影响下，猪肉的供应量不一定会有我们此前的 2250 斤多，而除去不算居民的学校食堂的消耗量，县城有两个高中，每个高中 1000 多人，加上一些职业高校等留校生可能在 5000 人左右，我们估计 25 个学生一天消耗 1 斤猪肉，学校食堂一天消耗在 200 斤左右。如果再考虑到县城里的几个卤肉店，那么留给居民的猪肉供应应该再减少 100 斤，这样一笔账算下来，每天留给居民的猪肉更少了。那么我们暂且不管剩下的猪肉居民是否能消耗完，我们来讨论一下肉贩此时的满足程度。以我此前做水果生意为例，此前我卖水果最焦虑的是上午，生怕卖不出去，而当销量达到总量的 1/3 时便相对安心了，因为这时候本金大概够了，剩下的都是纯利润，而到中午、下午时分只剩下 1/3 左右的时候则完全放心了，因为此时赚的超过了一倍本金，剩下的可以考虑打折促销，当然，也许这个类比不太恰当，因为水果和猪肉的保值程度不一样。水果如果当天卖不出去，第二天价钱减半也很难卖出去，而猪肉当天卖不出去，第二天还能相对保值，不会跌很多，但我相信道理是相同的。即当利润达到当天预算的时候，则会继续保持这种销售模式走下去。那么我们回过头来看看居民消耗。诚然，有相当一部分人会用鸡、鸭、鱼或者直接买牛、羊肉替代，或者像我妈那样直接绕开市场去乡下买现杀的猪肉，但我相信市场仍是大多数人的选择，假设城市有 5000 户，在猪价未涨前每天有 1/10 的用户会买肉，以此换算，则有 500 户会买肉。猪价上涨有一半选择其他用途或替换，则有 250 户猪肉价格上涨延长吃肉的周期 1/10 则有 225 户。每天平均买肉在 2 斤左右，则每天居民消耗在 500 斤左右，结合上述各种林林总总，剩余猪肉量已然在可控范围之内。总体而言，居民直接耗肉量虽然并非很多，但我们前面也推敲过，各种用肉量和居民有着千丝万缕的关系，所以居民仍在以各种方式消耗从而占据主体地位。同样的，之所以细算这一笔账是想研究，在我们身边各种无形耗肉。随着供肉的减少，我们是否也相应减少其需求，但显然，即使肉价上升一倍，在供量一定的情况下，并未改变其销量，而我现在考虑的是，在未来一年内，猪肉供应逐渐恢复，肉价能否在短时间回降，因为如果猪肉供应剧增，价格不变，相应的需求也不会有太大变化，那么多出来的巨量猪肉又是一个难以解决的问题，而又一个问题，肉贩很难判断出供需在市场上的变化影响，不会立即降价，而在未降价到降价的这个时间段内，多出的肉该如何处理，肉贩们因价格波动收受到的损失该如何避免，是由市场自然过渡还是由政府引导，这些都是值得思考的问题。

五、结论与分析

通过上述对每日猪肉销售的统计对比每日猪肉的供应量我们可以知道，县城对猪肉的需求是大量且必需的，即使市场上的肉价一月几涨也未能减少其需求。而通过上述调查我们知道，餐饮业的肉耗量是最多的，几乎占了一半，而通过推测我们又知道，各餐饮行业店通过小幅度的涨价来转移肉价上涨带来的成本增长，而直接承担肉价上涨的是居民，而这种承担是无声无息的，人们大多考虑由于肉价上涨，所以餐饮价格上涨，而最开始也提到小城是几乎没有第二产业的，服务业娱乐居多，节奏慢而闲适，所以人流量是巨大的，而巨大的人流量会因为价格上涨而减少消费，但这种变化是微乎其微的，因为人的流动量会诱导人们的消费。而第二大的消耗量占比是酒席的菜品，这是一种不可避免甚至乐意消耗，因为现在的酒席已经不是单纯地为祭奠人或者冲喜之类的了，人们经常会因走亲访友，家人团聚而办酒席，不会因为肉价上涨而减少办酒席。加上林林总总的需求，价格上涨，肉量减少，需求却能填平这个增价肉量。于是乎，我们似乎可以推论出，小城猪价上涨时因为肉量减少而维持其持续上涨空间的是小城各种猪肉需求，而即使耗肉有几大类别，但令我意外的都是居民的潜在欲望来为这一切买单。

最后，我们虽然是以小城为分析调查的，但以我的经历，周边县城的情况也大抵相同，而依据此消彼长的道理，即使某些地方耗肉渠道不一样，也还有其他方面的需求来填补这个缺口。那么，我们是否可以将对小城的分析推广到整个地区呢？我觉得可以探讨。还有最后一个问题，当猪肉供量正常时，那一段时间的猪肉行业震荡该如何处理，从市场上讲，经过一段时间的调整，自然可以恢复如初，但必定会使众多从事猪肉行业的人受创。从政府的角度讲，政府调控纵然可以在极短时间稳定市场，避免无谓的损失，但是这并不符合市场规律，并随之带来一些不必要的麻烦。

猪生产对环境的污染及其防治措施

冉翠连
（贵州大学经济学院　贵阳　550025）

【摘　要】长期以来，中国的养猪业多以散户为主，致使很多的工作无法落到实处。举例来说，人们对于要求养猪场建设环保措施，加强养猪场的环保监管、进行无害化处理、实现对猪粪污资源化利用这一观点普遍接受度不高，缺乏热情，很大一部分养殖户更是认为这需要较大的前期投入和高昂的运行费用，会使得养殖成本大大提高，经济压力增加，而收到的成效却是待定的，得不偿失。这样的观点在一定程度上阻碍了养猪业的持续发展，同时也为此次非洲猪瘟的大面积爆发埋下了隐患。可是事实上，要求生猪养殖上实现生态环境保护与产业发展达到互利共赢的目标也不是不可能的，问题的关键在于如何处理好二者的关系，在两者之间找到一个平衡点，使生猪养殖业在提高环境保护水平的同时也能够促进产业的长远发展且能够提高生猪抗风险的能力，达成共赢的目的。
【关键词】生态环境；非洲猪瘟；环境污染

一、绪　论

生猪养殖与生态环境之间存在着对立统一的关系，两者之间的矛盾日益凸显，而如今生猪养殖业的推进需要我们认真对待存在的问题，需要我们贯彻落实国家在生猪养殖方面对环境污染及其防治措施方面的探索。目前在生猪养殖户中，关于环境污染及其防治措施方面的意识普遍不高，大部分养殖户存在着对污染物进行处理会大大的增加成本这样的观点，而这也确实是生猪养殖方面与生态环境中不可忽视的难题，因此在一定程度上阻碍了养猪业的持续发展。如何平衡好解决好生猪养殖与生态环境污染间的关系，促进养猪业与生态环境协同发展是本文探究的目的所在。

二、生态环境下生猪生产现状

近年来，在国家产业政策的鼎力支持和贵州省各级政府的高度重视下，养猪业生产保持着良好的发展势头。可以说生猪养殖业已经成为促进贵州省农村发展的重要产业之一，但同样的，也有许多不完善的地方，比如说一些地方政府划定禁养区范围不规范、不科学、不合理，甚至盲目扩大禁养区范围，又或是对养猪场采用简单粗暴的“一关了之，一拆了之”的态度，这些不合理的行为会对生猪市场造成非常恶劣的影响。

三、生猪生产造成污染现状

当前中国生猪养殖规模化率仅为49.1%，而规模化以下的养殖户则呈点多面广的分布状态。规模化养殖场粪污资源化约为70%，剩下的30%将成为污染物。而如此高的污染率是没有将规模化以下的养殖户会造成的污染纳入其中的数据，基于此，为了解猪场中猪粪氮磷排放情况，在数据的收集与查询过程中，考虑到实际的可行性，在贵州省畜牧兽医中找到了贵州省规模养猪场氮磷排放的基础数据，不同地区养猪场猪粪总氮含量为 22.15 ~ 24.78 g/kg，平均为 23.37 g/kg；总磷含量为 11.48 ~ 12.86 g/kg，平均为 12.15 g/kg；不同生长阶段猪群粪便总氮/总磷含量从大到小依次为种公猪（28.66 g/kg 和 14.61 g/kg）、育肥猪（27.15 g/kg 和 14.1、7 g/kg）、断奶仔猪（21.83 g/kg 和 11.43 g/kg）、哺乳母猪（21.40 g/kg 和 11.02 g/kg）、空怀/妊娠母猪（19.49 g/kg 和 10.21 g/kg）。如果这些污染源不加以资源化利用处理，则会造成以下环境污染。

1. 水体污染

在调研过程中不难发现，一部分养猪场在贮存设备上的不足，导致了溢流污水的产生从而使得周围的水体变色、变质，随之而来的便是水体散发出难闻刺鼻的恶臭现象。由于猪粪尿中含有大量未被吸收的营养物质被排放到附近的河流中，造成了水体富营养化，而水体的富营养化会令水葫芦、浮萍、绿藻等水生植物迅速生长而使得水体中氧气含量急剧降低，引发鱼、虾、蟹等水生生物大量死亡，不仅破坏了生态系统的平衡，还会因为鱼、虾、蟹等水生生物的尸体腐烂造成水体内细菌迅速滋生继而散发出恶臭味形成恶性循环。从另一方面来说猪粪尿中含有的寄生虫卵、大肠杆菌等病原微生物未经过处理就被排放到水中，其本身也会造成水体污染。根据对贵州省的水体污染数据查询，发现其中最为突出的问题便是总磷超标，而养殖废弃物是造成该问题的重要元凶之一。

2. 土壤污染

规模化养猪过程中，为了促进仔猪的生长发育和减少疾病的产生，在仔猪饲料中超量使用含有铜、锌等无机矿物元素的现象十分普遍，更甚至部分养殖户还会使用仔猪饲料直接代替生长育肥料养猪，使得猪粪尿中铜、锌含量严重超标，如果长期使用会致使土壤中的铜、锌含量不断累积，而这样会使土壤发生板结现象导致无法耕作，造成土壤污染，一定程度上影响了土地资源的利用效果。

3. 大气污染

在调研中发现，有许多家养猪场的沼气选择直接排放空气中而未被资源利用化，这样会导致温室气体增加。同时养猪场中产生的粪便如果没有进行及时有效的清理，会散发出刺鼻的味道，令附近的居民苦不堪言。其挥发排出的二氧化硫、粪臭素、固体和液体微粒为主要的污染源。调研中还发现很多养猪场没有专业的干粪堆积场、贮粪池场地、粪尿沟，使得养猪场附近经常臭气熏天，而这些臭气如果长期堆积，还会严重影响人和生猪的健康。

4. 生物污染

畜禽粪便引起的生物污染危险最为明显。目前我国有 120 余种的畜禽流行病症是通过粪便传播的，病原微生物可以通过畜禽的粪便直接进入水体、土壤、空气进而造成大范围的传播。近些年来，广泛流行的禽流感便是通过禽类的粪便进行大面积传播，例如曾经的“H7N9”禽流感和近来泛滥的非洲猪瘟，引起其广泛传播的重要途径便是受到生物污染。

5. 非洲猪瘟对环境的影响

非洲猪瘟让人闻风丧胆，由此可以看出它的巨大威力，首先非洲猪瘟能够广泛传播离不开三个条件：传染源、传播途径、传播体。非洲猪瘟自 2018 年 6 月传入我国，到目前为止对生猪的数量、供给、价格等众多方面皆产生了巨大的影响，而本文由于主要涉及生猪在生产过程中对环境产生的污染，所以在这里我主要从环境方面入手对非洲猪瘟深刻解析，首先对于染上非洲猪瘟的生猪的一律进行扑杀，而目前我国最常用的方式就是掩埋法，采用掩埋法并不能保证万无一失，大家都应该有所了解，非洲猪瘟病毒在 60 °C 就能够被杀死，而实际上通过掩埋的方法是远远达不到这个温度的，同时非洲猪瘟病毒需要维持 10 min 以上 60 °C 才能被彻底杀死，因此选择在哪里掩埋染病生猪的位置非常关键，必须选取远离城市、公共场所、居住区和江河等地。远离人多的场所，能够有效保证人们减少接触病猪的机会，也可减少通过人为接触为非洲猪瘟病毒的传播提供机会。而非洲猪瘟通过掩埋法不可避免地会对掩埋地的土壤造成污染，增加土壤中的病原微生物，这样也会成为一种潜在的危险。而在填埋时由于需要挖很深的土坑，也可能会对深层的地下水造成污染。

四、猪粪尿可利用的资源

猪粪尿中可利用的资源主要分为两种：沼气和能够为农作物制作农家肥。据测算，1 头能繁母猪及其生产的商品猪排放的粪污，每年能产约 750 m^3 沼气。据报道，粪中能被作物利用的养分达 70%，可为作物生长提供碳水化合物、氮、磷、钾等作物生长所需要的营养成分，此外还可提供 钙、镁等各种无机盐。猪尿中营养物质成分多属水溶性，均能被作物很好地吸收和利用。

1. 猪粪尿资源化利用的优势

有机肥的施用不仅可以增加土壤中有机质的含量，还能够对土壤中营养成分的积累、改善良好的土壤结构以及减少土壤中有毒物质的含量等方面发挥巨大作用。同时还可以提高土壤的营养分布状态，增强土壤的氮素供给能力和氮肥的利用效率。有机肥的增加还可以有效调节土壤中水分的含有量，并将土壤的酸碱平衡保持在一个合理的状态，增强土壤保肥供肥能力。有机肥也能够为微生物群落多样性做出重要的贡献，保持和增强土壤环境的稳定性，起到保水保肥的作用。且众所周知猪粪尿培养出来的农产品品质好，口感上佳，深受当代人的追捧。

2. 猪粪尿资源化利用的现状分析

在贵州省内将猪粪尿化为沼气的处理方式效率并不高。要将猪粪尿变为沼气首先要让猪粪尿能够成功的“离开”建立在猪舍中的蓄粪池，再经过固液分离机处理装置，最后才会流入一座大型沼气池。一方面，这一系列的过程在前期资金投入是巨大的，成本高昂，且贵州省内养猪多以农村散户为主，呈点多面广的分布状态，因此难以建立完整的配套设施，另一方面来说，粪污集中处理的特大型沼气工程还没有示范应用，鲜粪干式沼气发酵技术缺乏工程试验与应用，低能耗高效率维持冬季正常处理及产气的技术缺乏实质突破。而对于有能力的养猪场来说，由于这些技术具有投入大、风险高、回报小的特点，导致了多数养猪场对于硬件设备投入大、运行代价高昂还不能产生经济效益的养殖废弃物处理缺乏兴趣缺乏主动性，而一部分养猪场迫于环保的压力即使配套了相关的硬件设施，但由于运行维护费太过于昂贵并未正常运行，只是一种摆设，即使有坚持运行的养猪场也由于缺乏相关专业的管理员，导致该工程运行管理差，甚至有的根本没有进行管理，因此收到的效果甚微。而养猪场如果想把猪粪尿与种植业相结合实现种养结合，也存在着诸多问题，首先“种地不养猪、养猪不种地”的现象成为常态；其次就是猪粪尿是不能直接施在农田里当肥料用的，需要将其发酵后才可以成为农家肥。原因有三点：① 现在的猪粪尿中含有大量的寄生虫卵、病原微生物以及抗生素等药物残留，直接施在农作物上会加大病虫害的传播、作物发病的风险，影响食用者的身体健康。② 没有经过处理的猪粪尿含有许多未被消化掉的有机物质，这些有机物质只要水、气、温三个条件适合，就会发酵，而在发酵时会产生一些热量，这些热量足以影响农作物的生长发育，引起烧根、烧苗等症状，严重的可能致使农作物死亡。③ 没有经过发酵的猪粪尿中大多为大分子的有机物，大分子有机物是不会被农作物直接吸收利用，直接施用影响肥力。为了减少和规避这些害处，猪粪尿必须经过发酵成有机肥。不过发酵有机肥并不是一件简单的事情，传统的发酵方式就是利用粪便的自然发酵，这种方式发酵出来的农家肥虽然肥力高，效果好，但通过这个方法制作农家肥需要花费很长的时间才能完成，一般来说需要 3 ~ 6 个月，且在发酵过程中味道也很大，会产生空气污染。

五、猪对环境污染的防治措施

1. 划定禁养区的问题

针对这一问题，我们要努力做到下面四点：

（1）根据法律法规科学规划禁养范围。必须坚持在律法规规定许可的养殖区范围之内，不超过禁养范围。

（2）将禁养区划定情况排查工作落到实处。将不合规盲目超出禁养区范围等情况进行清理，严格检查禁养区划定和管理情况。

（3）立即整改违反法律法规规定超划禁养区的情形，坚决、迅速取消超出法律法规的禁养规定和超划的禁养区。

（4）政府要加强禁养区整改调整政策的扶持。

2. 改善猪饲料的营养物质配比

饲料是造成畜禽粪便污染的主要源头，目前控制养猪场内污染的主要办法之一就是努力改善饲料品质。在设计饲料配方方面，需要充分保证在不同时期生猪营养平衡的同时，尽可能地提高饲料中各种营养物质的吸收和饲料转化率，这样可以减少生猪粪便的产生量，从而降低对环境的污染。提高猪饲料质量的方法主要有三点：① 提高饲料原材料的质量，高品质原材料制作的饲料中的营养物质含有量和价值会高于普通原材料制作的饲料，这是众所周知的，因此使用优质原料提高畜禽饲料转化率，减少粪尿的产生量这种方式是可行的。② 根据实际需要配制饲料配方，不同生长时期和不同的生理特点以及不同种类的生猪对于营养物质的需求是不同的，针对不同情况的需求，科学设计饲料的配方，尽可能提高各种营养成分的利用效率。③ 改进饲料的制作方法，原材料的粉碎和混合在一定程度上会影响生猪对饲料中营养物质的吸收，一般来说更为粉碎的原料更易吸收，吸收得更好则会减少各种营养物质在粪尿中的含量，进而减轻环境污染。根据已知的研究表明，科学的猪饲料营养物质配比，能够降低猪饲料中的粗蛋白水平。更为重要的是猪饲料粗蛋白质每降低一个百分点，总氮排放量会降低 8%，排尿量减少 11%，这还可降低尿氮含量、猪舍中氨气浓度及其释放速度。这不仅可节省蛋白质资源。还从根本上降低了环境污染。

3. 规范使用有害饲料添加剂

规范使用会造成环境污染的饲料添加剂，一些有机微量元素则可以努力寻找可替代物，可以借鉴从江小香猪在猪饲料中混合添加中草药成分以达到提高动物机体健康，减少动物发病机会的目的，这也不失为一种绿色环保的方式。

4. 加强对猪圈的监管

舒适的环境居住条件，可以充分发挥猪的潜在生产能力。合理的猪圈结构以及科学的管理方法，有效的环境把控工作，可以使猪圈的居住环境达到良好的状态，满足猪对环境的需求。此次的非洲猪瘟能够大面积传播也与众多的养猪场没有完全做到以下要求有密不可分的关系，一方面，要对猪圈定期进行清扫，冲洗工作，这样能够大大降低圈舍中微生物病原体的数量。做好杀虫灭鼠的工作，蚊蝇能够传播消化道传染病，如大肠杆菌、细菌性肠炎等，而鼠类也会传播很多疫病，且一般都是大规模的，一旦感染造成损失难以估计，因此要加强饲料仓库等重地的管理。另一方面也要努力提高猪圈内的通风换气条件，尽量避免猪圈封闭不通气的情况，及时引进猪圈外的新鲜空气，更新替换掉猪圈内的不洁气体，保持圈内干燥，以改善猪舍内的空气环境，减少猪舍内空气的微生物数量。

5. 推广生态种养结合

生态种养结合模式不失为一种减少环境污染的好办法，在 2019 年，贵州省全面推广“畜-沼-菜（粮、果、茶）”等生态循环农业模式，该模式具有适用性广的优点，不仅规模化的养猪场可以采用，对于点多面广的农户家庭更为适宜，该模式的推广，利用猪粪尿生产有机肥，实现种养结合生态良性发展，生猪生产中需要减少兽药的使用（可在猪饲料中加入定量的中草药），不仅提高了猪肉的品质，还有利于推进猪肉农产品标准化的进步，增加了猪肉的市场竞争力，达到了种养双赢的目的。

6. 建立健全法律法规

过去多年内，我国在畜牧业环境保护方面做出的努力有目共睹，其中包括了政策性法规、科学研究和管理等方面的不断调整，它们皆取得了一定的成效，但与发达国家比较我国仍存在诸多漏洞，提升的空间还很大，在相关政策的制定和管理方面需要多加关注。近几年内，我国在牲畜卫生防疫措施、品种改良与品种保护、生态示范县建设、畜产品安全、兽药使用、农村沼气工程等方面采取了许多新举措，并取得良好效果；但涉及具体的养猪方面相关的法律法规甚少，且执行力缺乏，“钻空子”的现象屡禁不止。政府需要加强相关方面的监督，贯彻执行，将工作真正落到实处。

参考文献

[1] 陶璇，钟志君，龚建军，等. 生猪生产对环境影响的调研报告[J]. 四川畜牧兽医，2017，44（12）：11-16.

[2] 王景成，周佳萍，MICKEAL，等. 浅析养猪生产对环境的污染和防治对策[J]. 饲料工业，2009，30（09）：46-49.
[3] 廖新俤. 养猪业环境污染综合防治措施分析[C]//中国畜牧兽医学会. 第一届中国养猪生产和疾病控制技术大会——2005中国畜牧兽医学会学术年会论文集，2005：4.

从污染防治谈非洲猪瘟的影响

曾红玲
（贵州大学经济学院　贵阳　550025）

【摘　要】2018 年突然爆发的非洲猪瘟给中国猪肉市场带来了巨大的影响。本文从污染防治的角度出发，通过简单的逻辑推理，分析了非洲猪瘟对相关部门以及养殖户所产生的影响。一方面，非洲猪瘟会推进有关部门对养殖业污染防治的进程，同时提高养殖户的污染防治意识；另一方面，非洲猪瘟造成的大量生猪死亡又会给后续的尸体处理带来不小的麻烦，甚至造成严重的环境污染问题。
【关键词】非洲猪瘟；污染防治；生猪养殖

一、前　言

2018 年对于中国生猪养殖户和猪肉消费者来说是特殊的一年，以往从未有过的严重疫情在全国范围内爆发。一方面高传染率和高病死率的非洲猪瘟导致生猪存栏量急剧下降，不少养殖企业都被这突如其来的疫情搞得焦头烂额，甚至面临倒闭的危险。另一方面居高不下的猪肉价格也给消费者造成了不小的损失，但是由于猪肉是我国主要的消费肉类，其能被其他肉类替代的程度微乎其微，因此，即使猪肉价格持续走高，市场上的新鲜猪肉还是供不应求。猪肉供给的突然下降和基本保持不变的需求之间的矛盾推高了猪肉的价格，但这只是非洲猪瘟造成的最直接同时也最明显的影响。一个事件往往不会只造成一种影响，那些对于我们的生活没有直接关联的影响是很难被我们明显感知到的。我们要做的，就是通过实践和推理，将那些不被明显感知的影响展现出来。

直至今天，距离第一次非洲猪瘟在中国爆发已经过去了一年多，我们试图通过这一年多来政府、生猪养殖户等的行为变化去分析非洲猪瘟在经济、社会、环境等方面所造成的影响。不过，由于时间精力的限制，在这里我们只选取了一个角度去分析，重点谈一谈从污染防治的角度去看各个社会主体对非洲猪瘟事件的反应。

二、研究现状

非洲猪瘟是由非洲猪瘟病毒感染家猪和各种野猪引起一种急性、出血性、烈性传染病。世界动物卫生组织（OIE）将其列为法定报告动物疫病，该病也是我国重点防范的一类动物疫情。其特征是发病过程短，最急性和急性感染病死率高达 100%，临床表现为发热（达 40 ~ 42 °C），心跳加快，呼吸困难，部分咳嗽，眼、鼻有浆液性或黏液性脓性分泌物，皮肤发绀，淋巴结、肾、胃肠黏膜明显出血，非洲猪瘟临床症状与猪瘟症状相似，只能依靠实验室监测确。

2018 年 8 月 3 日，中国确诊首例非洲猪瘟疫情。截至 2019 年 7 月 31 日，全国已有 31 个省份城市发生非洲猪瘟共 150 起疫情，其中家猪 147 起、野猪 3 起，全国累计扑杀生猪 116 万。随着国家防控措施的执行，疫情已经渐渐稳定在可控范围之内。但是由于我们对非洲猪瘟病毒了解过少，目前还没有相关的疫苗被研制出来，所以总的来说，我国对于非洲猪瘟的防控形势依旧严峻。

三、改进措施

非洲猪瘟作为一个突发性事件，给中国猪肉市场造成不小的冲击。除此之外，在消费习惯、污染防治等方面也有一定的影响。经过一年时间的发酵，非洲猪瘟在各方面造成的这些影响慢慢显现出来。比如给中国生猪养殖企业造成了短时间内无法弥补的巨大损失，在经济方面有着明显的负面效应。在消费习惯方面，猪肉供给数量的突然下降或许会在一定程度上改变国民对肉类消费结构选择，转而去寻找其他的可替代肉类。短期内非洲猪瘟造成的影响是清晰可见的，然而在环境这个长期问题中，非洲猪瘟又会产生什么样的影响呢？下面我们主要从污染防治方面详细分析非洲猪瘟给社会不同主体带来的影响。

1. 推进污染防治的进程

其实早在非洲猪瘟爆发之前，政府对于养殖业所造成的污染已经采取了相应的措施。由于区域布局不尽合理，农牧结合不够紧密，粪便综合利用水平较低，生猪养殖与水环境保护矛盾比较突出。为贯彻落实国务院《水污染防治行动计划》，推动南方水网地区生猪养殖与环境保护协调发展，农业部于2015年11月27日发布了《关于促进南方水网地区生猪养殖布局调整优化的指导意见》。改革开放以来，我国一直坚持以经济建设为中心，由此导致的环境问题在近几年才受到重视。相较于工业，养殖业造成的污染没有那么触目惊心，也更加分散。也因此，受到的重视远远不如工业污染。但实际上，养殖业污染也是水体污染的主要因素之一。

突然爆发的非洲猪瘟事件或许会给进展缓慢的养殖业污染防治打下一剂强心针，让政府意识到污染防治的必要性和紧迫性。由于爆发了非洲猪瘟，生猪养殖的各个环节都必须被严格管控，废弃物和排放物也必须经过一系列的无害化处理。同时，在这个关键时刻，政府推动各项污染防治措施的阻力也会相应减少许多。不断出现的非洲猪瘟疫情已经让养殖户意识到了问题的严重性，对于环境卫生的严格管理就成了一件顺理成章的事情。政策的落实情况和群众接受度会因为疫情的严重性变得更加理想。因此对于相关部门来说，这反而是个大力推进养殖业污染防治的好时机。

但是，在推进污染防治进程的过程中，应该尽量避免实施一刀切的政策。由于非洲猪瘟的突然爆发，市面上的新鲜猪肉的价格本来就在不断上涨。如果污染防治在这个时候搞一刀切，强制关闭大量的养殖企业，可能会助推猪肉价格的持续走高，这对于国家稳定物价的政策需求是相矛盾的，因此，虽然在这个时候可以趁机推动污染防治的进程，但是也不能搞一刀切，只能积极引导，严格监督。否则，接二连三对猪肉市场的冲击可能会造成行业内部混乱，消费者也难以接受居高不下的猪肉价格，更加不利于国家的宏观调控。

2. 加强养殖户环保意识

从2018年8月1日的第一起非洲猪瘟疫情被发现到现在，养殖户和消费者都受到了不同程度的损失。8月1日，辽宁省沈阳市沈北新区某养殖户发生非洲猪瘟，发病47头，死亡47头，随后疫点内913头生猪被全部扑杀。8月14日，河南省郑州市经济开发区某食品公司屠宰场的一车260头生猪有30头发病，死亡30头，产地检疫证明显示生猪来自黑龙江省佳木斯市汤原县鹤立镇交易市场。经确诊，也是非洲猪瘟疫情，剩余生猪也被扑杀。而从区域性到全国性的猪肉价格的持续走高也让消费者感到难以接受。但是到目前为止，还没有能预防非洲猪瘟的疫苗研制出来，也就是说，我们只能通过切断传播链来防止非洲猪瘟向其他地方散布。对养殖户来说，他们能做的只有通过加强消毒措施和各种无害化处理措施来防止非洲猪瘟的传播。经此一事，养殖户对于养殖场的卫生问题肯定会更加重视。

对于分布广泛且规模较小的养殖散户来说，这一事件带来的冲击是相当大的。虽然辽宁省非洲猪瘟病毒感染的原因尚未查清，但是从其他地区的经验来看，非洲猪瘟病毒感染的原因之一是养殖户用泔水喂养生猪。未经过处理的泔水中可能携带有大量的病原微生物和一些重金属化合物，用未经专业化处理过的泔水喂养生猪应该被严格限制，这是一种极其容易感染非洲猪瘟病毒的途径。据我所知，政府已经发布了文件明令禁止用泔水喂养生猪，也解释了用泔水喂养生猪的危害性。经过这一轮的宣传，养殖散户应该会更加注意在生猪养殖过程中的环境卫生问题。同时由于不正规养殖造成生猪死亡的养殖户再次进行养殖活动的时候，会格外注意这方面的问题。

由于非洲猪瘟病毒的易传染性，养殖户必须在养殖生猪的各个环节严格把控，每个环节都有可能成为非洲猪瘟病毒的传染途径，而一旦患上非洲猪瘟，就意味着猪场的猪将会被全部扑杀，也就是说养殖企业不仅得不到应有的利益，连前期的投入也收不回来了。对于中小型养殖企业来说，这种突发性的事件有可能会导致资金链的断裂，加上从生猪养殖到出栏需要一定的时间，养殖企业不可能马上养殖出可以出栏的生猪。这样一来，这些中小型企业就可能面临着倒闭的危险。由于生猪存栏量随非洲猪瘟的散布而减少，市场上新鲜猪肉的价格也持续走高。在不少养殖企业因为非洲猪瘟而濒临倒闭的同时，也有部分企业因为高涨的猪肉价格而赚得盆满钵满。如果在这个时候，相关部门加大污染防治等环保政策的宣传力度，可能会达到事半功倍的效果。即使大量的养殖企业倒闭，这些环保政策在新进入生猪养殖行业的企业中也会更加容易落实。

总的来说，这次的非洲猪瘟事件会引起所有生猪养殖的从业者对于卫生环境问题的重视，加强其环境污染防治方面的意识。由于经济利益的驱动而更加注重养殖环境的卫生，充分利用了人的主观能动性，调动起养殖户维护环境卫生的积极性。

3. 生猪扑杀后续处理造成大面积污染

目前我国对于非洲猪瘟疫情的处理方法是一经发现则全部扑杀，后续则进行一系列的无害化处理的消毒措施。但是由于疫情面积过大，到现在为止扑杀的生猪数量达到了 100 多万头，而且由于条件的限制，一般会采用简单易操作的就地掩埋的方式处理生猪尸体，但是即使是经过了消毒处理，这种方式在长期来看也很容易造成环境污染问题。

对于就地掩埋生猪尸体这种处理方式，我还是持一定的保留态度，即使经过消毒和无害化处理的不带有非洲猪瘟病毒的猪肉，长期掩埋在土壤里也会滋生很多细菌，如果这个掩埋地点附近有水源的话，后果可能会更加严重。如此多数量的生猪在短时间内被集体掩埋，或许短期内造成的污染并不明显，但是从长期来看，后果可能会非常严重。更何况也不能排除在处理过程中工作人员会有疏忽，一旦消毒和无害化处理的过程中出现差错，非洲猪瘟病毒就有可能会通过各种途径传播出去，从 8 月 1 日非洲猪瘟病毒在辽宁省爆发再到现在全国范围内的传播就足可以看出，我们对感染非洲猪瘟病毒的生猪的后续处理方法可能还存在不足。

而对于直接用于掩埋生猪的土壤的污染是不容轻视的，虽说在掩埋之前会有一系列的操作防止尸体直接接触到土壤造成污染，但是任何操作都不可能做到万无一失，尤其是如此数量的生猪掩埋，任何一个处理环节的疏忽都有可能造成环境污染问题。退一步来说，即使无害化处理在当时没有问题，那么从长期来看呢？非洲猪瘟造成的其他问题可能只会存在几年，但是对环境的影响却是一个长期的问题。过了几年，非洲猪瘟在经济上的影响会逐渐消失，可是埋藏在土壤里的猪的尸体不会消失，无害化处理也不可能保证细菌和污染物永远不会渗透到土壤里去。因此，这种掩埋的处理方式将短期的影响长期化，只是一种治标不治本的方法，污染还是存在，只是被隐藏起来了而已。

掩埋这种处理方式对于水体的污染是最需要注意的。为了防止养殖业过度扩张导致水体大面积污染，从 2015 年，农业部就陆续出台了好几项关于养殖业布局调整的政策，目的就是减少养殖业对水体造成的污染。特别是在南方水网地区，江河湖泊众多且水体污染扩散速度相当快，并不适合养殖业的大规模发展。经过一系列的政策落实之后，南方的养殖业有向北方慢慢转移的趋势。而感染非洲猪瘟的生猪不能跨地区运输，也就无法集中处理，只能在该地区单独处理。由于目前来说养殖业重心还在南方，而南方水系众多且河流分布错综复杂，也就是说，掩埋在土壤里的生猪腐烂后，一些细菌和污染物可能会渗透到地下，通过地下水流到其他水域。虽然这只是一种推测，但是鉴于水源对人类日常生活的重要性，小心谨慎一些也不为过。

总之，掩埋法虽然简单易操作，但是对于环境的污染却不容小觑。因此，对于具备条件的地区，最好还是采用火焚法、化制法或者发酵法等更加彻底的方法去处理。不能因为一时之利，造成长久的环境问题。

四、结　论

从上述我们对于非洲猪瘟对污染防治的影响来看，非洲猪瘟事件即可能造成长期的环境问题，又可能推动环境问题的解决，虽然看上去有些矛盾，但是实际上并不难理解。非洲猪瘟使长期以来不受重视的养殖业污染问题凸显出来，变成一个急需解决的重要问题，受到国家重视，这无异于加快了养殖业污染防治的进程。而与此同时，其自身造成的大量生猪死亡的后果又是无可辩驳的，加上由于技术限制并不是很严谨的后续处理方式，造成长期的污染问题也是不争的事实。

实际上，非洲猪瘟爆发的时间并不算长，因此，短期的影响是比较容易看出来的。但是环境问题在本质上是个长期问题，许多潜在的影响或许现在还没有显现出来。由于我们对非洲猪瘟病毒还没有彻底的了解，也就不能预测到其造成的后果在长期如何产生影响。或许这些短期影响并不是最主要的，但是由于自身能力的局限性，目前我们只能进行一些粗浅的分析。其实不管是对政府还是对养殖户，非洲猪瘟肯定都既有正面影响又有负面影响，当一个事件发生，威胁和机遇会同时来到，哪一方面的影响更大，就要看我们如何去把握了。

通过上述分析，我们了解到了非洲猪瘟在污染防治方面对于政府政策和养殖主体的影响，但是对于消费者的影响主要是在经济方面，从污染防治的角度看，非洲猪瘟的影响并不是很明显。同时，我们没有对非洲猪瘟造成的环境问题进行量化分析，无法用精确的数字去说明它所造成的影响。也没有严谨的对比研究，去详细地说明环境的变化情况。本文没有做一个学术性质的研究，只做了一个简单的逻辑推断，通过日常生活中所感知到的变化进行分析。从这几点来看我们的分析还存在着许多的不足，但是随着不断的深入学习，我们必然会对这个问题有更深刻的思考。

非洲猪瘟对猪肉价格的影响研究

张春梅
（贵州大学经济学院　贵阳　550025）

【摘　要】我国是一个有着5000年农业历史的大国，而养殖业、种植业是我国的传统产业并发展至今。我国人口众多，消费量大，其中消费量最多的就是猪肉，2018年饲养生猪头数为42817.11万头，2017年为44158.92万头，如今我国生猪的数量已经减少了许多。猪肉的价格一直都居高不下，非洲猪瘟带来的影响之一就是猪价上涨，而且远不止这点。生猪的市场垄断、猪价上涨带来的消费者福利减少等都是猪瘟带来的影响。在农村，大多有养殖生猪，只有两种目的，一是拿去卖，一头猪能卖2000～3000元，二是自己留着过年的时候吃。经过猪瘟事件，估计许多农民养的猪都被杀了，而且猪有生长周期，要养大还得花费不少时间跟精力，这下不仅没有猪肉吃，还自己白白搭上养猪的成本，猪瘟致使农民的养猪热情一下子降了不少。而且这种情况极易形成垄断，养殖户就会借此机会顺势抬高价格，猪肉越卖越贵。猪肉价格的控制还需要政府的政策支持，政府也采取相应的措施稳定猪价，生猪市场发展前景是可观的。猪瘟过后，生猪出栏量下降，一些养殖户养殖的生猪数量减少，这就会致使猪价上涨。猪瘟的影响有许多，文章针对猪瘟带来的利弊影响做重点研究。

【关键词】非洲猪瘟；猪肉价格；猪瘟利弊影响；发展前景

一、绪　论

当前猪价是大家都在讨论的热点问题，我国对猪肉的消费量颇大，即使猪肉价格高，市场需求也不会下降，不吃猪肉是很不现实的事情，所以稳定猪价非常关键。文章研究的是猪瘟带来的利弊影响，分析利弊并从中总结经验，有了相关的经验则对日后发生的问题就能有所准备。

非洲猪瘟刚刚出现的时候，就查得挺严的，各大高速路口都有人严查来往车辆，如果发现有托运猪的车就会对其拦截并进行处理。由于非洲猪瘟的爆发，使得中国的生猪养殖产业受到很大程度的冲击，以至于如今市场上出现的猪肉价格高涨。在我看来，非洲猪瘟就像是一个燃点，而我国在防御方面的不足以及在某些方面早已存在的隐患就是一根导火索，而非洲猪瘟的爆发就点燃了这根导火索所以我国的生猪产业在这样的情况下就遭受到空前的影响。现在，市场上的猪肉价格居高不下，有的地方甚至涨到了 30 元/斤，相比以前上涨的价格 27 元/斤而言又上涨了 11.11%。虽然从表面来看，猪肉价格的上涨与非洲猪瘟直接相关，但其背后的潜在影响因素也是复杂多样的。

通过对非洲猪瘟带来的利弊影响进行研究，发现存在的不足并加以分析总结，探究猪瘟的不利影响至关重要。对于带来的不利影响做出调整是非常关键的，这为以后防疫相关疾病有重要作用。文章主要选取了文献查阅、问卷调查等两种方式进行研究。以论述观点为主，对非洲猪瘟所带来的影响做出个人分析，从利弊这两个方面入手加以阐述，并在文章末尾做个总结，且对生猪养殖前景进行展望。

二、非洲猪瘟带来的不利影响

1. 导致部分养猪户失业

非洲猪瘟的到来让中国的生猪养殖户真是措手不及，不知道猪得怪病的原因，想私自卖不成，杀了又觉得可惜。非正规养殖出来的猪都多多少少比正规养殖出来的猪要差那么一点，这下猪的存栏量减少了，部分生猪养殖小户短期是不会进行生猪养殖的，因为他养猪达不到标准，如果是专门从事生猪养殖的农户还有可能抓住机遇而增加收入，若把生猪养殖作为副业的农户则不会面临失业。理性地考虑边际量，只有做一件事情有利可图即边际收益大于边际成本时才有意义。那些以养猪为主的农户，经过这次猪瘟的风波可能会有失业的问题出现，毕竟以前只知道怎么养猪，而现在，如果养猪达不到标准，日后如果又出现猪瘟岂不就亏了，那他就可能面临失业。

一旦出现了失业，家庭收入就会减少，收入减少是一件很不好的事情，支出会随之变化，收入减少对农产品、食品等的需求不会变，但其他方面的需求会被抑制。简单来说，失业就相当于没钱花，没钱的日子可难过了，想买的东西都买不了，虽然猪瘟只对极个别的猪农会造成失业的影响，但我觉得失业也只是暂时的，因为天无绝人之路，一条路被封，肯定会有另外一条路被开辟出来。

2. 生猪养殖成本增加

我国生猪养殖量约占全球的一半，但猪瘟过后，生猪数量明显减少，市场上卖的猪肉也少了。虽然我知道的有几户亲戚是养猪的，但具体行情也并不清楚，只能做出个人观点分析与探讨。生猪养殖也不是一件容易的事情，不仅要管猪的吃喝拉撒，还得管它的身体健康，养猪一般规模都不会小，一个养殖户至少也会养个两三头猪，养猪从小猪开始，买小猪得花钱，还得买饲料等，这一切的花费少说也不下几千块钱。在我老家，养猪都是用的猪食，比如有土豆、玉米面、白菜、猪草拌在一起然后放在大锅里面煮熟后给猪吃，还有就是用烤酒剩下的酒糟喂它。除了这些基本开销，还有就是猪生病时得为它看病的支出，猪瘟的到来更加体现出猪对这些病的不可抗性，防疫方面做得不足才会使得猪受到很大程度的感染。相信在这次风波过后，对于瘟疫的防疫会得到加强。

3. 生猪市场形成垄断

猪肉价格上涨是猪瘟爆发后带来的一大影响，生猪减少了，猪肉的供应就会减少，而消费者对猪肉的消费短时间内不会有太大的波动，需求应该不会有明显变化，而供应者会随着时间推移进而将猪肉价格提高。我们都知道现在的鲜猪肉生产形成垄断，自猪瘟爆发以来已有一段时间，生猪养殖又具有周期性，剩下的一些养殖的有生猪的养殖户就相较于以往少了很多。

之前在网络上出现过很多有趣的代名词，比如：蒜你狠、姜你军、豆你玩等，当初大蒜的价格甚至都高过了一些肉类的价格，大蒜产量低导致市场上的大蒜供给量少，供小于求从而导致大蒜的价格高涨。在由所有买者和卖者组成的市场里，价格在买卖双方进行交易时便操控着一切，但这种控制并不能解决一切问题，市场会面临失灵的情况，而市场失灵有两种情况即外部性和市场势力。本段谈论的垄断就属于后者——市场势力，一旦垄断出现，竞争就相应会减少。这并不利于促进市场的全面发展，这时政府的干预就显得极为重要。

4. 致使消费者福利减少

中国有古话言：民以食为天，由此可见吃饭的重要性。人是铁，饭是钢，吃饭最重要的是为了饱腹的同时提高满足度。对早餐许多人的第一印象应该是包子，而很多肉包的主要材料都是猪肉。贵州大学五食堂的土包子摊点，每天早上的生意都很好，他家的早餐包子有酱肉包、鲜肉包、豆浆、粥、韭菜包、莲蓉卷等，排队的人是其他早餐点的 1～2 倍，销量应该不低。他家的酱肉包要好吃一点，每个酱肉包是 1.5 元/个，在西区的三、四、五食堂这三个食堂就只有这么一个土包子店，想吃酱肉包就只能到五食堂买。猪肉价格上涨了，那就会使得猪肉买价比以前高，商家有可能会以高价卖和以前一样多的肉，但是做包子时所放的肉量就相应地会减少。而且在食堂吃到的猪肉也少了好多，一个菜就是因为加了肉一起炒才卖到 4 块，现在打菜里面的肉都没有几块，有的就是肥肉多，一点都不好吃。以上例子只是说明猪价上涨对福利减少的一个方面，而福利减少可能会使一个人的情绪发生变化，心理上的满足感少，从而做事情没那么积极有动力。

三、非洲猪瘟带来的有益影响

1. 改善养殖环境

就生猪养殖的环境来说，我还是有所了解的，在大方县双山镇的红星村是一个偏远的小山区，我在哪里看到的生猪是个体户进行养殖的，自给自足，养猪来留着自己过年的时候吃，少有的是拿来卖的。站在猪圈的旁边就能闻到一股浓重的猪屎味，然后猪圈里面特别脏，几乎都是湿漉漉、乱糟糟的，那个猪看起来脏兮兮的。虽然并不是每个生猪养殖地的环境都如此，但在大多数农村养猪环境也不是很清洁，在这样的环境下猪就特别容易生病，更不用说猪瘟了，那结果可想而知，生猪无一幸免。相较来看，大型的生猪养殖场环境会好一点，但猪都是集群生活的，一旦生病也避免不了会一传十，十传百，然后病情就传开了。所以，保持环境清洁尤为重要，应完善清洗消毒等设施设备，不断提升防疫能力和水平。改善养殖环境，定期清理猪圈，给猪杀毒，给猪舍通风等。以前不注重这些方面，猪瘟过后，加强相关方面的工作有利于生猪养殖行业活力的快速恢复。

2. 短期疾病减少

猪全身上下都是宝，这一说法一点都不为过，猪毛可以制造刷子，猪皮可做成深加工产品，如泡椒猪皮，猪的内脏基本都可以食用，猪大肠、猪小肠可以做烟熏制品腊肠或火腿肠等，猪血可以做血旺等。既然猪的用处这么多，那猪瘟以后猪的数量减少，不光是没有猪肉吃，连其他猪的副产品生产原材料都会有所减少。

2020 年是全面脱贫的一年，也是全面建成小康社会的一年，人民生活越来越好了，肉也能常常吃得上，春节更是年年有鱼，配上其他各种肉菜，炒腊肉、炖鸡等。经济在快速发展着，人民生活水平也在不断提高，原来过年才能吃到的肉，现在想吃就可以去买，但是肉吃多了对身体健康也会有影响。我们熟知的疾病就包括肥胖，虽然导致肥胖的因素很多，也难免不了猪肉对此做出的贡献。

红肉在营养学上通常指烹饪前呈现红色的肉，如我们常吃的猪肉、牛肉、羊肉等；相对的，禽肉、鱼肉等则属于“白肉”。猪肉、牛肉、羊肉等红肉吃进肚子里后，会在肠道菌的作用下产生咪唑丙酸、氧化三甲胺等有害物质，增加 2 型糖尿病和心血管疾病的风险。猪肉是红肉中占比最多的肉类，那么猪肉减少了，红肉的总量会减少，人们消费红肉的量少了，就不那么容易患病。虽然这种说法较为片面，但也不乏一定的道理。

3．动物检疫增强

只要是动物就都会生病，猪也会感冒，猪感冒了也要打针吃药。大家都比较熟悉的猪病可能包括绦虫病，要是得这种病的猪被人误食，后果非常严重。猪瘟过后，生猪这一重要的消费品会受到大家的重点关注，我们能吃到的猪肉也都是经过检验合格后的猪肉。当然也会存在个别的情况是商贩私下买卖检疫证明，这就会形成盲区而且不易被检查出来，流通到市场上的猪肉就会存在问题。加强包括生猪在内的动物检疫，不仅是为了弥补不足，还是确保食品安全的重要保障。此前就出现过许多像往肉里面添加瘦肉精、奶粉里加三聚氰胺等的食品安全事件，说明相关方面的监管做得不够好，所以给了不法商贩可乘之机。

四、结论及前景

1．结　论

流行病学调查表明，我国非洲猪瘟的主要传播途径是：污染的车辆与人员机械性带毒进入养殖场户、使用餐厨废弃物喂猪、感染的生猪及其产品调运。

污染一词本身就不带正向影响，处理污染带来的问题更是一直以来大家都关注的事情，污染的类型只会越来越多，我们知道的就有水体污染、土地污染、大气污染，等等，随着经济的发展，污染也在慢慢地渗透到生活的各个方面，面对污染问题我们应该采取必要措施并增强环保意识，保护环境从身边做起。污染的车辆是猪瘟传播的媒介之一，对于这一块最有效的处理就是对车辆进行全方位的清洁与消毒，可是这个办法并不持久，解决一个问题最好的办法就是从根源上着手。但就目前来看，对猪瘟高致病性毒株大家都是束手无策，只能是尽可能做好防疫以及清洁消毒等工作。

非洲猪瘟病毒对环境耐受力强，病毒在肉品、血液、组织、粪便，以及养殖场、市场、屠宰场、车辆等环境中可长时间存活。就是因为一大祸害-高致病性毒株，致使我国生猪大批量的减少，目前世界上又未找到对应的解决方法，猪瘟问题很是棘手。所以加强相关方面的科研是非常重要的，只要能找到对付猪瘟的克星就会好很多。

采取适当的方法措施，任何问题都是有解决途径的，猪瘟也不例外，虽然现今还未找到处理这种高致病性毒株的疫苗，但通过有效防控及对相关养殖场所的清洁处理可以在一定程度上抑制猪瘟的扩展。这些年来，瘟疫、禽流感等都出现过，以前有感染人的禽流感 H7N9，也有感染鸡的鸡瘟，2017年出现的猪瘟等。在未来机遇与风险是并存的，哪个先到来谁都说不清楚。我国的禽类养殖量也不在少数，特别是在此次猪瘟过后，更应该加强疾病防控。

2. 前　景

目前，全世界尚无有效疫苗和药物用于预防和治疗非洲猪瘟。但随着政策逐步落实到位，猪肉供给或者生猪供给会逐步增加，供求关系紧张局面会逐步得到缓解。猪肉价格经过一段时间的调整，会逐步回归到常态。

2018 年 8 月我国辽宁省发现首起非洲猪瘟疫情以来，农业部门等部门即针对非洲猪瘟采取了综合性防控措施。目前，我国猪肉上市前要经过产地检疫和屠宰检疫，还增加了非洲猪瘟检测项目，凡是正规渠道购买的检疫合格的猪肉及其制品均可以放心购买食用。

从 2018 年的统计数据可了解到我国总人口数为 139538 万人，乡村人口达 56410 万人，农民占总人口比例达 40%，我国生猪的数量已经减少了许多。虽然说非洲猪瘟对人体并没有多大影响，但是一旦猪染上病了就吃不得，所以该杀的能杀的猪都杀得差不多了，猪肉少了，价格就上涨了。在经过调整以后，猪肉价格已经渐渐趋于平稳，且中国人民对猪肉的消费是有特殊情结的，且在节假日是避免不了要吃猪肉的。特别是 2020 年春节，桌上无酒肉不欢，猪肉的消费量可能会有所增加。

参考文献

[1] 中国疾病预防控制中心. 舌尖上的致癌物：4 万人随访，红肉爱好者的乳腺癌风险更高？[DB/OL]. 医学新视点，2019.

[2] 孔劭凡. JAMA 子刊：吃草或可防糖尿病！迄今最全面研究发现，以素食为主的饮食模式与 2 型糖尿病风险最少降低 23%相关[DB/OL]. 齐点网，2019.

[3] 国家统计局. 国家统计局新闻发言人就2019年前三季度国民经济运行情况答记者问[DB/OL]. 国家统计局，2019.

[4] 杨建民，张晓明. 我省出现首例非洲猪瘟疫情，已采取措施有效处置！[DB/OL]. 河北日报，2019.

[5] 畜牧兽医局. 感染非洲猪瘟养殖场恢复生产技术指南[DB/OL]. 农业农村部畜牧兽医局，2019.

国内猪肉消费特性研究

邓梦秋
（贵州大学经济学院　贵阳　550025）

【摘　要】本文分析了近年中国的猪肉消费概况，总结归纳了中国近年来的猪肉消费特性。随着我国经济的发展和人民收入水平的提高，农村居民的肉类消费需求总量不断增加，猪肉的主体地位弱化，消费结构呈现出多样化、营养化的趋势。总结了猪肉主要具有区域城乡差异性、收入水平差异性、季节差异性、结构需求差异性等消费特性，预测我国的猪肉市场应朝向绿色品牌化、规模化发展，适当地走深加工、特色化的道路。

【关键词】猪肉；消费特性；需求差异

一、绪　论

本次研究对象针对的是近 5 年来国内各地区的猪肉消费情况，包括各地区城乡猪肉需求量、猪肉结构需求量等情况。我们将得到的有效数据进行分析处理，最终获得国内猪肉消费特性的总结归纳。随着经济的发展和人们日益增长的饮食文化需求，探索研究猪肉的消费特性，可以帮助猪产业的进一步进行调整和升级。在非洲猪瘟的大环境下，猪肉问题变得棘手又严峻，猪肉供需失衡，价格迅速上涨，充分分析猪肉的消费特性可以引领我们联系实际，进一步提出改善的措施，以解决目前和预防未来出现的问题。

我国是世界上所有国家中最大的猪肉消费国，虽然最近几年来禽肉、牛羊肉、鱼肉等肉类的可替代性有所增强，但是猪肉消费仍然是我国肉类消费的主潮流。在 2018 年 8 月份，非洲猪瘟强势来袭，在国内迅速蔓延开来。以毕节七星关区为例，从 4 月份到 10 月份猪肉价格上涨了 130%，这样惊人的价格让人直呼吃不起猪肉，也指引我们去思考猪肉价格猛然上涨背后的消费特性。

通过研究，获得有效的数据分析，对国内猪肉消费特性有更深入的了解，针对当前猪肉市场所面临的困难提出对应的建设性意见，来缓解猪肉市场所面临的压力。本次研究主要采用了文献搜集法、问卷调查法、访谈的研究方法。文章属于规范研究，全篇基本上立足于个人的论述和见解，表达了个人对国内猪肉消费特性的观点。

二、国内猪肉消费概况

1. 肉类消费现状

根据国家统计局数据显示，近 5 年来，中国的肉类消费整体增加，猪肉消费始终稳居第一，与此同时禽肉、鱼肉等肉类的消费量也在不断地上升。在 1985—2017 年间，我国城镇居民人均猪肉消费呈逐年上升趋势，2012 年达到最高值 21.23 kg，之后维持在人均 20 kg 左右的消费水平。牛羊肉的消费量相对猪肉而言始终偏低，人均消费量在 2016 年达到最高值 4.3 kg。虽然 20 多年来牛羊肉的人均消费量增长缓慢，但是牛肉的进口量却显著增长。中国农业部数据显示，2013—2018 年中国牛肉的进口量由 29.4 万吨，涨至 93.5 万吨。禽肉人均消费水平也得到显著提升，在 1985 年的时候人均的消费量仅仅是 3.24 kg，2017 年就上涨至 9.7 kg，足足翻了 3 倍。2017 年水产品的人均消费量也得到了显著的提升，足足翻了一倍多。伴随着消费的升级，人均收入水平的提高，肉类消费总量将会呈持续增长的趋势，市场需求将持续扩大。人们对健康生活有更高的追求，人们更加青睐于品质、口感佳的高端进口肉类产品，消费需求多样化和品质化的趋势越来越明显，高端进口肉消费也成了一种趋势。在未来 20 年鸡肉、牛羊肉、水产品的人均消费量将会持续增长，猪肉的人均消费占比将会有所下降。

2. 猪肉成为不二选择

猪肉文化历史源远流长，在中国无疑是一种饮食传统，1500 多年前北宋著名诗人苏轼就曾写下《猪肉颂》。

中国人之所以将猪作为主要的牲畜，最重要的原因有两点：① 猪这类动物对食物的要求极低。作为一种杂食动物，猪几乎是什么都吃，尤其重要的是，它不会和人争夺食物，它完全可以依靠一些人不能食用的东西生存。② 它的生长周期短，可以在较快的时间内为人类提供最多的能量。在历史上，我们都知道中国幅员辽阔，但人均占有土地面积小，且伴随着时间的变迁这一现象越来越明显。在这样资源紧缺的条件下，居民不得不选择淘汰掉那些繁殖力低的，转而发展产量更高的农业产品。于是猪肉慢慢成为农民认可的不二选择，也随着时间，成了传统饮食上的佼佼者。

从南到北，根据不同气候、季节、需求，各个不同地方的人们用不同的方法烹饪制作猪肉。例如云南的纳西族摩梭人不像其他民族喜欢吃瘦肉，他们偏爱肥肉，他们将猪杀死后，会把内脏、骨头取出，留下肥肉，加入特制的调味料和一定量的蜂蜜，再将猪肉缝合，保存在通风性能强的地方。风干后的肥肉祛除了肥腻，更可以保存数十年，家里只有招呼尊贵的客人时才会上这道菜。

猪肉广泛地出现在餐桌上，是最主要的食物之一，其纤维较软并且其中的结缔组织较少，经过加工后做出来的美食入口口感醉人。现在人们主要买的有热鲜肉、冷鲜肉还有冻鲜肉。在中国人们普遍会选择热鲜肉，就是在凌晨宰杀，早上菜市场里卖的没有经过一系列降温杀菌处理的新鲜肉。人们都认为现杀的新鲜口感好，实际上这一类猪肉容易滋生很多细菌，冻猪肉在低温环境下不容易滋养细菌，但这一类猪肉口感不佳。冷猪肉就克服了热猪肉和冻猪肉的所有缺点，既卫生健康又味道鲜口感好。猪肉这一美食不仅在我国人民的生活中占据重要地位，广泛地出现在各种宴席上，也参与着文化的过渡，寄托着人们真挚的情感。猪肉常被当作牲礼出现在民间祭祀活动中，将宰杀后的猪肉供在桌上表达对神灵的尊敬，保佑来年一切顺利吉祥。云南的布朗族用猪肉宴请宾客，还将猪肉切成小块分串在竹签上，与大伙一起分享，寓意“骨肉相连，密不可分”的意思。在陕西一带，男方送心仪的女子家前后猪蹄，女方留下后猪蹄退还前猪蹄。待到结婚回娘家的时候，夫妻两人带着后猪蹄回来，预示着以后家庭和睦，来往密切。

三、猪肉的消费特性

1. 区域与城乡差异

伴随着时间的沉淀和选择下，各个地区形成了其独特的饮食习惯。在中国，信奉伊斯兰教的民众不吃猪肉，牧民因主要放牧牛、羊，也很少吃猪肉，所以在少数民族人口较多的新疆、宁夏、西藏等地人均猪肉食用量占比较小，其主要以牛羊肉为肉类食物。据统计数据显示西藏和新疆的牛羊肉人均消费最高，分别达 13.9 kg 和 11.7 kg。

据国家统计局数据显示，在 2017 年城镇居民人均猪肉消费量位居首位是四川省，达到了 36.2 kg，重庆、广西、贵州、湖南、云南、福建、海南等地都排在前列。广东人偏爱野味，人均禽类消费量占国内前列，达到 20.6 kg。福建则偏爱水产品，人均消费达 25.8 kg。由于生猪产业的发展现状、生活习惯等因素的差异，各个地区居民有自己偏好的食物，猪肉消费量形成了比较明显的差别。西南地区作为生猪的主产地区，自然而然也就成了猪肉消费量最大的区域。城镇居民人均猪肉消费量从西部、东部、中部、东北地区逐渐递减。西部地区的城镇居民平均每人每周可以达到 0.5 kg 的猪肉，一年可以达到 23 kg 的猪肉消费量，比全国人均水平高 1.73 kg。东部的城镇人均猪肉消费总量比全国城镇人均猪肉消费总量高 0.38 kg。中部的城镇人均消费总量低全国水平 1.09 kg，东北的城镇人均消费总量低了 4.48 kg。这几年来，东北地区人均主要食物中猪肉占比稳步上升，中部和东部地区保持稳定态势略有下滑趋势。

不同区域间的农村居民人均猪肉消费总量也存在着明显差异，与城镇一样，农村居民人均猪肉消费按照西部、东部、中部、东北部地区由高到低排序。总的来说，西部农村居民人均猪肉年消费量一直处于下降趋势，东部、中部和东北地区变化趋势基本同步，先下降后上升。

在城市里，有方便的生鲜超市、农产品种类丰富的菜市场、较多的流动摊贩，所以对城市居民来说随时随地可以买到新鲜的猪肉，多样的购买渠道在一定程度上可以影响城市居民的人均猪肉消费量。在农村，许多村民的住处离街市远，隔三岔五上一次街买猪肉，若赶不上时间新鲜的猪肉也会被卖完，街上会按照一定时期赶集，这样固定不灵活的时间段和不方便的地理位置也在一定程度上减少了农村人均猪肉的消费量。虽然农村居民的收入水平和畜产品消费量八年来有了显著提高，但是与城镇居民相比消费明显偏少，而且从营养需求出发也未能达到国家标准，因此农村居民的肉类消费水平还需进一步提高。

2. 收入水平差异

收入水平决定着人们的消费水平，所以城市与农村居民的收入水平差异影响着猪肉的消费量。从统计年鉴的数据来看，城市和农村的肉类人均消费量均随着人们收入水平的增加而增加，农村的人均肉类消费量增加趋势甚是明显。在 2008—2012 年间，农村居民家庭平均每人纯年收入由 4998.8 元上升至 8389.3 元，农村居民家庭平均每人猪肉消费量就由 12.7 kg 上升至 14.4 kg，城镇居民人均可支配收入由 28843.85 元上升至 39250.84 元，城镇居民家庭人均购买猪肉数量由 19.3 kg 上升至 21.2 kg。我们明显可以看出，当人们的收入满足基本的生活需求后，人们才会去购买能提供高能量的农产品——肉类，来满足自己更高的生活需求，短时间内收入越高人们购买的猪肉会越多，收入水平与猪肉的消费量基本成正相关的关系。

3. 季节差异

逢年过节，餐桌上总少不了大鱼大肉，猪肉便是大多数中国人餐桌上必不可少的美食佳肴，自然地在季节上猪肉的消费量也就存在着一定的差异。尤其在过年的前段时间，猪肉的消费量会剧增，人们都会提前准备好猪肉，俗话说得好“杀年猪过大年”，有些地方将杀猪时猪的大叫声寓意为来年风调雨顺。

每逢腊月，云南、贵州、四川等地区会制作“腊肉”，这种肉在每个地区会有不同的叫法也有各自不同的做法。人们会将杀好的猪切成大块，留下足够过年的鲜肉后，其余的肉都会加入一定量的食盐和香料，放在松木上用火熏制，存在缸中或者挂在梁上。用食盐腌制过后的腊肉可以保存半年左右，可以炒、焖、蒸，时间长了风味依旧俱佳。

季节差异对城市居民人均猪肉消费量的影响不是很明显，对农村居民人均消费量的影响较为明显。对城市居民来说，随时随地都可以买到新鲜的猪肉，吃猪肉已是生活中常见的事情，而对农村居民来说，平日里对猪肉的需求就没有很高，逢年过节图喜庆闹热才会买上猪肉来过节，所以在特定季节里农村居民的人均猪肉消费增长量会高于城市人均猪肉消费量。

4. 猪肉结构需求差异

猪肉结构的需求，取决于人们对摄取营养的需求和对健康生活的追求。在以前吃到猪油拌饭，就已经觉得是人间美味了，现在人们对生活质量的要求越来越高，肥肉已不再能满足人们的生活需求，吃猪肉光吃瘦肉不吃肥肉。因为吃肥肉容易造成脂肪的堆积，人们越来在乎形体的美观和身体的健康。随着人们收入水平的增加，人们更加注重的是食品的品质，食品能提供营养而不是仅限于填饱肚子，会有条件地去选择猪肉的结构来满足自己身体的需求。

四、结　论

1. 总　结

猪肉的消费特性主要有区域城乡差异性、收入水平差异性、季节差异性、结构需求差异性。城市和农村的人均猪肉消费量按照区域来分，均是按照西部、东部、中部、东北部的顺序依次递减，与各个区域的饮食习惯、地理位置、生猪产业的发展现状等因素均有关系，例如在西南地区是主要的生猪产出地。农村和城镇人均猪肉消费量的差异主要是人均收入水平的不同，对于城市居民来说随时随地就能买到猪肉，农村居民购买猪肉大部分取决于猪肉的价格和住处的地理位置。从收入水平来看，收入和产品价格决定着人们的需求。随着人们经济状况的改善，总体来看城镇和农村居民的人均猪肉消费量都得到了提高了，尤其是农村的人均猪肉消费量增长明显，所以我们可以得出结论，人们的收入水平与人均猪肉消费量呈正相关的关系。关于季节差异性，这与我国的传统有关，比如说杀猪和过年是要一同进行的活动，猪肉是宴席上必不可少的一道佳肴。所以在逢年过节上，我国的猪肉消费量就会增加，许多的地区会在年关提前将猪肉做成腊肉等储存起来，这在农村体现比较明显，一是因为在城市制作猪肉不太方便，二是因为城市居民吃猪肉是一件司空见惯的事情，并不会因为节日出现太大的起伏，所以关于猪肉消费的季节性差异主要体现在农村。猪肉浑身都是宝，可以为我们提供大量的蛋白质和能量，但是伴随着人们生活水平的提高，人们渐渐变得挑剔，会优先选择营养丰富口感好的部位进行食用，也就导致出现了猪肉结构差异性的现状。如果是肥肉和瘦肉，现在大多数的人们会选择吃瘦肉，因为肥肉里的油脂过多会导致人体脂肪的堆积，不利于身体健康地成长、完美地塑形。如果是女生想要通过猪肉来美容养颜，她们会选择富含胶原蛋白的猪皮。食品对于人类来说不再是简单地维持生命，更多的是有选择地进食，选择自己需要的营养元素。

2. 展　望

2018 年，在中国的各类肉品消费中，猪肉消费占比达到 3/4 以上，遥遥领先于其他的肉类，很显然猪肉是我国的第一大需求的肉类。目前面临着非洲猪瘟的严峻侵袭，解决猪肉供给和价格问题势在必行。非洲猪瘟的侵袭导致我国猪肉产量大幅度下降，价格高速增长，同时也在提醒我们国家不仅要严格采取措施做好猪瘟疫情的预防工作，建立健全卫生防疫机制，还要加快猪肉产业的转型和升级，建立布局合理的猪场，引进先进的标准化规模饲养技术，来提供稳定有品质的猪肉供应量，确保猪肉市场的稳定。我国的养猪业是以散户起家的，但是面临着如今的人口剧增，劳动力流失现象，散户养殖的形式已不足以满足当代人的需求了，政府部门应当对散养户的规模进行整治，提供对口的技术和人才，让农户少走弯路，走上规模化养殖的道路。对猪肉消费特性进行分析时，我们可以看出人们对食物的营养价值和绿色健康品质越来越注重，城镇人口倾向于进口高品质的猪肉。这也给了我们指明了今后猪肉市场的发展方向，猪肉市场应朝向绿色品牌化、规模化发展，适当得走深加工、特色化的道路。从总体来看我国居民猪肉消费总量接近世界一半，人均消费量也已达到欧盟平均水平。同时，城乡人均消费量明显趋近，猪肉在肉类消费中的地位明显下降。未来，综合考虑人口增长、城镇化、居民收入上升以及人口老龄化几个方面因素，我国猪肉消费总量和人均消费量仍然有一定增长，但上升空间有限。

参考文献

[1] 雷理湘. 收入结构对农村居民肉类消费影响的研究[D]. 南京：南京农业大学，2016.

[2] 吴秀敏. 我国猪肉质量安全管理体系研究[D]. 杭州：浙江大学，2006.

[3] 吴秀敏. 我国猪肉质量安全管理体系研究[D]. 杭州：浙江大学，2006.

[4] 郜亮亮，刘玉满，潘春玲. 中国居民猪肉消费特征及其变迁分析[J]. 中国畜牧业，2015（20）：41-43.

非洲猪瘟对疫病防控水平的影响

陈娅
（贵州大学经济学院　贵阳　550025）

【摘　要】近年来，在我国大规模蔓延的非洲猪瘟对中国方方面面造成了难以预估的影响。不过，一物降一物，我国动物疫病防控工作如雨后春笋，近年来，我国动物疫病防控工作取得了重大发展，可以说是小有成就了，当然我国的动物性食品安全水平也普遍逐步上升，公共安全保障水平稳步提升，这得益于国家政策的大力支持，还有那些兢兢业业、刻苦研究动物疫病的广大工作人员的辛勤工作，当然少不了我国科学技术的不断发展。猪瘟作为长期存在威胁我国养猪业的一种传染病，虽然有非常有效的疫苗可以防控，但是随着猪病越来越复杂，加之非洲猪瘟肆虐的当下，本地传统猪瘟的威胁仍然巨大。本文着重介绍在非洲猪瘟影响下我国动物疫病防控水平的发展变化以及取得的重大研究成果。

【关键词】非洲猪瘟；猪肉价格上涨；动物疫病防控

一、绪　论

当前在我国境内发生大规模的猝不及防的非洲猪瘟对我国大大小小生猪养殖业和猪肉市场产生了巨大的影响，但是我国非洲猪瘟疫病的控制还存在疫情追溯不清和潜在威胁不明等问题，并且我国尚未成功研制出有效防控防治疫苗，非洲猪瘟一旦传播将会在短时间内扩散和蔓延，给我国生猪养殖带来灾难性影响，因此，必须要重视非洲猪瘟疫病防控研究资金支持和专业人员的投入，加强基层一线防控队伍建设，做好非洲猪瘟疫病防治中问题的处理，实现对非洲猪瘟疫病传播和扩散的控制和根除。

目前在非洲和意大利撒丁岛等地区，非洲猪瘟呈地方性传播，在俄罗斯疫情较为严重，东欧等国家同样存在相关疫情报道。2017 年 3 月，与我国边境距离 1000 km 的俄罗斯伊尔库茨克州出现非洲猪瘟，该疫情很大程度上增加了我国疫病风险，对我国非洲猪瘟的防范敲响了警钟。OIE 数据显示，截至 2018 年 7 月，报告非洲猪瘟的国家猪瘟感染超过 40 万头，补杀和处置感染猪超 12 万头。由此表明非洲猪瘟对养猪业会产生毁灭性的影响和危害。因此，我国农业农村部对邻国非洲猪瘟疫情持高度警惕，自疫情传播至伊尔库茨克州后，我国农业农村部先后发布了《非洲猪瘟疫情应急预案》等，在我国北方一些高风险边境区域等多次展开应急防控防治演练。在 2018 年 8 月，在非洲猪瘟疫情进入我国 40 天时间之间，我国辽宁、河南、江苏、浙江、安徽等地先后出现高达 15 起非洲猪瘟疫情，扑杀感染疫病生猪数量超过 3 万头，因为当前尚未实现对非洲猪瘟的病毒来源和污染面有完全把握，我国非洲猪瘟防疫形式十分严峻，非洲猪瘟疫病防控防治技术研究发展是一个漫长曲折的过程。

本文主要是通过调查法，有目的的系统的搜集国内外非洲猪瘟疫病防控防治的有关研究对象；观察法，通过对日常身边非洲猪瘟实际情况影响的观察研究等等。

二、非洲猪瘟及其对人的影响

1. 关于非洲猪瘟

据研究可知，非洲猪瘟是由非洲猪瘟病毒感染家猪和各种野猪（如非洲野猪、欧洲野猪等）引起一种急性、出血性、烈性传染病。我国将其列为一类动物疫病。世界动物卫生组织（OIE）将其列为法定报告动物疫病，是我国重点防范的一类动物疫情。非洲猪瘟的特征是疫病发病过程短促，最急性和急性感染病死率高达 100%，据报道所知，2018 年 8 月 3 日，我国确诊了首例非洲猪瘟疫情。非洲猪瘟病毒是非洲猪瘟科非洲猪瘟病毒属的重要成员，病毒有些特性类似虹彩病毒科和痘病毒科。病毒粒子的直径为 175 ~ 215 nm，呈 20 面体对称，有囊膜。基因组为双股线状 DNA，大小 170 ~ 190 kb。在猪体内，非洲猪瘟病毒可在几种类型的细胞液中，尤其是网状内皮细胞和单核巨噬细胞中复制。该病毒可在钝缘蜱中增殖，并使其成为主要的传播媒介。

非洲猪瘟病毒能从被感染猪的血液、组织液、内脏及其他排泄物中检验出来，低温暗室内存在血液中的病毒可存活 6 年，室温中可存活数周，加热被病毒感染的血液 55 °C30 min 或 60 °C10 min，病毒将被破坏，许多脂溶剂和消毒剂可以将其破坏。所以非洲猪瘟也并非无药可医，通过我国非洲猪瘟疫病防治技术的发展，大大地减少了疫病传染的危害性。

2. 非洲猪瘟对人的影响

人民网报道：非洲猪瘟，只传染猪不传染人。非洲猪瘟不是“人畜共患病”，不传染人，但对猪来说是非常致命的。非洲猪瘟疫情需要农业部门和养殖者的重视。新华网报道：“非洲猪瘟不感染人，对人体健康和食品安全不产生直接影响。从研究情况看，也不太可能出现变异传染人的情况。”

但是，近年来，非洲猪瘟在俄罗斯以及东欧国家大肆横行，大规模的猪死于非洲猪瘟，猪价持续上涨，出现猪肉天价，一些普通人吃不起猪肉，不光是消费方面，非洲猪瘟对其他各方面的影响也是巨大的。因此，我国动物疫病防控工作提升指日可待，众望所归。为提高我国养猪专业知识以及对动物疫病防控能力的提升，提高兽医人员识别和医疗能力，减少猪瘟疫病灾害。当然，这是一个曲折发展的漫长过程。

三、非洲猪瘟影响下猪肉的价格

自 2019 年 8 月以来，受非洲猪瘟的影响，省内生猪大规模的感染猪瘟死亡，猪肉供不应求，贵阳猪肉价格持续上涨，引起了不少市民的关注，普通的家庭买不起猪肉，便理智地选择猪肉的替代品进行消费。2019 年 9 月 1 日，记者对贵阳猪肉市场进行了走访。地利生鲜超市东安新苑店胡店长表示，受非洲猪瘟影响，外省猪肉进不来，本地肉源不够，是贵阳猪肉价格上涨的主要原因。9 月 1 日上午，记者来到北京华联超市，发现各种猪肉价格都在 20 元以上，正在采购猪肉的张女士告诉记者：“8 月初的时候还是 15 元一斤左右，现在就 20 多块了，要买好点的还是 30 多块一斤，涨得太快了。”在地利生鲜超市东安新苑店，记者看到惠民五花肉价格是 15 元一斤，惠民瘦肉价格在 17 元左右，至于板筋，精瘦肉价格则均在每斤 20 元以上。东安新苑店胡店长告诉记者，自 8 月以来，贵阳猪肉价格已经涨了 4 轮，尤其是在 8 月 20 日，猪肉价格每公斤上涨了 7 元左右。“现在，猪肉的售价和 8 月初相比，大概上涨了 20 个百分点，进价上涨了 30 个百分点，我们的猪肉进价已经达到了 40 元每公斤”，胡店长表示，正是因为猪肉的价格持续上涨，目前一些小型菜市场、私人摊贩已经停止售卖猪肉，不少市民只能转而去大型菜市场、超市购买。胡店长告诉记者，贵州不是产猪大省，以往猪肉的主要来源是广西、云南等产区。今年受非洲猪瘟的影响，外地猪肉价格较高，贵州省内的猪肉货源缺货又较为严重，导致了猪肉价格的上涨。另外，受猪肉价格上涨的带动效应，其他畜肉、禽肉价格也呈现上涨态势。目前牛肉的价格已从每斤 34.5 元涨到

40 元，鸡肉价格从 9.9 元每斤涨至 13.8 元一斤。由此可见，非洲猪瘟对普通居民日常生活产生了巨大的影响，人们买不起猪肉，更不能放心大胆地吃猪肉，因为他们不知道自己买到的猪肉是否安全，是否健康，是不是已经患了非洲猪瘟，是不是那些无良心卖家为了盈利而卖给消费者已经患病死亡的猪肉，这些都是无从所知的，免不了猪肉市场人心惶惶。比如说，我家就已经很久没有买过猪肉了，首先掌握财政大权的老妈觉得在非洲猪瘟大肆的影响下，猪肉市场上的猪肉是无法百分之百保证安全的，所以为家人安全着想，她半年没有买过猪肉。重要节日就买些猪肉的其他替代品，像鸡、鱼、鸭等比较有安全保障，还经济实惠的。当然，另外一个理由是猪肉价格实在涨得太快。据国家统计局贵阳调查队发布的数据，7 月，贵阳猪肉价格上涨 17.3%，影响 CPI 上涨 0.35 个百分点，影响程度为 14.3%，其中翘尾因素影响 27.8 个百分点。而根据贵阳市商务局官方网站信息 8 月 19 日至 8 月 23 日，精瘦肉农贸市场价格每公斤 37.79 元，环比上涨 4.31%，零售价格每公斤 33.42 元，环比上涨 9.32%。猪肉天价，让普通的平民百姓对情有独钟的猪肉望尘莫及，换句话来说，经济不允许，百姓买不起呀。对呀，高额的猪肉价格人们是无法接受，当然，不吃猪肉也没有太大影响。不过，其中影响最大的应该是那些大规模的猪肉养殖户。2010 年，猪肉价格是不理想的，因此猪肉养殖户基本上没有赚什么钱，然而，2019 年却发生了非洲猪瘟，所有的猪都感染非洲猪瘟，全部死亡，一分钱都没有挣到，反而因为防治非洲猪瘟入不敷出地投了一笔巨款，然而无功而返，损失惨重。这也极大地减少了我国猪肉养殖户的积极性，不敢养，养不起。猪肉的价格何时才能正常下来，猪肉市场何年何月才能正常运行不得而知。

四、部分国家非洲猪瘟的防控情况

对于没有发生非洲猪瘟的国家，按照了国际规则彻底清洁和消毒来自其他国家的飞机、轮船、与交通工具等，严格防控非洲猪瘟从境外传入本国，严格处理国内食物残渣与废弃物，严禁予以喂猪。在正在爆发非洲猪瘟的国家，采取了划定感染区与受威胁区，处理感染，监控。总的来说，包括进口检疫、边境检疫、泔水控制、猪群控制等。比如说作为猪肉产量高占世界第四位、居欧盟第二位的西班牙，1985 年以前，西班牙控制防治非洲猪瘟的方法仅仅是采取简单粗暴的卫生管理和捕杀感染猪群，效果不佳。后来，西班牙颁布了非洲猪瘟根除计划，即建设流动兽医临床团队网络体系、开展所有猪场血清监测工作、提高饲养场设施水平、清除所有非洲猪瘟疫病点、严格控制猪群移动等。西班牙之所有能快速根除让人闻风丧胆的非洲猪瘟，具体原因在于生猪饲养者和相关专业疫病防治人员的意识意愿非常高，以及积极争取的防治政策等。我国肉类生产结构与西班牙大同小异，然而相比于西班牙，我国在非洲猪瘟防控工作方面临了更多的实际问题。

五、我国非洲猪瘟的疫病监测防控技术

1. 我国非洲猪瘟的疫病监测技术

我国主要根据世界动物卫生组织 0IE 框架的风险评估程序进行非洲猪瘟风险评估，世界生猪养殖业基础数据来自 FAO 数据库以及各媒体和科技文献等，信息可获得性比较迅速准确及时。随着科学技术的不断发展，我国地理学家李小文院士提出了“时空邻近度”理论，人们随后又提出了“风险邻近”概念，认为要根据非洲猪瘟疫病情况发生的地点与时间分布情况，进行风险评估，防患于未然，不至于亡羊补牢。我国相关研究人员认为，非洲猪瘟病毒传播途径不计其数，而且在传播过程中变异很大，所起的作用不尽相同。我国非洲猪瘟疫病风险评估认为，非洲猪瘟主要是由于寄生虫、野猪、猪及其产品贸易、人类活动、饲养方式、公共服务管理水平、非洲猪瘟发生强度的分布等影响。

2. 我国非洲猪瘟的疫病防控技术

近年来，非洲猪瘟渐渐地传入我国，对我国养猪业以及猪肉消费安全水平造成了无法估量的威胁与惨重损失。因此，我国政府组织相关研究单位组织开展了非洲猪瘟诊断技术、疫苗研究技术、风险评估、防治技术等等综合措施研究，为促进我国动物疫病防控水平的提高做出了巨大贡献。经过多年来实际研究，非洲猪瘟相关研究人员研究出非洲猪瘟病原学检测技术有普通的 PCR 检测方法、荧光 PCR 检测方法、区分非洲猪瘟病毒的双重 PT-PCR 检测方法以及其他 PCR 检测方法等等。为防控和扑灭非洲猪瘟疫情，依据《中华人民共和国动物防疫法》《重大动物疫情应急条例》《国家突发重大动物疫情应急预案》等法律法规进行规范防治。非洲猪瘟疫情发生后，农业农村部按照非洲猪瘟应急预案和防治技术规范要求，指导发生疫情省份严格落实封锁、扑杀、消毒、无害化处理等措施，所有已发疫情均得到有效处置，没有发生二次扩散。

农业农村部会同海关、市场监管、公安、林草等部门为全面排查非洲猪瘟疫情风险，及时做好境外疫情防堵、疫情溯源调查工作。市场监管部门强化生猪产品市场环节监测排查，及时发现和排除风险。全国各地按照养殖、交易、屠宰环节排查非洲猪瘟疫病全覆盖，生猪养殖场（户）监测全覆盖的要求，在全国范围内部署开展监测排查疫病。在全国 104 起疫情中，有 66 起是主动排查发现的。

2018 年 10 月 9 日，农业农村部畜牧兽医局负责人就非洲猪瘟防控答记者问，谈到要贯彻落实国务院常务会议精神，强化科研攻关。结合当前防控实际，进一步优化实验室检测方法，提高早期检测敏感性和准确性，做到早发现、早预警。坚持立足长远，聚焦非洲猪瘟疫苗研发和综合防治等关键技术，协调有关部门通过中央财政科技计划设立科研专项，加大科研投入和攻关力度。进一步加强实验室生物安全管理、促进我国疫病防控技术水平。

由于我国散养猪数量庞大，普通养殖户严重缺乏良好的生物安全措施，部分养殖户还存在泔水喂养生猪的直接疫病传播情况，防疫病意识完全不到位，封闭化循环养殖，一旦非洲猪瘟传入我国，风险无法估量，会对我国生猪养殖生产和猪肉消费市场带来毁天灭地的冲击。

2019 年 5 月 16 至 17 日，2019 年非洲猪瘟防控技术论坛在武汉华美达光谷大酒店顺利举办，来自全国 16 个省市的生猪产业技术体系创新团队的部分成员、饲料、动保、养殖企业以及行业媒体等 500 多位嘉宾出席了这一重要时刻。事无巨细地分析了非洲猪瘟灭活疫苗、传统减毒活疫苗以及基因缺失疫苗研制的相关进展以及新型疫苗研究的相关理论基础和取得的阶段性成果；美国 APC 公司全球研发副总裁 Javier Polo 博士的报告《非洲猪瘟下猪血液制品的安全，选择和使用——欧盟的经验》，APC 公司通过分析猪血浆制品生产工艺、在生产过程中采取的诸如血源的选择、血源和血浆库的检测、生产过程中的病毒灭活和去除程序等生物安全措施，欧洲和美国防控非洲猪瘟的经验得出 SHIC 基于半衰期数据建议饲料 20 °C 存放 14 ~ 20 天；中国高级技术经理王金勇博士的报告《饮水饲料防控，建立非洲猪瘟最后防线》通过酸解离低 pH 效应+透化剂破囊膜+酸分子效应，给出了抑杀非洲猪瘟病毒的有效途径。尽管目前全球尚无有效的非洲猪瘟疫苗，但我国科研人员正加紧攻关。目前，非洲猪瘟等外来动物疫病防控科技支撑项目启动论证会在山东举行。该项目以非洲猪瘟为重点研究对象，研究其病毒传染源、主要传播路径等流行病学规律及其遗传特性，力求创制具有良好安全性和免疫保护效果的非洲猪瘟病毒基因缺失活疫苗。科学技术部农村科技司副司长蒋丹平表示，要以此为契机，强化基础研究、强化流行病学研究、强化联合攻关，建立好研发支撑体系、疫情防控体系，提升非洲猪瘟防控能力。

六、结 论

考虑到非洲猪瘟防控工作的复杂性、长期性，短期内彻底灭除非洲猪瘟比登天还难，由此我们必须做好打持久战的准备，努力提升非洲猪瘟防控能力。农业农村部副部长于康震表示，养猪场户要坚决克服侥幸心理，严格落实动物防疫主体责任，要进一步健全防疫制度，严格车辆人员清洗消毒，杜绝使用餐厨剩余物喂猪。要加强人员培训，规范疫情排查报告，绝不允许隐瞒疫情。同时，要提高对市场供应形势的预见性，抢抓机遇，积极补栏，稳定母猪存栏，妥善做好生猪生产安排。

实践出真知，非洲猪瘟的影响让我国重视对非洲猪瘟疫病防控防治研究，相关部门以及人员经过不断地实践研究和疫病防控宣传培训提高了我国养猪人员对非洲猪瘟的认知能力，以及专业兽医人员的专业防治水平，更重要的是一些提高了我国非洲猪瘟疫病防控技术水平，为促进我国动物疫病防控水平做出了巨大贡献，为健康发展养猪业和稳定健康的猪肉市场提供了安全保障。有利必有弊，当下只有全民一起努力，共同防控非洲猪瘟，让猪肉正常地走进我们的餐桌，放心大胆地食用。

参考文献

[1] 弓学廷. 浅谈猪瘟与非洲猪瘟区别[J]. 山东畜牧兽医，2019，40（3）：75.

[2] 李书庚. 请了解非洲猪瘟[J]. 湖南农业，2019（1）：18.

[3] 刘颖. 浅谈非洲猪瘟[J]. 中国畜禽种业，2019，15（4）：160

[4] 张江. 非洲猪瘟的扩散风险点及防控对策[J]. 国外畜牧学（猪与禽），2019，39（07）：63-64.

猪肉替代性分析

王红
（贵州大学经济学院　贵阳　550025）

【摘　要】受非洲猪瘟疫情等多重因素影响，我国生猪生产持续下滑，全年猪肉供应相对偏紧。为缓解猪肉供应紧张局面，农业农村部一方面积极促进生猪生产恢复，另一方面，推动肉类结构调整，引导增加禽肉等替代品生产。牛羊鸡肉与猪肉存在一定的替代关系，由于市场传导效应，猪肉价格的变化会影响牛羊鸡肉价格的变化，而牛羊鸡肉价格的变化会引起猪肉价格的变化。今年猪肉价格暴涨，其替代品的价格也有较大波动，基于此，本文从多个角度进行了关于猪肉的替代性的分析。

【关键词】猪肉；替代品；替代性

非洲猪瘟传入我国对整个养猪及相关产业产生巨大冲击，2019 年下半年来，最受老百姓们关注的话题应该就是猪肉价格问题了吧。受非洲猪瘟疫情等影响，猪肉及其替代品价格上涨明显，尽管很多专家一再强调非洲猪瘟不传染人，但是疫情刚开始爆发时还是有很多百姓放弃猪肉，进而选择鸡鸭牛羊鱼等替代。到目前为止，我国猪肉价格还是很不稳定，现阶段猪肉供应还是依靠大型养殖场、进口和储备肉投放等来稳定市场供应，猪肉稳定供应还需要一定的时间。猪肉价格上涨，必然导致其他肉类价格也大幅上涨。猪肉出现供不应求的情况，因此消费者就会更多的将目标转移到其他肉制品上，导致其他肉制品的需求量增加，价格也会出现一定程度的浮动。很多老百姓直呼吃不起猪肉，可是，猪肉价格影响的不仅仅只是猪本身，猪肉上涨会带动其他所有肉类价格集体上涨，进而直接提高居民食品消费价格。

虽然猪肉有很多的可替代品，但从传统角度来看，猪肉在短时间内还是很难被替代。影响人们消费习惯和消费结构的因素很多，猪肉价格上涨一方面也影响了人们的消费习惯。饮食习惯和饮食方式也影响着肉类消费的结构。数千年来以猪肉为主的饮食习惯很难改变，在很长时间内，猪肉就是中国人餐桌上最重要的肉类，正所谓无肉不欢。不可否认的是，当我们面对烤肉、炖肉、红烧肉、辣椒炒肉的时候，根本移不开眼睛。而且，因为传统、口味等因素、猪肉的食用方法极为丰富，煎炒蒸煮，五花八门的烹饪无不如意。但在非牛、羊肉产区，牛、羊肉的吃法往往很单调，牛羊肉价格较猪肉来说贵很多。这也是猪肉在短期内很难被其他肉替代的原因之一。猪肉很难被替代的另一个原因是价格平民，在正常时期，猪肉价格相对于牛羊肉来说价格较低，在营养方面也是很不错的，其脂肪、热量、蛋白质含量等与牛羊肉不相上下。

“二师兄”最近成了网络新贵，三天两头上微博热搜。这不，最近一个话题“中央储备冻猪肉拟投放 1 万吨”又上了微博热搜，不到一天浏览量就达 2 亿多。追其原因，当然还是猪肉供应短缺，猪价上涨。追溯历史，在商周时，甲骨文中出现了“豕”字，这是关于猪最早的文字记载。历史上周朝关于猪的记录比较多，代表养猪已经初具规模。猪肉是中国人餐桌的首选，除了少部分不吃猪肉的民众以外，从小我们说到的吃肉，都默认是猪肉。本身那个时候物质匮乏，稍微改善下生活也只是猪肉，农村地区几乎每家每户都会养猪自给。即便现在生活条件好了，每天基本上都会拿猪肉做主菜或者配菜，每天饭桌上少了肉，那会变得很奇怪。在微博上，不少网友表示疑惑，直到近日才知道国家还有猪肉储备。按照《中央储备肉管理办法》，储备肉是指国家用于应对重大自然灾害、公共卫生事件、动物疫情或者其他突发事件引发市场异常波动和市场调控而储备的肉类产品，其中包括储备活畜（含活猪、活牛、活羊，下同）和储备冻肉（含冻猪肉、冻牛肉、冻羊肉）。另外还有不少网友担心，冻猪肉究竟是冻了多久的猪肉？口感和营养是否还正常？据悉，国家储备肉实行常年储备、定期轮换制度。冻猪肉原则上每年储备 3 轮，每轮储存大约 4 个月。冻牛、羊肉原则上不轮换，每轮储存 8 个月左右。活畜原则上每年储备 3 轮，每轮储存大约 4 个月。也就是说，国家储备肉随时都在进行着轮换，我们吃到的肉最长时间也就只冻了大约 4 个月。很多人说，冷冻肉没有新鲜肉好吃。对此，张宏福回答：“随着工业化、城镇化推进，人们平常所吃的大多数肉都是经过屠宰、冷链后才到达餐桌上的。虽然在口感上会存在一些差异，但经过冷冻的肉不会因为储藏条件不佳等因素发生腐败变质，危害消费者身体健康。因此，冷冻肉的安全性更高一些。欧美等发达国家人们所食用的肉类都经过冷冻。”由此看来，所谓的储备肉其实就只是换了一个说法而已。这些肉经过国家相关部门层层检查，安全性很高且可靠，大家大可以放心食用。

说到猪肉替代性，就会想到“人造肉”。近日风靡美国的“人造肉”又开始传入中国，中国猪瘟疫情持续，给“人造肉”企业提供了不小的发展空间，“人造肉”能否替代猪肉占领中国市场，这是一个很值得深思和探究的问题。“用植物蛋白来替代动物蛋白”会成为将来食品发展的一种新趋势吗？首先，“人造肉”的食品原料大致分为两种：第一种是传统“素肉”，是用豆制品和蔬菜模拟肉的口感，利用热压压挤机重新排列植物蛋白，使其更接近动物肉的纤维构成，即传统的“素食荤做”类产品；第二种是细胞肉，即从动物身上取出一个细胞，以动物的干细胞作为起点，把这个细胞放在一个符合相关要求的环境里，然后让它开始生长和分裂，一段时间之后，就可以收获“人造肉”了。作为世界上第一大经济体，美国不但经济稳居世界第一，就连居民的肥胖率也是世界第一。美国人喜欢“人造肉”是因为营养成分可控制，并且无胆固醇，比较适合三高人群。虽然“人造肉”的概念在国外行情火爆，但是能否得到中市场的认可，仍值得探索。想通过实验室培养的方法做出“人造肉”，还有许多问题需要解决，其中还有很多潜在的法律问题等。例如在荷兰，“人造肉”算不上食品，如果有人把“人造肉”卖给他人使用，会被罚款1000 欧元。中国不论是饮食结构还是肉类消费习惯，都与北美相差甚远。同时，中国人对肉的加工方法五花八门，在多种烹饪方法下，如何征服消费者的味蕾是一个值得思考的问题。科学家们指出“人造肉”和真肉的营养价值不会相差很多，所以健康问题也不用担心。对于这些美国的科学家来讲，不久的将来用“人造肉”替代真肉的日子越来越近，他们还信心满满，但对于我们中国来说，这“人造肉”需要取代真肉的日子还很遥远，但如果真的有一天“人造肉”上市了，我们敢吃吗？我认为，目前“人造肉”的主要研发和市场在美国，因此“人造肉”现阶段在我国不可能取代猪肉等传统肉类。

猪肉价格上涨了，吃肉更要学会找更多的替代品。非洲猪瘟疫情的影响在另一方面也带来了一些正面的影响，猪肉价格暴涨导致了人们开始选择更多的替代品，饮食越来越多样化。如果猪肉供应问题短时间内得不到良好的解决，在一定程度上有利于改变人们的消费结构。国家发改委政策研究室主任、新闻发言人袁达 2019 年 10 月 21 日表示，今年 9 月份 CPI 上涨的结构性特征依然很明显。原因是受非洲猪瘟疫情等影响，猪肉及其替代品的价格明显上涨，带动整体食品价格同比上涨 11.2%，影响 CPI 上涨约 2.2 个百分点。

老百姓们纷纷表示吃不起肉，很多餐饮老板也表示成本高，生意很难做了。2019 年应该是餐饮界最难过的一年。在猪肉、鸡蛋、蔬菜接连涨价后，鸡肉价格也在慢慢上涨！对于食肉者来说，如果不能吃猪肉怎么办？还有鸡肉。随着居民健康意识的不断觉醒以及生活节奏的不断加快，低脂肪高蛋白且适合快餐烹饪的鸡肉逐步取代高胆固醇、高脂肪的猪肉。中国是个名副其实的吃货国家，民以食为天，食品占比很大。猪肉供不应求，价格上涨，于是乎老百姓会转而购买其他肉类，这又推升了其他肉类的价格，但是牛羊鱼肉本身就比较贵，最大可能是多买鸡肉。一般肉鸡的生长周期在 6 周左右，蛋鸡的生长周期要比肉鸡稍微长一些。所以养鸡场又开始大量养殖肉鸡，减少蛋鸡数量，进而这又导致鸡蛋价格上涨。在这段空缺期内，因猪肉的紧缺，作为替代品的禽肉，将迎来消费需求上的利好。从需求的角度来看，受非洲猪瘟疫情影响猪肉价格持续上涨，鸡肉在一定程度上成为猪肉的替代品，市场需求有所增加。鸡肉在我国肉类消费品中占比很大，是除了猪肉之外的第二大肉类消费品。猪肉价格持续高涨，作为猪肉替代品的鸡肉市场消费需求明显增加，鸡肉价格大幅上涨。在我国，猪肉和鸡肉合计占居民肉类消费比例很大，占比高达 90%，此外，外卖平台上订单量前五名店铺都是做鸡肉料理的，其中最出名的应该就是黄焖鸡米饭、正新鸡排等。鸡肉价格的上涨，必然会导致大部分餐企食材生产成本上升，但是，对于不同规模的餐企来说，影响是不同。如很受欢迎的肯德基、麦当劳大型连锁餐饮公司。

中国鸡肉供应市场又是怎样的情况呢？根据农业农村部官网监测数据显示，从 2019 年 10 月 18—24 日期间披露的“农产品批发价 200 指数”来看，我国白条鸡涨幅均在 0.5%～1.6%。截止到 10 月 24 日下午 2 点，全国农产品批发市场白条鸡 20.39 元/公斤，比昨天上升 1.0%。谈及近期鸡肉价格出现的猛增现象，天风证券分析师王聪告诉企业家：“今年鸡肉（尤其是鸡胸肉）达到历史新高，主要是受到非洲猪瘟的影响，猪肉的市场供给短缺，猪肉价格持续攀升，导致部分消费需求转向鸡肉替代”。根据天风农业提供的数据，2018 年 7 月鸡肉（单冻大胸）的价格维持在 12000 元/吨，到 2018 年底攀升至 17500 元/吨，到 2019 年初一直呈现波动下降的趋势，直到 7 月初下滑至 13000 元/吨后触底反弹，直至 9 月底呈现小幅增长；而进入 10 月份后又开始直线拉升，至 10 月 25 日达到新高点的 28000 元/吨，猛涨近一倍。王聪还表示，上游鸡肉价格的猛增，将导致下游食品制造厂商原材料采购成本上升，毛利下降甚至有亏损的风险，这个时候，除了“逢低囤货”以外，厂商要么选择提价传导到下游品牌商或消费者，要么选择适当调整产品配比。从目前市场上出现的“猪鸡共振”的现状，在短时间内鸡肉价格将继续维持在高位水平。对于宠物食品公司而言，鸡肉是最常用的原料之一，零食、湿粮及干粮产品会受到不同程度的影响。但考虑到在市场供应紧张导致价格上涨后，养殖企业一般不可能立即反应过来，需要一段时间的观察才能判断价格上涨的实际原因并扩张养殖规模，所以供应量较大幅度增加可能至少需要 20 个月，而从 2018 年 6、7 月到 2019 年 10 月才过去 16 个月。由于猪瘟等因素，其他肉类等原料价格不断上涨，鸡肉作为替代性肉类在市场上消费量不断增长，市场价格上升，据统计，2018 年我国鸡肉总消费量 1153 万吨，鸡肉产量 1160 万吨。由于鸡肉的供应量增加至少需要 20 个月，如今已过去 16 个月，在未来 4 个月甚至更长时间，鸡肉价格将会一直处于上升状态。鸡肉价格上涨的原因也很多，其中祖代鸡连续 4 年供应不够，从 2015 年开始，“祖代鸡”引种出现了断崖式下滑，并且一直持续到 2018 年，整整 4 年的产能出清，导致整个行业的供给大幅减少！从 2018 年 6、7 月开始，鸡肉的供应开始不足，鸡肉价格迅速上涨。鸡肉的杂交从“祖代鸡”到“父母代鸡”再到“商品代鸡”，一般需要大约 14 个月。所以，从 2018 年 6、7 月开始的供应紧张，至少要 14 个月的时间才能缓解供应紧张的问题。

近半年以来，猪肉供给减少、价格上涨，替代品的需求量明显增加，但未来猪肉将依然占动物性食物消费主体，动物性食物消费结构发生变化。鸡、鸭、鱼等禽肉，味道鲜美，从营养学角度来看，营养成分甚至比猪肉都要高，禽肉、鱼类的蛋白质含量高于猪肉，其中富有人体必需的各种氨基酸，这些氨基酸很容易被人体充分吸收和利用。另外，猪肉的脂肪含量很高，高于禽肉、鱼类。脂肪的过度摄入不利于心脑血管的健康，尤其是对于中老年人来说，更加要限制畜肉的过度摄入。总的来说，禽肉、鱼类脂肪的营养价值高于畜类的脂肪营养价值。牛羊肉的蛋白质含量更高，胆固醇更低。但是牛羊肉产业比猪肉落后很多，产量也低，不能像猪肉一样全规模化、集约化生产，而是走高端路线，毕竟产量有限。所以对于普通老百姓来说，猪肉还是第一消费肉类。尽管现阶段猪肉的替代性不是很强，但这次非洲猪瘟以及猪周期带来的影响能在一定程度上改变人们对猪肉的依赖，从而改变人们的饮食结构。决定某个事物的价值的是它的可替代性，如果可以轻易被替代，那么它的价值自然不会太高。

适度地减少猪肉消费量，将有利于实现健康中国行动目标，猪肉是单位产品热量和脂肪含量最高的动物类产品。趁着肉类价格上涨，我们可以调整一下膳食结构，比如说用鸡蛋和豆制品来替代肉类，其营养品质也不低，甚至对预防心脏病有帮助。近年来，随着居民消费水平的不断提高，居民的食品支出在日常消费支出中的比例越来越小，人们对肉类产品的质量和营养要求越来越高。要带动居民改善膳食营养结构，专家建议在政策上加大对水产养殖产业和肉禽养殖产业的扶持力度，提高白肉在动物性食品中的供给比例。更加要不断加强消费引导，鼓励消费者多食用水产品、禽肉等脂肪含量低的白肉食品，尽量减少猪肉的消费量。对于一些大型的养殖场来说，国家最新补贴政策是，规模越大，补贴越多。但对于小户养殖来说，去年因为环保，导致很多农村养猪散户被拆除，尽管现阶段政策鼓励农户养猪，但大部分农户的积极性受到影响，人们不愿意再养猪，再加上猪瘟的影响，散户们表示不敢养猪。2019 年 9 月 5 日，生态环境部、农业农村部联合印发通知，通知要求进一步规范畜禽养殖禁养区划定和管理，不断促进生猪生产。未来几个月内，我们更多的就是期望大型养殖场能够扩大养殖规模，鼓励小型散户积极养殖。

参考文献

[1] 胡琴，何蒲明. 主要替代品价格波动对猪肉价格波动的影响研究[J]. 饲料广角，2018（05）：24-27.

[2] 农业农村部. 全年猪肉供应相对偏紧　引导增加禽肉替代品生产[J]. 今日养猪业，2019（04）：6.

[3] 曹娜. 进口猪肉对我国国产猪肉的替代效应研究[J]. 黑龙江畜牧兽医，2017（16）：34-36.

[4] 申万期货 1 队. 鸡蛋　利好尚未出尽[N]. 期货日报，2019-11-21（007）.

猪肉价格上涨对居民猪肉消费习惯的影响

吴宇莲
（贵州大学经济学院　贵阳　550025）

【摘　要】“民以食为天”，猪肉是人民生活中不可缺少的食物，猪肉价格大幅度上涨，会对人民生活和社会经济运行的稳定产生重大影响。猪瘟爆发、供给量减少、养殖成本增加等是本次猪肉价格上涨的主要原因。本文认为主要对策是建立生猪市场监测与预警机制、提高疫病防控水平、推进标准化规模养殖以及物价补贴等。城乡居民在猪肉消费总量、消费结构、对猪肉安全和食品营养的关注程度等方面都存在较大差异，猪肉是城乡居民的基本消费品，应该稳定猪肉市场供给，保障猪肉市场安全，丰富城乡其他肉类产品供应以及提高城乡居民的猪肉安全和食品营养意识。

【关键词】非洲猪瘟；价格上涨；消费习惯；对策建议

一、中国猪肉消费习惯

2018 年爆发非洲猪瘟以来，猪肉价格上涨对居民消费习惯的影响到什么程度，本文探究解决这些问题的基本方法，为相关人员提供一个参考。

生猪存栏量减少，造成市场供应短缺，养猪户、屠宰场也助推了价格上涨。目前猪肉价格受非洲猪瘟影响，生猪产能持续下滑，猪肉市场供给偏紧。此轮猪价上涨还受到周期性因素影响，加上非洲猪瘟的外部因素，使环保去产能政策导致的猪肉缺口集中暴露，价格被推至高点。目前猪肉仍然是我国大多数老百姓家庭的主要食物之一，特别是南方很多居民基本上都离不开猪肉，猪肉价格的上涨，意味着大家购买猪肉的成本会增加，这样就会增加大家的日常支出费用。如果猪肉价格持续高涨，可能会有更多的老百姓转向其他肉类，比如牛肉，鸡肉，鸭肉等等。针对猪肉价格明显上涨和物价运行的新形势新变化，国家发改委认真贯彻落实党中央、国务院决策部署，会同有关部门和地方出台了一系列政策措施，着力在增强供应能力、开展储备调节、保障基本民生等三个方面下大力气，在很大程度上缓解了食品价格上涨对困难群众基本生活的影响。

中国对猪肉的高消费习惯在历史原因上，由于我国人口众多，适于养牛羊的草场不多，无法满足我们的肉食需求，而在其他动物里，只有猪是肉多并且最好养的，猪吃的东西比较杂，猪草、剩菜、剩饭等都可以喂饱。虽然养殖都会存在周期性，但养猪只有自身的周期性，而其他牲畜如牛羊等典型食草动物还会受季节周期的影响。我国是典型的大陆性季风气候，其特点是季节气候差异很明显，夏热冬寒，所以在冬季不能进行生产，牛羊的饲料也无法正常供应。而后，猪肉渐渐成为大多数中国居民饮食结构中的一种必需品，是平日里做菜最常用的肉类。在口感上，猪肉质嫩味香，猪的不同部位有不同的烹饪做法和风味，五花肉、里脊肉、猪腔骨等。煸炒的猪肉干香；煎、炸、烤的猪肉酥香；蒸、炖的猪肉绵软；烧煮的猪肉醇厚。总之，猪肉是餐桌上不可缺少的美味。此外，猪肉具有很高的营养价值，含有优质蛋白质、维生素、膳食纤维、碳水化合物、脂肪、钾、钙等。有改进贫血、促进发育、保护视力、强壮骨骼等功效。猪肉相对其他肉类，方便处理，容易保鲜。其贮藏方法很多，主要有干燥存放、盐腌、熏烟、低温冷藏、罐藏、化学保藏等。猪瘟爆发之前，猪肉相对于牛肉、羊肉、鸡鸭鹅肉等价格要更加平民化，这些年来正常的猪肉价格涨幅也较小。猪肉的不同部位价格不同，猪头、猪脑、腰花、猪腿、内脏等，营养价值不同，口感不同，人们可以根据自己的需要而选择。在过节、喜事、丧事等，需要值班饭桌的时候，猪肉因其价格更优惠，人们对它的需求也更大，而其他肉类则是作为“点缀”来丰富菜品。

二、猪瘟以来基本情况

非洲猪瘟出现后，市场监督管理局等相关部门机构开展大量防控非洲猪瘟检查工作，但是我国目前还没有找出它的特效药，所以对于非洲猪瘟最好的防控方法是先把猪杀掉掩埋或者销毁。因此，我国生猪的存栏和出栏的数量大大减少，供不应求，供给需求不平衡，猪肉价格猛增。猪肉价格上涨对于我家乡那边的冲击也是很大的，在听到猪瘟的相关宣传，了解生猪被填埋的消息之后，人们不敢再继续养猪，家里原本养的猪也被动员拿去统一专业处理，如填埋等。人们一开始也不敢买猪肉，在置办喜事、丧事等大多用鸡肉、鱼肉代替。后期，关于猪瘟的防控渐渐好转，人们才开始偶尔买猪肉，猪肉价格从猪瘟前的 12 元一斤涨到了 20 元及以上一斤，人们一开始内心有些无法接受这个价格的转变，“猪肉那么贵，我为什么不吃其他肉呢？”，转而吃鸡肉、鱼肉、牛肉等。一段时间后，人们发现，还是猪肉最好吃，适合各种烹饪方法。猪油也是最香的，吃其他油类，如植物油等不习惯，口感不好，所以人们偶尔也会买一两斤“贵猪肉”来补补，煸炒或者伴着小白菜下火锅“甜汤”等都很下饭。人们虽然抱怨着猪肉价格太贵，但是他们依然爱吃猪肉，只是会适当减少购买量。猪肉作为一种生活必需品，受价格变动的弹性需求较小，价格上涨不会大量减少对猪肉的消费。猪肉价格上涨，居民食品支出相应增加，恩格尔系数可能会有一定程度上的提高。随着社会的发展，人们生活水平的提高，各种信息的宣传更加全面，人们更加注重健康生活，对于各种安全知识的接受意愿也更高。现在的扶贫工作，更增进了上层与农民的接触，有了实际的交流，人们也因此更相信政府的话，愿意配合他们的工作。眼下距离 2019 年只剩下两个多月的时间了，猪瘟疫病具有很大的不确定性，所以目前不知道什么时候才能完全结束。对于目前的猪肉高价现象，再结合往年重大节日肉类价格适当上涨的现象，今年的春节年夜饭等桌上菜品可能会有所变化。

三、猪肉价格上涨对消费的影响

一些研究表明，非洲猪瘟的爆发，使得消费者猪肉购买力显著下降，农村消费者受非洲猪瘟的影响程度相对更高一些；有的消费者认为非洲猪瘟会产生人畜交叉感染的风险，担心非洲猪瘟疫情会影响猪肉及其制品的食用安全，不放心食用猪肉及其制品。消费者家庭成员越多，受非洲猪瘟对购买影响的程度相对要大一些。微观个体的猪肉消费行为会受到个人特征以及家庭特征的影响，性别不同，年龄不同，受教育程度不同，健康状况不同以及消费偏好不同等都会对猪肉消费行为带来影响。关于家庭规模、成员、家庭所处的生命周期，家庭里有老人和小孩的，时常购买猪排骨、猪脑、猪腿等炖汤煲粥，给他们补充营养。对于正直发育期的小孩子需要的营养更多，而猪肉能在很大程度上满足，再配上其他蛋奶等；糖醋排骨、红烧肉等也深得小孩子喜爱，所以对于家庭里有赡养老人和养育小孩子的，对于猪肉的需求量也会大一些，消费支出也多一些，因此非洲猪瘟爆发前后给他们的带来的消费习惯冲击影响也会大一些。关于消费者收入，城市居民、城镇居民和农村居民的收入层级不同，猪肉价格上涨对于不同生活水平层次的居民的消费习惯的影响也是不同的，收入水平对猪肉消费数量、质量和结构带来不同的影响，收入水平提高，居民消费会增加猪肉消费数量，但是也不是说消费数量会一直随着收入的增加而增加，会有一个限度，毕竟食用量有限。猪肉价格上涨之后，从总体上看，低收入居民的猪肉消费支出增加额将会小于高收入居民，但是在猪肉消费支出增长幅度上，低收入居民猪肉消费支出增长幅度应该是最大的，猪肉价格上涨对高收入阶层居民消费的影响不显著，对中低收入阶层居民消费产生一定的抑制作用，而中等收入和中高收入阶层居民可能会对猪肉消费产生不同程度上的促进作用。

四、结论及建议

1. 结　论

居民作为猪肉消费市场的主体，对于非洲猪瘟带来的价格影响十分关心。影响消费者猪肉购买量的因素有很多，主要因素是猪肉市场价格以及它的质量安全水平，而价格高的问题又要回归到非洲猪瘟的防控工作以及养猪场的生产力水平和生猪质量水平，而质量安全水平要回归到质量监管部门、质量安全认证体系以及屠宰场的生产自觉上，猪肉消费的数量的大小和生猪产业的生产力水平密切相关，所以说，要在预防生猪疫病的基础上生产符合市场需求的生猪数量。猪瘟的防控工作任重而道远，革命仍需努力。政府、企业、食品质量安全监管部门、第三方机构、养殖场等，要从这两个点挖掘深层原因，从根本上解决问题，改进工作和生产方式，充分考虑消费者对猪肉的消费偏好和需求，具体问题具体分析，根据城市居民、城镇居民、农村居民消费需求调整产业生产力水平、产业质量安全水平以及产业营销水平等。尽快让猪肉供需回归平衡，让猪肉价格回归合理，多方的行动与努力一定能够重塑消费者对猪肉的消费信心，缓冲非洲猪瘟造成猪肉价格上涨带来的市场冲击。

2. 建　议

关于非洲猪瘟带来的整体恶劣影响以及猪肉价格上涨对人们消费习惯的负面影响，以下是我所想到的建议：

（1）国家要加强市场监管，重点加强对猪瘟的防控，高度重视疫情防控和肉类市场保障工作，与世界先进猪瘟研究机构交流合作，增加资金投入，引进高科技设备，实施研究进步奖励战略争取，培养相关知识能力的人才。

（2）通过猪肉储备政策增加市场供应等措施达到平抑物价的效果，遏制猪肉价格上涨的势头，尽可能缓冲春节前猪肉价格的上涨速度，缓解猪肉的供需矛盾带来的消费问题。

（3）提高生猪生产力水平，从而稳定猪肉市场供应，中国生猪良种繁育体系要不断完善，推进专家评估工作，提高母猪生产能力，健全和完善生猪生产预警系统，减少重大疫病的发生，给养猪场户的养殖计划提供建议，避免或者减缓生猪价格大幅度周期性波动，稳定生猪供给。

（4）通过降低流通、运输费用等成本降低猪肉价格增幅，完善农村地区猪肉销售渠道建设，加快推进全程温度管理，提高生猪屠宰行业的技术水平，开展农村农贸市场升级改造工作，建设责任追溯体系，合理布局猪肉销售终端，避免销售终端分布过于稀疏或是过于密集。

（5）给予低收入群体适当物价补贴，照顾特殊群体，缓解猪肉价格上涨过快过高给低收入群体生活的影响，保障低收入群体的基本饮食需求，因此要制定出补贴标准，给出补贴对象条件，联合乡镇委员会、乡镇干部等，联合实际，把补贴工作做实做好。

（6）完善猪肉销售市场的基础设施，开展相关配套工作，统筹规划，加大对猪肉保鲜库、恒温库以及冷藏运输等基础设施的投资力度。

（7）企业要严把猪肉质量关，严格落实岗位责任制，严把生猪屠宰环节及肉品质量关，切实履行动物防疫主体责任和肉品质量安全主体责任，进一步增强风险防控意识，保证肉品质量安全和保障市场供给，发挥消费者的监督作用。

（8）媒体应坚持公正报道猪瘟的最新相关报道，食品质量安全部门要加强食品质量安全信息的普及，引导消费者培养食品质量安全意识，促进消费者形成健康消费习惯，积极宣传最新相关研究成果消息，增加群众关于非洲猪瘟的基础常识储备，提高人民对猪肉的信任度，重塑消费者消费购买猪肉的信心。

（9）地方创建猪肉品牌，通过质量安全认证等措施，降低猪肉质量安全信息的不对称性。

参考文献

[1] 陈宏威. 猪肉价格迅速上涨的原因及相应对策[J]. 中国商贸，2012（13）：229-230.

[1] 陈成. 城乡居民猪肉消费行为差异分析——基于四川省的调查[J]. 中国猪业，2014，9（06）：29-32.

浅谈非洲猪瘟对我国生猪养殖结构的影响

吴雨柔
（贵州大学经济学院　贵阳　550025）

【摘　要】我国是世界上最大的生猪养殖国之一，我国的生猪养殖结构是以散养养殖户为主，大型养殖户为辅。与我国不同，西方发达国家生猪养殖结构规模化程度很高。环保政策的颁布在一定程度上促进了我国生猪养殖结构向规模化养殖发展，非洲猪瘟在中国大面积爆发，带来的影响不只有负面的，同时也进一步促进了我国生猪养殖结构向规模化发展，也是我国生猪产业资源进行优化升级或重新组合的一次机会。规模化养殖必将是我国生猪养殖的趋势。

【关键词】生猪养殖结构；规模化；趋势

一、概　况

中国是世界上猪场数量最多和猪肉生产量最大的生猪畜牧养殖国家之一，猪肉生产总产量占全球总量的 1/2 左右。这几年来生猪养殖结构性调整，养殖规模不断扩大，生猪产能区域性的转移。中国的生猪养殖结构是“金字塔形”，在将来几年里我国的生猪养殖布局会向“纺锤形”方向转变。环保政策提出在南方水网地区优化生猪产能布局，一方面是禁养区的划分以及拆迁，另一方面就是生猪产能向非超载区域调运。这必然在一定程度上促成我国的生猪养殖场的转型升级，但是升级程度很慢。自 2018 年 8 月 3 日我国确诊首例非洲猪瘟以来，短短 9 个月的时间，非洲猪瘟在全国全面扩散，遍布 25 个省份，扑杀了生猪 116 万余头。被扑杀生猪的猪场中大多数都是散户养殖户，导致很多散养小型养猪场倒闭了，只留存下来了规模化大型的养猪场。而在我国，生猪的养殖主体是这些小型的散养养猪场，占我国猪场总量的 65%左右。这些小型的散养养猪场资金有限，技术落后，生物安全做不好，这也是散养小型养猪场瘟疫发生率最大的主要因素。同时这也导致了我国猪肉市场供给出现供小于求，猪肉价格飞快上涨，影响了百姓的生活。以小型散养养殖户为主的生猪养殖结构在一定程度上造成了我国面对此次非洲猪瘟受到了巨大的影响。

二、非洲猪瘟前生猪养殖

我国从事养猪的人员以乡村人口为主，都是小型散养养殖户，这些散户养殖户的数量众多，不分地域，遍及我国各个地方，是我国生猪生产的中坚力量，在生猪猪肉的供给市场上占超过一半的份额。此外我国生猪的生产结构中还有大型结构的规模化养猪场，这一类型的养猪场呈现一个较快的上升趋向，为生猪猪肉市场提供了大量优质安全的新鲜猪肉。

1. 散户养猪场的现状

（1）建设布局。建设没有规划，散养养猪场在选址方面一般很随便，很多养殖户大多都是根据自己家的老旧的住宅重新建造而来或者是在自家住宅旁搭建养殖大棚，分布密集，靠近居民区，猪场排放的污水和猪场散发的气味严重影响百姓的日常生活。2017 年我国农业部为了保护生态环境公布了对于促进南方水网地区生猪养殖布局调整优化的指导意见，很多浙江一带的南方水网密集地区的达不到条件的小型养猪场被封闭了。功能区的布局混乱，绝大部分散养养猪场占地面积不符合生猪养殖的需求，饲养环境也达不到标准，没有将生活区、生产区、污水处理区分离开来，其中生产区中的母猪区、保育区、肥育区等功能区也没有区分，也没有设置净道和污染道，也有功能区都混合在一个猪圈里，甚至有的饲料直接放在猪圈的过道里，也没有相关的疫苗冷藏室和生猪诊疗室的功能区。

（2）饲养方式和饲料。由于受到传统养猪方式的影响，仍会采取剩菜剩饭等餐厨剩余物泔水饲养生猪，这些剩饭剩菜等餐厨剩余物往往携带大量的细菌和病毒，生猪吃了这些泔水容易发病感染瘟疫，有资料表明，非洲猪瘟就是通过泔水传染给生猪的；有时候散养养猪场为了降低成本，发霉的玉米也会被用来喂养生猪，饲养生猪所用的饲料越便宜越好，很少考虑到生猪的营养问题。

（3）管理制度和防疫。我国很大一部分的散养养猪场没有建立完善的防疫设施，生产防疫制度不健全。没有一套完整的、科学的生猪饲养规章流程，没有制定相应的疫病检测，诊疗制度，饲料、饲料添加剂和兽药管理制度，卫生防疫制度。没有配备相应专职的畜牧兽医技术人员，当地的兽医一般都不是主业，而是副业，这些兽医的医术完全是处于在摸索和经验阶段中，他们只能在某个疫情高危期对生猪进行防疫，或是乱用抗生素，同时由于技术的原因可能会对一些疫情误诊，导致猪群该防疫的没有防疫或者防疫不到位，对于生猪每一次注射疫苗没有相关的记录，只用人记会导致记错或漏记。这些养猪场规模小养殖技术落后，没有消毒意识，猪场的入口没有消毒池，有的消毒池的里面的消毒剂大多都过期了，没有消毒的作用了，也没有更衣消毒室，任何来访人员都可以随意进出，人来人往更容易把细菌带给生猪。病猪死猪的处理过程不严谨，仅仅靠填埋在土壤里，没有相关的处理里程序去解决。生猪的粪便不经过处理直接排到猪场外，导致猪场附近臭气熏天，吸引蚊虫苍蝇乱飞传播细菌，猪圈的卫生绝大部分不合格，生猪的身上长期都是粪便的残留物。

（4）种猪的挑选。小型散养养猪场受到资金的限制，为了降低成本，种猪的引进一般会选择去价格较低的农户养殖户家里购买，这些猪种往往品质不够优良，还受到专业水平的限制，常常以貌取猪，会误把差猪当良猪导致整个猪场的繁殖能力下降，严重影响了猪场的发展。

2. 规模化养猪场的现状

（1）资金较雄厚，承受能力强。规模化的养猪场一般资金比较雄厚，有一定资金能够投资去改善养猪设备和养猪场地的建设，在猪场建设的布局上饲养环境能够达到标准要求，有专门的污水处理设备，功能区完整。有颁布专门的科学规范的畜禽饲养管理规章制度和母猪、保育猪等生产技术操作规程。

（2）饲料来源渠道广。规模化养猪场饲料来源渠道广价格低且优质，改变了传统的泔水饲养，减少了细菌的传播，生猪的生活有了更好的保障。

（3）管理人员水平与饲养队伍素质高。规模化的养猪场，会配备学历较高，有一定经验的专职的畜牧兽医对生猪进行疫病检测。规模化养猪场的生物完全建设达到较高的专业水平，有自己的疫病检测制度、诊疗制度，会规定检测的方法、检测步骤和检测诊疗的时间，饲料、饲料添加剂和兽药管理也有严格要求，什么阶段的生猪吃什么饲料，什么病用多少药都要按照制度实施，卫生防疫有规定的标准，会做好每只猪的生产记录和免疫记录，会对病死猪进行无害化处理，粪污也有相应的处理，不能随便排出猪场。会有专门的人员按时对养殖场内的猪圈和饲养工具等进行的预防消毒。

（4）销售渠道稳定。规模化的养猪场能够保证一定出栏量和压栏量，在养殖技术上有较高的水平，在防疫技术上也能够预防一些瘟疫，能够保证生猪的品质，在发展过程中一般建立起了自己较稳定的销售渠道。

三、非洲猪瘟后我国生猪养殖结构

非洲猪瘟传入我国后，生猪养殖产业到了巨大的影响，与之息息相关的各种产业都受到了巨大影响，其中的生猪的运输业受到的影响最大，因为非洲猪瘟的传播途径有很多，最主要的传播途径就是长距离跨省运输生猪。然而生猪禁运，点对点对接，依照规模划分的方法将众多散户排除在了市场流通之外；非洲猪瘟疫情下生猪调运政策变化及市场行情走势影响着养殖户复养的意愿，其中40%的散户卖猪存在困难。对于广大的散户来说，国家为了快速恢复产能，出台了数项政策鼓励小型散户养猪场补栏、复养，然而，众多散户由于自身规模条件的限制，很难得到这项政策红利带来的好处。非洲猪瘟仍在继续，几乎可以确定的是要打一场持久战。也因此，伴随非洲猪瘟疫情的发展，会有越来越多实力不足的猪场受到裁减，这些猪场中其中数量最多的便是散户养殖户。进一步会使规模化养猪场数量上升的趋向更显著。

四、国外的生猪养殖结构

1. 美国的生猪养殖结构

在19世纪80年代早期美国开始了发展规模化生猪养殖，在这以后经历了三个阶段，第一个阶段是在20世纪的70~80年代，美国小型养殖场成本优势不明显且无法保障生猪产品质量，80年代以前美国政府的牲畜养殖补助根据生产面积发放，致使高度严重的两极分化，小型猪场难享国家优惠，生存困难，散户养殖大幅退出，猪场总量大幅度下降。第二阶段是进入20世纪90年代，美国生猪养殖规模化历程驶入快车道，养殖规模的迅速扩张，大型和超大型养殖场开始出现，生猪的总量一直保持在一个较为稳定的水平，养殖场的迅速扩大有效填补了退出者留下的空白市场，与此同时技术创新有助推养殖效率提升，专业化养殖成行业主流模式，根据生猪的生长周期实施专业分工，不同养殖环节独立运营。相比较过去自己繁殖自养猪的养猪场来说，专业育肥的养猪场有着更大的好处，由于在饲料费用、人工成本及生产成本等方面的消耗更低的同时会促使了猪场的生产效率更高。第三个阶段是进入21世纪时，养猪场规模化的速度变慢，每个猪场的场均栏量趋于稳定的状况，然而是大规模养殖场数目和存栏比重仍在稳步上升。美国生猪产业一些相干的下游产业规模也逐步在扩大，屠宰场和生猪加工企业的整合速度在变快，整个生猪产业的加工产业也慢慢开始通过签订和协议采购的方式生产，或者自行纵向一体化发展，倒逼着生猪养殖产业向规模化发展，为生猪养殖规模化提供了驱动力。

美国的生猪养殖结构的现状：一是专业规模化程度高，改变了传统的养殖模式育繁一体化从种猪繁衍到育肥猪出栏全程参与的形式，降低了生产费用，提高了效率。二是经由签订条约协议买卖的方式，降低了生猪交易的风险。三是检疫检验严格，每个猪场都配备高学历的生物学家，专职的兽医等，猪场与猪场之间间隔几十公里，中间还有许多防疫屏障消毒工作完善。

2. 德国的生猪养殖结构

德国养猪业的基本形式是以家庭农场为单位的适度规模化生产和较大规模的工厂化，德国养猪分工明确，担任育种猪的有专门的猪场，担任小猪的有专门的猪场，担任育肥的有育肥的猪场；专业化水平高，德国从事养猪的专业技术人员，分工明确，各司其职互不干涉，负责育肥的就专门研究育肥，做到了术业有专攻；自动化技术强，德国的自动化设施以猪为本，在各个阶段履行投料自动，而且做到了计量的准确性，除了感应器外，整套饲喂系统精确的计量，合理设计流程都是猪性化装备。德国生猪养殖有一个完善的疾病防控体系，对于传染性疾病的防控，政府会派出专门的技术人员来管，从小猪抓起，对于养殖户来说这是一件无需担心的事，德国很少会爆发这些疫情。

3. 丹麦的生猪养殖结构

丹麦是一个优美的童话王国，也是一个真实的养猪强国，丹麦养猪业素来以专业化和高效率著称，劳动生产率居世界前列，在丹麦，平均 3 个劳动力可以饲养一万头猪。养猪全部采用高科技手段。同时丹麦也是世界出口猪肉最多的国家。丹麦的猪肉也非常可靠，丹麦出产的猪肉已取得世界 140 多个国家和地区的免测待遇。丹麦为了提升生猪的机能，采取当代生物技术来养猪，同时还注重提升母猪的产仔率水平。采用合作社的模式是丹麦养猪的一大特色，养猪和屠宰场联合起来成立一个联合会，它是一个合作社性质的农民自己互相帮助的组织机构，所有养猪场、屠宰场和其所属企业都是这个联合会的成员，合作社的发展影响每个社员的利益，这个联合会是一个既分工协作，又有统一的合作社。每一个社员共同承担风险，有好处的时候共同享受。同时合作社为出栏的猪创建了严谨可靠的可追溯体系，在这个体系里，记载着养猪场所使用的每一种原始饲料，使用次数的记录和流向记录，制成品的储藏流通环节也有记载，假如发现问题，就能够通过电脑的系统追根溯源，准确地找到出现问题的关键。

五、国内外结构比较

1. 国内非洲猪瘟前后的生猪养殖结构比较

非洲猪瘟前我国的养猪结构是以散户养殖小型猪场与家庭猪场为主，规模化养猪场为辅。且在非洲猪瘟前我国的环保政策和南猪北养的政策关闭了一些散户养殖场的小型猪场，加上此次非洲猪瘟的影响，关闭了更多的散户养殖户的小型猪场，也从中看出来了小型养殖户的存在的一些问题，风险承受能力弱，这次非洲猪瘟发病的大多数是散户养殖户的小型猪场，按理来说，规模化养殖场生猪更多发病率要高一些，但实际却相反，由于小型养猪场管理水平比较低，消毒程序不规范，防疫技术落后。此次非洲猪瘟疫情事件倒逼着我国的生猪养殖场向规模化发展。

2. 与国外的生猪养殖结构的比较

与其他西方国家的生猪养殖结构相比较来讲，我国是世界公认的养猪大国和猪肉消费的大国。但我们却离养猪强国还有很大一段差距。我们的养猪大国仅仅表现在养猪场数量的规模大，且分布密集。在我们国家养猪的成本很高，猪的饲料价格贵，兽药和疫苗的费用也很高，同时养猪的效率非常低，母猪产仔率低。在防疫技术这一方面与西方的养猪强国也存在着差距，猪场的建设布局也极为不合理。咱们国家的生猪养殖结构是一个“金字塔形”，散户养殖户是生猪市场的主体，而散户养殖户抗风险能力弱。西方国家的生猪养殖结构是“纺锤形”，以规模化的养猪场为主体，家庭养殖户为辅，规模化养殖水平程度较高，分工明确。非洲猪瘟在西方国家的传播速度很慢，隔离设施完善，会对进入猪场的人员和车辆进行消毒。此次非洲猪瘟的疫情也深刻地突显了我国养猪场的养殖模式与技术与西方养猪强国之间的差距。

六、结　论

我国养猪产业多年来以散户为主，散户养殖户在市场上有随意性，行情好的时候就加入，行情差的时候立马退出市场，这是我国生猪产业频繁波动的原因之一。规模化养殖是我国生猪养殖的必然趋势，规模化养殖的扩张有利于抑制生猪产业的浮动周期。现阶段我国整体养殖水平不高，仅靠环保政策实施拆除禁养区内的养殖场，确实是一个简单粗暴的方法，在一定程度上能促进猪场向规模化发展，但不是最好的办法。禁养区禁养和拆迁不是仅有的措施，转型升级才是硬道理。基于我国目前的养猪产业的实际情况，一定比例的散户养殖户存在有一定的合理性，在我国散户养殖户是地方猪肉来源的重要力量，且我国实际情况复杂，不同地方的实际情况和经济环境适合不同的养殖方式。非洲猪瘟给我国的养猪产业带来的不仅仅只有坏处，同时也促进了我国生猪产业的发展。具体表现为：规模化扩张迅速，散户养殖场退出生猪养殖市场，非洲猪瘟会加快淘汰一些经济实力较差，防疫技术较落后和承受能力弱的散户养殖场，留下来的都是有一定实力的养殖户，向规模化方向发展，加快我国生猪生产结构规模化的进程；“公司+农户”的生产结构会迅速发展，“公司+农户”的模式会为散户养殖场带来先进的养殖技术和防疫技术，提高散户养殖场的抗风险能力。这次非洲猪瘟的疫情将会对我国生猪产业资源进行优化升级或重新组合。

非洲猪瘟对我国消费者消费习惯的影响

谭爽
（贵州大学经济学院　贵阳　550025）

【摘　要】猪肉作为我国主要的消费食品，在我国民众中已经形成稳定的消费习惯。而消费习惯作为消费者心理和生理消费行为的体现，对我们研究我国居民的偏好行为和饮食结构有重要意义。但是在非洲猪瘟爆发后，我国猪肉市场的发展遭到冲击，人们对猪肉的消费意愿下降，长此以往必将会导致我国居民的消费习惯发生变化。所以文章从民族文化、替代性、养殖结构、不同产业等方面分析非洲猪瘟对消费习惯的影响，并在此基础上提出了一系列稳定我国猪肉市场的解决措施。

【关键词】非洲猪瘟；民族文化；替代性；消费习惯；生猪市场

一、绪　论

“民以食为天”，自古以来人类就有吃猪肉的历史，而我国也不例外，在我国由于受到历史文化的影响，猪肉是大多数人的主食。猪肉的消费也对研究我国居民的消费习惯有着重要的作用，但是在非洲猪瘟发生后，民众对猪肉的消费意愿逐渐下降。虽然非洲猪瘟不会人畜交叉感染，长此以往必将会对猪肉的购买行为造成影响，使消费者对生猪市场的失去信心，同时也会对与生猪相关的产业造成冲击。因此这次选题的意义是想要通过研究非洲猪瘟对不同群体的影响，提出一些有效的建议，希望能降低非洲猪瘟对我国猪肉市场破坏，从而稳定我国居民的消费习惯和维护经济社会的发展。

非洲猪瘟自发生起，不断传入了许多国家。2018 年我国发现了首例非洲猪瘟的病情，并在一年内相继发生了 4 起非洲猪瘟的病情，不仅给我国民众造成了恐慌，而且使得养猪行业和屠宰行业受到了严重的冲击，成为提前结束我国猪周期的拐点。并由此影响我国消费者对猪肉的购买行为，虽然科学家已经证明非洲猪瘟不会产生人畜检查感染的情况，但是许多消费者仍旧不敢冒险购买。同时在非洲猪瘟的影响下，市场上猪肉供应量减少，猪肉价格大幅度上涨，消费者“不敢买、买不起”，转而购买其他的替代性食品。这些因素都在潜移默化的改变我国居民的消费习惯、消费结构，提高中国民众的恩格尔系数。

由于非洲猪瘟病毒具有庞大的基因组织和交叉免疫的保护性，是一种顽固的疾病。目前还没有针对该病的治疗方法，要想彻底解决非洲猪瘟的问题可能还需花费很多时间。所以这可能对我国民众的消费习惯产生极大的影响，同时冲击生猪相关产业的发展。因此我们要通过在非洲猪瘟的背景下消费者和生产者行为的研究来讨论非洲猪瘟对消费习惯的影响，以此提出解决非洲猪瘟的进一步传播和扩散的措施，从这些进行方面的防治和消毒以减少非洲猪瘟对消费者的影响。

二、非洲猪瘟

非洲猪瘟（African Swine fever，ASF）是由非洲猪瘟病毒（African Swine fever virus，ASFV）感染家猪和各种野猪（如非洲野猪、欧洲野猪等）引起一种急性、出血性、烈性传染病。世界动物卫生组织（OIE）将其列为法定报告动物疫病，该病也是我国重点防范的一类动物疫情。其特征是发病过程短，最急性和急性感染病死率高达 100%，临床表现为发热（达 40 ~ 42 °C），心跳加快，呼吸困难，部分咳嗽，眼、鼻有浆液性或黏液性脓性分泌物，皮肤发绀，淋巴结、肾、胃肠黏膜明显出血，非洲猪瘟临床症状与猪瘟症状相似，只能依靠实验室监测确诊。

（1）传染源。非洲猪瘟病毒作为一种易感染和传播的病毒，主要流行于包含家猪的家养感染圈以及包含野猪和蜱类的野生感染圈。主要传染源是野猪、病死猪以及带有感染病毒的带毒猪群。该病毒对外界环境具有较强的抵抗力，目前没有疫苗可以治疗，导致其长期存活于感染猪的分泌物以及环境污染物中。

（2）传播途径。① 直接接触传播：家猪在运输、转移过程中解除到了感染猪的粪便、血液以及其他分泌物污染过的设备、食物，以及工具等都会导致该病的传播。② 软蜱和野猪传播：该病可以通过软蜱在叮咬了感染猪以后再叮咬易感猪和野猪，导致该病的传播。③ 外来工作人员消毒不严格，虽然在我国很多入境和高速路口都有消毒站，但是由于消毒不彻底、不严格等原因导致猪瘟传播。④ 潜在的感染病毒：有些猪被感染后并没有出现非洲猪瘟的症状，将其与健康的猪一起圈养，感染其他猪。

（3）非洲猪瘟的发展历程。非洲猪瘟的由来已有悠久的历史，最早是1921年在非洲肯尼亚出现，它可以让所有品种和年龄的猪感染，潜伏期是 4~19天，发病率和病死率高可达100%。近百年来，非洲猪瘟病毒从非洲传播至欧洲、南美洲、亚洲等多个国家。近一年来，非洲猪瘟病毒传播速度明显加快，呈现愈演愈烈趋势，据国际动物健康组织通报数据显示，2019年1—10月期间，曾爆发或者正在爆发非洲猪瘟疫情的国家有26个，包含13个欧洲国家、10个亚洲国家和3个非洲国家，其中亚洲几个国家虽然是在后面被感染的，但是疫情尤为严重。所以它被世界卫生动物卫生组织确定为法定报告疫病，而我国将其列为一类病—外来病，它是我国当前动物疫病防控的重点对象。该病可通过动物及其产品的移动、野生动物迁徙和媒介昆虫等途径传播。它的危害极大，虽然已经在多个国家被发现，但现在非洲仍然是重灾区，多年来由于受到该病的发生，非洲许多国家猪产品的生产和贸易严重受阻，造成众多贫穷的养猪户破产。并且其从2007年开始就在俄罗斯持续发生和向周边国家不断蔓延，给欧洲和亚洲地区带来了巨大的威胁。在一些发展落后的国家，因为没有资金和技术的支持，疫情发生后长时间不能恢复生产，对当地养殖业造成重创，猪产品的供应能力也下降，由此引发的恶性循环沿着猪肉生产链条产生的一系列恶劣的影响不断危害着世界各国的发展。

三、非洲猪瘟对消费习惯的影响

从古至今，在价格机制和消费习惯的共同作用下，猪肉和鸡肉成为我国居民的主要消费食品，但是由于非洲猪瘟的传播，作为猪肉消费和生产的大国，我国受到了很大的影响。最近一段时间，在猪瘟的影响下，生猪出栏数量减少，市场上供应的猪肉也减少了，猪肉的减少必然引起供需之间的矛盾，导致生猪价格一直在疯狂上涨，一些比较高的省份，每公斤外三元的猪价已经超过了24元，且以现如今市场的缺猪程度来看，猪价还将持续上涨下去，未来超过30元每公斤甚至更高，可能也只是时间问题。因此在这些因素的交叉影响下，我国人民对猪肉的消费量也呈现了下降的状况，消费习惯也开始转向了其他肉类食品消费，并且在各个方面对我国消费结构造成了一定影响。

1. 民族文化

我们都知道信仰伊斯兰教的民众是不吃猪肉的，只要与猪肉相关的都不会食用，他们的主食是牛肉。虽然非洲猪瘟发生以后，猪肉的需求量下降，其替代品牛肉、羊肉等的价格可能也会被影响，但是对他们的影响是很小的，因为牛肉是他们的生活必需品，价格的变动对生活必需品的影响是比较小的，所以他们还是会购买牛肉，因此他们的消费习惯也不会发生太大改变。而猪肉价格上涨对其他人的影响就比较大了，因为除部分民众不吃猪肉外，我国绝大多数民众是吃猪肉的，特别是汉族，而汉族人口又最多。所以猪价上涨，人们的购买力下降，长时间食用其他肉类，可能会影响我们的基本消费习惯。

2. 替代品

猪价上涨是因为缺猪，而缺猪则是非洲猪瘟导致的。由于非洲猪瘟直接造成许多的生猪病死或被扑杀，以及因为非洲猪瘟疫情的威胁养猪场主动缩减产能，还有因为非洲猪瘟而不敢养猪的养殖户等，这些因素叠加，导致市场生猪供应严重短缺，使得猪肉的价格持续上涨，很多家庭消费不起只能购买其替代品，导致近一段时间里我国居民的消费习惯发生了较明显的变化。大多数居民表示价格过高已经吃不起猪肉，只能购买其他的肉类产品。同时非洲猪瘟会产生人畜交叉感染的风险也成为非洲猪瘟爆发期间影响消费者购买猪肉的主要因素，许多消费者认为猪瘟会对人的身体产生一定的影响，所以不再购买猪肉，虽然科学家已经证明非洲猪瘟不会感染人，不会对人的生命构成直接的威胁，并且在温度达到 55 °C 持续 30 min 或者 60 °C 持续 10 min 可以杀灭病毒，但是许多消费者还是存在着顾虑，他们宁愿少吃肉或者购买昂贵一点的猪肉的替代品也不敢去冒险。调查显示消费者家庭成员越多，受非洲猪瘟对购买影响的程度越大。家庭成员越多，越不敢消费的情况使得猪肉购买力持续下降。而在猪周期叠加非洲猪瘟的影响下，使得供给缺口持续扩大。如果猪肉供应缺口长期存在，那么其他畜禽产品会对猪肉消费造成冲击性，特别是其替代品牛肉、羊肉等，虽然现在这些替代品的价格还是比较高，但是如果未来猪瘟持续发展下去，永久性替代也不是不可能的，因为非洲猪瘟的扩张在一定情况下是给了其他替代品产业发展的机会，特别是近几年从其他产业的崛起情况就可以看出我国肉类食品消费的变化，长此以往在未来恐怕人们的饮食习惯都会跟着改变。除此之外，非洲猪瘟在对其替代性的肉类食品产生影响的时候，还改变了食用鸡蛋的价格，据了解 2019 年鸡蛋价格走势良好，经过 3 月份以来的上涨，在 4 月下旬突破 4 元大关，目前仍在稳中上行，还有一定上涨空间。这主要是因为受疫情影响，因为猪价、肉价从春节到现在持续上涨，目前生猪平均价格处于每斤 7.50 元以上，猪肉批发价格在每公斤 20.10 元以上，并且从实际情况看，猪肉消费量在下降，而有一定替代作用的鸡蛋消费量在上升，导致了这一波蛋价上涨。虽然鸡蛋的价格不会一直上涨下去，但是由于非洲猪瘟短时期内难以根除，猪肉、猪价的上涨可能还得持续很长时间，在此情况下，鸡蛋在我国居民的蛋白质补充中发挥了举足轻重的作用。所以如果不能尽快解决非洲猪瘟的问题，让这种情况如果继续下去将会在很大程度上影响我国居民的消费习惯。

3. 养殖结构

以前中国是世界第一生猪消费大国，所以中国的生猪养殖户也特别多，并且中国的养殖结构一直都是以生猪为主。但是在非洲猪瘟的影响下，大量养殖户的生猪被猪瘟感染，而对于养猪户来说，猪健康与否，严重影响了养殖户的成本和利润。如果一头猪生病了，猪农没有发现，这不仅会影响到猪的食欲，也会影响到猪的生膘速度，使得养殖户的饲料成本增加，后期还会增加猪农的治疗成本，而且一头生病的猪出售的话也会比健康的猪便宜很多，严重影响了猪农的利润。除此之外猪在被感染后由于没有防护措施，只能扑杀，导致生猪出栏数量减少，猪农的生产积极性受到打击放弃了养猪。所以近些年我国的中小型养殖户不断减少，只有规模较大的养殖场还存在，因为这些养殖场有一定的防范猪瘟的技术并且在生猪被感染后能够及时处理减少感染面积，但是这也在一定情况下造成了生猪市场的垄断行为。现在我国生猪养殖的大规模养殖场正在不断增加，虽然中小型养殖户仍然占主要地位，但是在技术、资金等缺乏的状况下，中小型养殖户也只能在夹缝中生存，市场竞争力较小。所以大批的养殖户破产，转向其他行业。我们都知道中小型养殖户在一定程度上平衡了我国猪肉的价格，但是在非洲猪瘟的影响下，中小型养殖场倒闭，市场上生猪的供需缺口进一步扩大，如果不能及时有效地采取措施，猪肉的价格可能还会持续上涨。那么猪产品这条产业链也会被波及，影响相关产品的生产和销售。在此缺口下，其他肉类产品迎来了快速发展时期，并且由于生猪养殖的利润减少，大量生猪养殖户转入其他养殖业，使得我国养殖结构发生变化，进而影响国民对肉类产品的消费习惯。

4. 相关行业

随着生猪存栏大幅减少，饲料的需求量也大幅度降低，很多饲料业务员表示，2019 年的饲料的销售业绩比往年减少了 3 ~ 4 成甚至以上，而且由于没有事先进行预防，很多饲料厂依旧是按照以前的需求生产，导致大量的饲料销售不出去，没有资金运转，部分小饲料厂正在面临生存危机。对于屠宰场来说，生猪存栏量的减少意味着他们可以屠宰的牲畜量减少，收入降低，以至于难以维持屠宰场的生存，许多屠宰场不得不因此关闭。而为了预防和控制非洲猪瘟在我国的持续扩大，我们国家也在采取了一些控制措施，农业农村部把屠宰行业视为防控非洲猪瘟的重要节点。因此，对传统屠宰企业产能规模以及环保等方面做出了严格的要求。今后，年屠宰量在20万头以下的中小屠宰场，面临的生存压力会越来越大，只要资金或者技术不能及时更进，那么这些中小型屠宰场就可能面临倒闭的风险。此外，在猪肉运输和批发零售行业方面，随着猪肉冷链运输的逐渐完善，我国猪肉运输业迅速发展，在非洲猪瘟发生后，生猪运输业得以进一步发展，市场上销售的猪肉从以热鲜肉为主变成了冷冻肉为主，批发零售的产品性质也跟着改变，使得人们购买到的猪肉类型变化，这对人们饮食习惯的改变是很大的。

四、结论及建议

总之非洲猪瘟对世界和我国的经济社会发展都产生了不可低估的影响，如果不能及时采取有效措施，后期可能会引起一系列的连锁反应。造成严重的经济损失，打击生猪相关产业的生产积极性，同时对我国居民的消费习惯产生影响。所以为了能够有效地减少非洲猪瘟的危害，让民众对猪肉相关制品重拾信心。我们必须从源头上解决非洲猪瘟的传染问题，正确处理国内的感染猪，对一切可能让非洲猪瘟传入的途径进行严格的把控，使非洲猪瘟的疫情监测做到有效、实时，严防国内猪瘟出现控制刚有点成效又再次被感染的状况，减少对居民生活的影响。

1. 加强重点地区的监测

根据我国对非洲猪瘟的风险评估效果，目前应该加强对边境地区、机场和港口、进口活猪及其制品的省份、蜱活跃地区等重点区域的监测。因为边境地区的猪尤其是野猪自由流动给非洲猪瘟的传入和快速传播提供了极大的便利条件，也大大增加了我国对非洲猪瘟防控的难度。而在国际机场、海港码头等来自疫区国家的人员非法携带的猪肉及猪制品也可能进一步引起非洲猪瘟的扩散，所以应该在这些地区加强对入境人员的检查，防治外来人员携带感染非洲猪瘟病毒的猪肉进入我国境内。

2. 加强对非洲猪瘟防控技术的研究

就目前来看，非洲猪瘟的传播对我国人民的生活造成了很大的影响。如果迟迟不能得到解决，后期不仅会阻碍我国经济的发展速度，甚至可能改变我国大多数居民有史以来吃猪肉的习惯。因此，应该组织全国优势学科力量，加快对其传染来源、传播途径等检测方法和疫苗的研制。

3. 政策支持

非洲猪瘟除对消费者产生极大影响外，也对生猪养猪户和与猪肉相关的产业造成了严重的冲击，有些小型的产业因为缺乏资金和技术的支持破产，这一链条反应结果就是市场上猪肉供应量减少、价格上升，最终导致居民的消费习惯改变。要解决这一问题，国家应颁发相关的政策，给予养殖户和相关产业一定的补贴，帮助他们度过这次难关，同时稳定国内的猪肉价格。

参考文献

[1] Emergence of African Swine Fever in China, 2018. Transbound Emerg Dis, 2018-10-13.
[2] 王志亮，吴晓东，王君玮. 非洲猪瘟[M]. 北京：中国农业出版社，2015.

非洲猪瘟的影响之消费习惯

韩琳
（贵州大学经济学院　贵阳　550025）

【摘　要】2018 年 8 月 3 日经中国动物卫生与流行病中心确诊，我国发生了非洲猪瘟疫情，之后我国各地发生多起非洲猪瘟疫情。本文通过非洲猪瘟从爆发至今人们消费习惯的变化来研究非洲猪瘟对消费习惯的影响，从而了解猪肉产量及猪肉价格的波动对人们日常生活的影响。
【关键词】非洲猪瘟；消费习惯；猪肉价格；猪肉产量

一、绪　论

自非洲猪瘟爆发后，我国各地发生多起非洲猪瘟疫情，生猪大量死亡，猪肉价格随之不断攀升，人们的日常生活习惯也受到了一定的影响。本文研究的主要是非洲猪瘟爆发后猪肉产量的减少以及猪肉价格的急剧上涨，人们消费习惯的变化。

2018 年至今，猪肉价格一直是人们日常生活中的热点话题，其直接引发原因就是非洲猪瘟的爆发以及传播。全世界 80%的猪肉消费来自中国、欧盟和美国这三大市场，一直以来，中国都是世界第一的猪肉消费大国，不管是过去贫穷落后的时期还是现在生活富裕的年代，中国的猪肉消费总量一直很大，就算是这一年多的非洲猪瘟时期，中国的猪肉消费总量仍然占据全球的一半份额。由此可见，中国对于猪肉的需求是非常大也是极其重要的，研究非洲猪瘟对消费习惯的影响，可以更好了解人们对猪肉的需求以及猪肉价值的更大实现。非洲猪瘟发生已一年多，在这段时间里，由于非洲猪瘟的影响，生猪大量死亡，猪肉产量骤减，价格持续攀升，使得许多的人已经吃不起猪肉，虽然目前猪肉价格存在下降趋势，但相对于非洲猪瘟爆发之前，价格仍然更高。非洲猪瘟使得许多生养殖户无猪可养，甚至不得不关掉养殖场。对于大部分消费者而言，猪肉产量的减少，价格的上升，使得他们不得不放弃吃猪肉或者少吃猪肉。

本文通过对非洲猪瘟爆发后人们消费习惯的变化研究，以了解非洲猪瘟的爆发对人们的消费习惯有没有影响，有哪些影响，影响大不大。

二、消费行为

1. 非洲猪瘟导致人们对其他肉类需求变大

自非洲猪瘟在中国大范围爆发以来，各个地区的猪肉生产都面临着极大的威胁，许多猪肉生产者大半年的生产全都付诸东流。猪肉的产量急剧下降，导致价格不断攀升。虽然猪肉并不是如同米饭一般是人们一日三餐必需之物，不论是多么困难，逢年过节吃猪肉于中国的许多家庭而言都是极其重要的。然而猪肉价格不断上涨，消费者的工资水平较之前却没有改变，猪肉的消费成本越来越高，致使猪肉已经成为许多普通家庭饭桌上的奢侈品，猪肉在饭桌上出现的次数越来越少，甚至在菜市场的时候，许多消费者都会选择直接绕过猪肉摊位。肉类食品又是人类营养结构中不可缺少的物质，人们需要肉类食品又购买不了猪肉的时候，大多数消费者都有对比消费的现象，当人们消费不起猪肉的时候，在市场上，相对于猪肉价格更低的其他肉类食品也就成为猪肉的替代品，鸡肉、鸭肉、牛肉等出现在饭桌上的次数开始频繁，从而致使人们对其他肉类的需求量不断变大。

2. 非洲猪瘟导致家庭食用油多样化

在中国的大多数家庭，自古以来，猪油都是厨房炒菜做饭的必备之物，许多的美食都是诞生在猪油的翻炒之中。非洲猪瘟的爆发，猪肉的产量急剧下降，导致价格不断攀升，猪肉已经成为奢侈品，许多的家庭都已经消费不起猪肉，更别说用猪肉熬制的猪油。猪油的产量减少，人们在厨房之中炒菜做饭所需的油料却没有减少，从而惯以吃猪肉、熬制猪油的家庭不得不购买其他的食用油以弥补猪油的减少。猪油使用的减少，家庭厨房的食用油种类开始增多，诸如牛油以及花生油、大豆油、菜籽油等的植物食用油出现在厨房之中，家庭的食用油变得更加多样化。

3. 非洲猪瘟导致猪肉需求量下降

在非洲猪瘟的影响下，猪肉价格持续上涨，许多的消费者消费不起猪肉，自然而然也就会减少对猪肉的需求量。当猪肉的价格持续上升，人们克制了一天不吃猪肉，久而久之就能克制一年不吃猪肉，甚至不再吃猪肉，而转向吃其他的肉类食品。随着猪肉产量的持续减少，价格上升，消费者们对猪肉的需求量也会随之持续下降。近年来，人造肉也在持续开发中，人造肉的营养结构及分配或许更加符合人体需求，当代人也更加注重养生保养，如果人造肉大范围推广，许多的消费者或许更加愿意购买营养适中的人造肉，这对猪肉也将是一种冲击。如果猪肉价格长期继续上涨下去，将有很大可能会改变人们的饮食习惯，并且使得猪肉不再具有市场，人们不再需要猪肉。

4. 非洲猪瘟导致猪肉深加工产品产量及需求量变小

（1）猪肉深加工产品产量减少。生猪作为人类饲养几千年的牲畜早已成为人类生活习惯中必不可少的粮食储备。在人类进程发展中，猪肉也在随之发展改变，猪肉的吃法越来越多样，比如中国传统的香肠、腊肉、腌肉以及当代火腿、罐头等深加工的猪肉食品。在非洲猪瘟爆发之前，对于许多的农村家庭来说一年杀一头或两头猪，吃不完的或者大部分的家庭都会特意剩下许多的猪肉用来制成腊肉、腌肉、香肠等，这些肉就像是粮食储备一样留以逢年过节或待客时食用。然而由于非洲猪瘟，猪肉的产量下降，将导致人们无肉可用以制作猪肉深加工产品，人们将可能会做得很少甚至是不再做，这又将导致人们来年无腌肉、腊肉可吃，也可能会改变人们的消费习惯。

（2）猪肉深加工产品需求量变小。在猪肉深加工市场上，由于猪肉产量的减少，火腿、腌肉之类的猪肉深加工产品也会减少，价格也会随之上升，消费者们对此类商品的需求量也会减少。

（3）非洲猪瘟使人们更加关注食品安全，倾向选择健康食品。中国是猪肉消费大国，由于非洲猪瘟的爆发，其蔓延趋势相当快速，大量生猪的死亡，这使得人们更加意识到生活中存在于食品的种种安全问题，人们在食品消费时，往往会优先倾向食品安全的思考及选择，这将改变了人们的消费理念。在消费者选择健康食品的同时，人们的食品种类就会开始发生变化。消费理念的改变，将导致消费习惯的随之改变。

（4）非洲猪瘟改变了人们的消费结构。在非洲猪瘟的影响下，猪肉价格大幅上涨，猪肉消费需求受到抑制开始下降。中国是猪肉消费大国，中国人爱吃猪肉，也可以说是习惯吃猪肉，这是几千年传承下来的，但是猪肉价格的不断攀升导致许多中国人不敢吃猪肉，使得人们不得不改掉这个爱吃猪肉的习惯。自非洲猪瘟爆发以来，人们吃猪肉的次数越来越少，甚至许多家庭都已经不再吃猪肉，这大大改变了许多家庭的消费结构，猪肉的消费占比越来越小。随着猪肉消费的减少，人们可能会增加其他食物的消费，诸如禽肉类的消费将大大增加，水果蔬菜的消费也会有所变化。或许非洲猪瘟的爆发将会使许多家庭的消费结构变得多样化，特别是肉类食品，将会增加其他肉类的消费。

（5）非洲猪瘟对婚嫁习俗及祭祀的影响。在中国的许多地方，婚嫁时必须有猪肉，逢年过节拜访长辈也必须带上猪肉，祭祀时猪肉也是必不可少的祭祀品，诸如此类的风俗习惯依然存在。由于非洲猪瘟的爆发，导致猪肉的产量减少，猪肉价格的持续上升，许多的普通家庭可能已经消费不起那么多的猪肉，那么当婚嫁、拜访以及祭祀等必须有猪肉的场合可能就会利用其他肉类代替。如果非洲猪瘟长期持续，对中国许多地方的婚嫁、拜访、祭祀等风俗都会有很大的影响，或许将会改变中国大部分地区有关猪肉的风俗习惯。

（6）非洲猪瘟对猪肉饲养的影响。在中国，生猪的饲养者有规模饲养者，也有家庭饲养者。就规模饲养者而言，生猪的饲养是有技术的，有明确目的的，他们饲养生猪就是为了赚钱，所以生猪出栏的速度是极快的，生猪饲养栏里的生猪吃的住的都一样，然而就是这样的集中饲养，生猪的犯病率极高，一旦发病就是全部犯病，损失将是惨重的。就家庭饲养者而言，他们饲养生猪的目的就是为了自己食用，饲养生猪的能力全是经验而来，这种情况下的生猪一年只出栏一次，且肉质极好，但是在饲养生猪的过程中，也由于饲养技术不到位，生猪生病得不到及时准确的救治，导致了许多不必要的损失。由于非洲猪瘟的发生，许多的饲养者损失巨大，失去了对猪肉饲养的信心，将不再饲养猪肉，这或许会使猪肉的产量持续下降。同时在非洲猪瘟的影响下，许多的饲养者开始重视钻研生猪的饲养环境，为下一次生猪的饲养做好准备，这将使得生猪的饲养环境得到大大改善，这或许会改变中国传统的生猪饲养法及饲养环境。

三、消费习惯

1. 猪肉价格的持续上涨，并没有影响人们爱吃猪肉的习惯

伴随着非洲猪瘟的爆发，猪肉价格的上涨，中国的猪肉消费总量虽有一定的减少，但中国猪肉的消费总量仍然是全球第一。中国人除少部分信仰伊斯兰教的民众外，大部分中国人都吃猪肉，虽然猪肉的价格越来越高，消费者们或许会畏惧猪肉的价格，但绝不是畏惧猪肉。对于中国的普通家庭来说，现在的猪肉价格是他们很难接受的，但只要有条件，逢年过节还是会买猪肉。对于高薪阶层来说猪肉价格的这点上涨也并不算什么，他们吃得起猪肉，该吃或是想吃猪肉的时候还是会消费猪肉。对于低收入的家庭来说，不管猪肉

涨价与否，他们都是很少甚至是不会到猪肉售卖场去买猪肉的，其中一个原因是自己家里饲养的有猪，就算由于非洲猪瘟导致生猪的死亡，家里也会有上一年甚至是前几年留存的腊肉腌肉等，如果这一次的非洲猪瘟周期短的话，他们的腊肉、腌肉也会支撑他们度过这一困难时期，无非就是吃的次数少一点。所以非洲猪瘟的爆发并不会改变中国人爱吃猪肉的习惯，也就不会影响人们的消费习惯。

2. 猪肉价格上涨，其替代品价格也会上涨

猪肉价格的上涨是多方面因素共同导致的结果，非洲猪瘟导致猪肉产量下降是其一，而人们对其需求量的庞大也是一个很重要的原因。猪肉价格的上涨，人们或许就会与其他肉类食品价格进行对比，从而选择最实惠的那一个，当人们选择消费其他肉类食品时，导致其他肉类食品需求量增多，也会造成其他肉类食品价格的上涨，在猪肉价格与其他肉类食品价格的相互平衡中，人们又会转向消费猪肉。在猪肉价格上涨的同时，导致其替代品的价格也上涨，由此人们消费结构也得到平衡，就不会令人们的消费结构有太大的改变。

3. 当代人的饮食习惯，猪肉已经不再重要

或许在几十年之前，猪肉对人们就是必不可少的，在老一辈的眼中，猪肉就是营养的象征，但是随着改革开放，西方文化的进入以及人们对养生的重视，猪肉已经变得不再重要。在这个追求美的时代，猪肉的油腻使之已经被大多数年轻人淘汰，许多追求时尚高端的年轻会吃牛排却很少吃猪排，甚至许多需要保持身材的年轻人都已经不再吃猪肉。由于当代生活的高节奏，大部分年轻人家里连厨房都没有，也不会做饭炒菜，更别说在家开灶自己做饭去菜市场买菜了，大部分的他们都选择点外卖吃快餐和泡面，所以猪肉的价格对他们也不重要，猪肉价格的上涨也就不会影响到他们的消费习惯。

四、结　论

综上所述，非洲猪瘟对消费者的消费习惯影响不大，但也有一定的影响。非洲猪瘟对消费习惯的影响可能因人而异，也可能因民族而异，或者因地区而异，但整体来说，非洲猪瘟的影响还是不容忽视的。

猪肉价格持续上涨，对猪肉的消费量有一定程度的程度上的影响，但短

期内人们爱吃猪肉的习惯还是很难改变的。猪肉价格上涨的势头不小，由于进价在不断上涨，猪肉售卖价格也在不断上涨，于是猪肉的消费量也出现了下降的趋势，大部分消费者看到猪肉价格上涨的太多，就放弃了购买猪肉的欲望，转向购买鸡肉、鸭肉、鱼类等的其他肉类食品。猪肉消费成本在不断增加，生活成本也在不断增加，工资水平却没有变化，如果要想吃肉，就只能选择价格相对便宜的替代品，但是这并不意味着人们不爱吃猪肉了。如果猪肉价格下降一点，就算降不到非洲猪瘟到来之前的价格，我相信人们还是会乐于购买猪肉的。但是如果长时间处于缺猪的状态，猪肉产量得不到提高，非洲猪瘟得不到有效的抑制，当人们已经习惯于其他肉类食品或是不吃猪肉，猪肉对于人们来说就已经变得不再重要，人们将会持续之前的消费习惯，这将不利于后期猪肉消费需求的回暖，就算有足够多的猪肉产量，没有非洲猪瘟爆发之前的需求量，那么庞大的猪肉市场将会受到严重危机。

在这个追求健康饮食的时代，人造猪肉的冲击和健康饮食观念的传播，一定程度上会减少人们对猪肉的摄入量。从整体来看，猪肉消费量只是呈现了小幅度下滑的趋势，原来生活条件一般的时候，或许只有逢年过节才可能吃的上猪肉，而现在的生活条件好了，想吃猪肉是很容易的事，不管猪肉价格怎么上涨，想吃还是能买的，不过现在人们对健康问题越来越重视，尤其猪肉吃多了容易出现肥胖，甚至是引发疾病，所以人们主观上会要求自己减少对猪肉的摄入量。还有最近众所周知的人造猪肉，虽然还没有大范围地真正走向市场，但也代表着一种新的方向、新的消费选择，一旦人造猪肉在市场上扩大开来，并且营养价值和口感方面有了很大的改善，那么则会吸引大部分消费者转向人造猪肉，对传统吃猪肉的习惯也会有一定的影响。

总之，在现在这个非洲猪瘟还没有得到有效抑制，及猪肉产量还没得到大幅度提升的时候，猪肉价格还是一天一个价，且仍有上升趋势，对我国市场猪肉消费量形成不利的影响，太贵的猪肉，会使得部分消费者转向牛羊肉、鸡肉等的其他肉类食品，如果长时间继续下去，这将很大可能会改变部分人群的消费习惯，但是大部分人的这种习惯的改变是一个动态的过程，如果后期猪肉价格变回至非洲猪瘟爆发之前，那么猪肉的消费量将会上来。毕竟几千年来的传统，对于中国人来说猪肉是极其重要的。一旦猪肉价格回落，消费需求将会恢复往常，在没有特别的变化出现的情况下，人们对猪肉消费习惯的改变不会很明显，通常会随着价格波动而变化。

非洲猪瘟入侵后贵州省内的政策调整

杨秀黎
（贵州大学经济学院　贵阳　550025）

【摘　要】非洲猪瘟是由非洲猪瘟病毒引起的一种高度接触传染性、广泛出血性猪病毒病，病死率可高达 100%，无商品化疫苗可用。非洲猪瘟在我国境内的爆发、蔓延导致了我国猪肉市场的变动。对此，本文基于非洲猪瘟在贵州省内爆发后，贵州省的相关政策所做出的调整进行调查研究，从贵州省内生猪养殖的防治政策的调整、生猪市场交易政策的调整和猪肉市场价格的政策调整三个方面进行分析并总结，得出贵州省在非洲猪瘟爆发后，及时地进行了防治非洲猪瘟政策的调整，并有效地抑制了非洲猪瘟在贵州省境内的蔓延。通过政策调整的研究，提出了一些建议。

【关键词】非洲猪瘟；政策调整；防治；交易

一、绪　论

非洲猪瘟在贵州省内被发现后，贵州省内各相关部门及时地开展了相关政策的调整，在政策调整以后，贵州省内的非洲猪瘟疫情得到了有效的控制，并且，与之相关的猪肉价格等政策也保证了猪肉市场的稳定。本文通过对贵州省内的政策调整进行研究，了解当前的政策内容及实施情况，从而对以后贵州省内与非洲猪瘟相关政策的进一步调整提出建议。与非洲猪瘟相关的政策在调整后有效地控制了贵州省内的猪瘟疫情，调整后的政策也得到了很好的实施。但是，在部分政策的调整中有很多不适合猪瘟疫情得到控制后的情况，因此需要进一步的修改调整。

自 2018 年以来，贵州省全省农业农村部门共查处养殖经营者违法调运行为 688 起，销毁生猪 1.04 万头，生猪产品 12.15 万公斤。贵州省在非洲猪瘟爆发后，相关部门立即协调各部门严密布控，对规模场周边 3 km 范围内开展排查清理，禁止使用泔水喂猪，并且实行生猪和生猪产品“点对点”调运。

二、政策调整

1. 非洲猪瘟防治政策

在非洲猪瘟入侵贵州省前，贵州省内对于生猪养殖中的疫情防治政策一直是一种较为宽松的政策。首先由于贵州省内多为山区，山区生猪的养殖一般为农户自家进行养殖，以自给自足为主，所以多数农村地区并没有养殖场，也没有进行规模化的养殖。因此，在疫情防治的宣传上，相关部门的宣传并没有及时地宣传到农户家中，宣传对象多为有一定规模的养殖场。所以，这就导致了许多农户没有办法得到关于生猪疫情防治的更多知识。其次，由于没有科学的养殖方式，以及受到传统养殖模式的影响，农户对于生猪的养殖并没有采用过多的饲料养殖，农户家中所用的饲料一般为自家的剩饭剩菜，或者是自己家里种植的玉米，但是在这里不得不提的是，前两年贵州省内实施了严格的玉米种植制度，导致了玉米产量减少，所以后两年中农户家中没有多余的玉米进行生猪养殖，剩菜剩饭作为饲料对生猪进行养殖就成为农村地区农户喂养生猪的主要方式，这也为生猪养殖中传染病疫情提供了病菌感染的条件。

非洲猪瘟在贵州省内被发现后，各级政府立即调整了关于生猪养殖产业疫情防治的政策，对于已经发现非洲猪瘟的地区进行更加严格的监控和整治。

首先，对于已经感染了非洲猪瘟的生猪，政府对养殖者进行了相应的思想工作对被感染的猪进行屠杀和填埋，减少其对其他健康生猪的感染危害，同时加强教育，禁止被感染的生猪进入市场进行销售，也要禁止农户自己对被感染的生猪进行私自处理，以免造成更加严重的影响。其次，贵州省政府也加强了防治政策的宣传力度，不仅对养殖场进行宣传教育，也对农村地区有生猪养殖的农户进行宣传教育，加强养殖者对非洲猪瘟的了解使养殖者自觉地投身到非洲猪瘟疫情的防治中，同时严格禁止农户使用剩菜剩饭对生猪进行喂养，加强了对非洲猪瘟疫情的防治。除了以上两个政策的调整出台，贵州省政府还规定对所有的养殖点以及相关的猪肉市场进行检查，相关部门还对各类养殖场、屠宰场、菜市场以及养殖户家中进行严格的检查，对于不合格的养殖场或者屠宰场等要求关闭或者进行严格的整顿。

贵州省对于非洲猪瘟疫情防治方面的政策调整，改变了原有的政策状态，政策的覆盖面更广，宣传的力度也大幅度加强，从养殖场细化到农村地区自主养殖的农户家中，政策的调整力度不断加大，内容更加丰富。贵州省这一系列的政策调整都是依据当前贵州非洲猪瘟的形势所制定或者调整的，非洲猪瘟在贵州的爆发引起了在生猪疫情防治方面的这些政策调整，这也就是非洲猪瘟对贵州省内政策调整的影响之一。

2. 生猪市场交易政策

非洲猪瘟在贵州省内爆发后，贵州省调整强化了生猪调运的监管政策，关闭了多地的生猪交易市场，暂停生猪跨省外调。因为非洲猪瘟的防治不能只局限于养殖场内，生猪市场的监管也很重要。因此，贵州省调整了有关生猪交易市场的政策，加强了对生猪交易市场的监管。

在非洲猪瘟爆发前，贵州省内生猪交易市场内的生猪交易是相对自由的，如果猪肉检测合格就可以进入市场内进行自由交易，检测的程序也比较简单，生猪的疾病检测也相对宽松，交易双方有着更多的选择。但是，在非洲猪瘟从其他地区蔓延到贵州省内以后，贵州省政府非常重视生猪市场的交易，各级政府建立起严格的督察机制。对于交易市场内部，各部门对进入生猪市场内的生猪进行了更加严格的检查，对于不合格的生猪，禁止进入市场，被感染了非洲猪瘟的生猪还将直接进行屠杀后填埋，从市场环节对非洲猪瘟进行严格的把控。除此之外，贵州省还调整了生猪跨省外调的政策，原有的相对自由的跨省外调政策被直接禁止了，对于其他省所养殖的生猪运入贵州或者贵州省内的生猪运出省，都是不允许的。在 2018 年贵州省非洲猪瘟蔓延形势严峻的情况下，贵州省不仅暂停了生猪的跨省外调，同时，还暂停了疫情发生市的生猪及其产品的跨市外调。除了生猪不允许跨省外调以外，旅客乘坐高铁、飞机时也被禁止携带猪肉制品。但是这一禁止生猪跨省外调及禁止携带猪肉制品乘坐高铁、飞机的政策到现在已经被解除了，这是因为目前贵州省内的非洲猪瘟疫情得到了有效的控制，规定这一政策的时候贵州省正处于非洲猪瘟在贵州省内蔓延趋势比较严重的时期。我们要知道的是，这项政策虽然已经解除了，但是对于生猪交易市场的严格监管还是依旧在执行的。

目前，贵州省依然在执行大力进行调运监督检查，严格监控生猪及其制品的调运。还有严格的生猪进入交易市场前的检查制度，坚决消除了运输传播疫情的风险，也保证了生猪交易市场内生猪的品质，使得人们能够更加放心的购买猪肉，保证贵州省内人民的生活水平。当前贵州省所针对非洲猪瘟疫情调整的政策有效地解决了非洲猪瘟在省内市与市、贵州省与其他省非洲猪瘟疫情进一步蔓延的问题，生猪市场的严格的检查政策保证了猪肉的质量。

3. 猪肉市场价格监管政策

由于非洲猪瘟在贵州省内的爆发，多地的生猪养殖由此受到了影响，导致 2019 年的猪肉产量不断下降，猪肉价格也因此不断升高。同时，为防止疫情范围扩大，从 2018 年 9 月份贵州省开始实施跨省活猪禁运政策，这一方面有效阻断了非洲猪瘟的部分传染途径，但另一方面也改变了贵州省生猪市场的供需关系，区域性矛盾突出。非洲猪瘟在贵州省的蔓延导致了猪肉在市场中的价格不断上升，2019 年 6 月以来，贵州省的猪肉价格又迎来更高的增长，一直持续到年底，贵州省的猪肉价格还没有得到有效的降低，虽然中央出台了一系列的文件想要控制猪肉价格，使猪肉价格能够有效降低，但是到现在，不仅贵州，乃至全国的猪肉价格都还没有得到有效的控制。贵州目前猪肉的价格依旧保持在一个较高的价格水平上，并由此导致居民对猪肉价格过高有许多不满。其次，猪肉价格的不断升高，使得以许多以猪肉为原材料或者辅料的食品价格也因此而不断上升。

对于贵州省内政府对于猪肉价格上涨的政策调整，目前还没有具体有效的政策进行控制，但是，在 10 月中旬，贵州省的相关部门对于部分县市的羊肉粉馆等进行了约谈，对于增加的物价进行控制，使上升的价格降低到涨价前的价格，由此可见，当猪肉上涨的价格不符合市场规律时，贵州省政府还是会拿出相应的对策来进行解决，但是目前猪肉的价格上涨是由于供需关系的失衡引起的，政府没有办法对猪肉价格进行直接的干预。贵州省的猪肉价格要想降下来，首先还是需要保证猪肉供给的稳定性，由此才能有效降低猪肉价格。

目前贵州省对于降低猪肉价格的政策措施还没有得到具体的实施，我们也无从知晓和了解其具体的内容是什么，但是可以确定的是，贵州省内猪肉的价格在短期内是无法降低的。但是贵州处于南方地区，我们可以了解到，南方地区推送符合环保要求的规模化、标准化养殖，将带动区域内供给恢复，提高自给率。通过提供融资渠道等方式，鼓励和支持符合环保要求的规模化养殖，将会有助于南方销区自给率水平的提升。所以，相对于北方地区来说，贵州省的猪肉价格下降速度是先于北方地区的。贵州省内现在的非洲猪瘟疫情的严峻形势已经有所缓解，只是生猪养殖有一定的周期性，所以还需要一段时间来缓解当前猪肉供需不平衡的局面。

对于猪肉市场价格监管政策，贵州省的相关部门一直在对猪肉价格有一定的监管，由此来控制猪肉价格不会过分升高，稳定市场价格，保证作为生活必需品的猪肉价格能满足人们日常生活的需要。就算没有比较显著的政策调整，但是，贵州省相关部门对猪肉价格的监管政策还是有了一定的变化，起到了稳定猪肉价格市场的作用。

三、结论及建议

1. 总　结

非洲猪瘟自 2018 年入侵中国以后迅速蔓延至全国多省，贵州省也由此而受到了一定程度的影响。在非洲猪瘟进入贵州省以后，贵州省政府及相关部门都立即制定或者调整了相关的政策来应对这次非洲猪瘟入侵贵州的危害，并对非洲猪瘟疫情进行了严密的监控，极大程度上减少了非洲猪瘟在贵州省内进一步扩散的风险。从防治政策、生猪市场交易政策和猪肉市场价格监管政策这三个方面缓解了非洲猪瘟入侵贵州省后造成的严重后果。

非洲猪瘟对贵州省内政策调整的影响总的来说，就是因为非洲猪瘟的入侵，贵州省的相关部门为了更好地应对这一威胁，对已有的但是不适合于非洲猪瘟的政策进行了一系列的调整，从而使贵州省在遭受非洲猪瘟时的损害得到控制和减少。

首先，贵州省调整后的防治政策弥补了之前的政策所不能覆盖的方面的欠缺，加大了与生猪养殖中相关的疫情防治宣传的力度，使相关的知识不仅仅只传播到规模养殖场中，也向农村地区自己进行生猪养殖的农户普及了更多的相关知识。同时，贵州省的农业农村部门等还对养猪中使用的泔水进行了严格的把控，禁止农户使用泔水喂养生猪，这就极大地减少了非洲猪瘟在贵州省内的传播风险和保证了生猪养殖环境和饲料的卫生程度，提高了猪肉及其制品的卫生和品质，使人们在非洲猪瘟传入中国后的担忧中能够更加放心的食用猪肉。

其次，生猪交易市场的政策调整将把控疫情的重点从养殖方面延长到了生猪的市场交易和调运中，有效地连接了这两个环节。调整后的政策规定，在生猪的市场交易中，要对生猪的质量进行严格的监管，对于不合格的生猪，是禁止进入交易市场的，这样，就保证了市场中生猪的品质以及生猪没有携带非洲猪瘟的病毒。禁止生猪跨省或跨市调运虽然减少了猪肉之间的自由交易，但是它有效地控制了非洲猪瘟疫情的传播，到目前，贵州省内的非洲猪瘟疫情也因此得到了控制，也保证了非洲猪瘟在贵州省内及省与省之间不能进一步传播。

猪肉在市场中的最后一个环节就是消费者对猪肉的购买，因为非洲猪瘟的影响，贵州省的生猪养殖数量大量减少，因此从2019年6月份猪肉价格开始上涨，而与之相关的食品价格也有所上涨，这就导致了消费者的生活支出增加，也因此产生了许多后果，贵州省的市场价格监管部门也及时做出相应的对策，虽然由于许多方面的原因导致贵州省没有出台或者调整政策来降低猪肉价格，但是在贵州省相关部门的多方干预下，猪肉的价格没有持续上涨和引起市场的波动。

2. 建　议

非洲猪瘟传入贵州以后，贵州省就及时做出了行之有效的政策调整，这些政策的调整也为贵州省对非洲猪瘟的防治工作提供了可靠的依据，但我们知道，这些政策的调整和提出，都是以防治非洲猪瘟为前提的。所以，在非洲猪瘟得到有效的控制以后，这些政策又会做出一定的调整，但不管以后贵州省生猪养殖或者交易市场中非洲猪瘟的情况如何，我还是希望能够保持现有的一些政策，以此来保证贵州省内猪肉的品质和猪肉市场的价格稳定，以下是提出的对策及建议：

（1）在非洲猪瘟在贵州省爆发后，各相关部门都加大对疫情防治的宣传力度，宣传的覆盖面也更加广泛，因此，我希望能够继续将这项政策执行下去，使更多的养殖者了解生猪养殖过程中的传染病防治工作，减少传染病的发生。

（2）继续实行严格的生猪交易市场检验制度，对于不合格的生猪，禁止进入市场进行交易，保证生猪交易市场中生猪的品质，使消费者能够放心的购买猪肉及其制品。

（3）跨省、跨市的生猪调运政策在逐步放松后，也不能回归到原有的相对自由的交易方式中，对于需要调运的生猪，相关部门也要加强检验，以避免传染病的大规模传播。

（4）现阶段的猪肉价格还是比较高的，消费者的生活支出也因此升高，所以，在可行的条件下，政府不仅要加强对价格市场的监管，还要尽可能地保证猪肉的市场供应量，稳定后适当降低猪肉价格，保障消费者的生活需要。

参考文献

[1] 仇华吉. 非洲猪瘟对我国养猪业的影响与防控建议[J]. 中国兽药杂志，2018，52（11）：1-4.

[2] 贵州省严密防控非洲猪瘟疫情. 贵州日报，2019-07-16.

[3] 徐凌峰. 生猪价格走高影响因素分析[J]. 新农业，2019（14）：11-14.

猪肉能否被其他肉制品长期替代？

余艳梅
（贵州大学经济学院　贵阳　550025）

【摘　要】一直以来猪肉都是我国居民主要消费的肉类食品，但在 2018 年 8 月确认非洲猪瘟传入中国后，猪价受到非洲猪瘟疫情以及其他因素的影响，生猪产业产能急剧下降，存栏量与出栏量走向低点，因此在生猪价格上涨的同时猪肉价格也随之上升，于是引发了大多数人对猪肉能否会在此背景下被其他肉制品长期替代的思考。本文选择了几种猪肉的常见替代品来与猪肉的价格趋势以及行情进行对比分析，探究猪肉能否被其他肉制品长期替代。

【关键词】猪肉价格；替代品

一、背　景

2018 年 8 月我国确诊了首例非洲猪瘟之后，多地开始爆发非洲猪瘟，从 2018 年 10 月开始，贵州省多个地区开始查出非洲猪瘟疫情，由此多个地方开始对生猪以及猪肉的运输加强了管制，在相关的省界、高速路口进行严格的查处，禁止其非法流通造成更加严重的疫情传播。同时在发现疫情的地方进行应急处置工作，做好封锁、扑杀、消毒、无害化处理等工作，疫情严重的地方还会进行焚烧，掩埋等措施，截至 2019 年 7 月我国受到非洲猪瘟的影响，累计捕杀生猪的数量已经达到了 116 万头。由于生猪的出栏量的急剧下降，导致了猪肉价格的暴涨，从而再一次引发了我对关于猪肉能否被其他肉制品代替的思考，但是在我看来，猪肉的市场就目前来说是不会被其他肉制品所替代的。

二、目前的猪市场及各肉类行情

1. 生猪价格趋势（以外三元为例）（图 1）

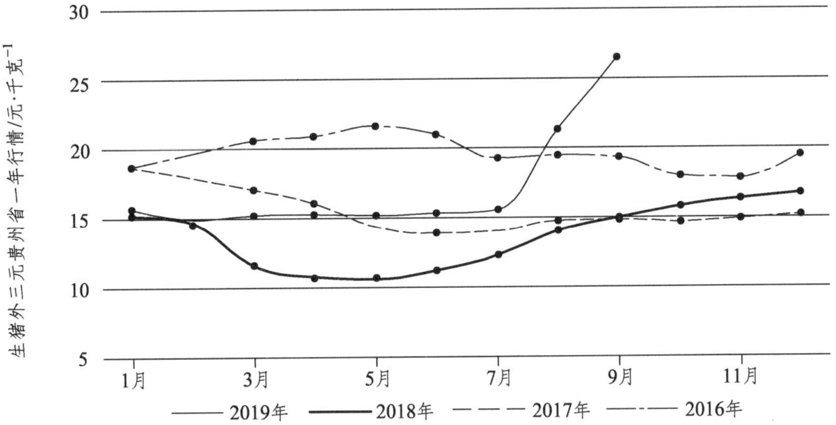

图 1　生猪外三元贵州省一年行情

从上图我们可以直观地看到，贵州省的生猪价格在 2016 年、2017 年以及 2018 年上半年都是呈现正常的波动现象，但到 2018 年 8 月之后，由于非洲猪瘟传入国内，猪价开始呈现小幅的上升趋势，但在之后也出现了一段时间的稳定状况，直到 2019 年的 7 月开始，贵州省多地又一次爆发猪瘟，导致了猪价直线上升，到今年 9 月，生猪价格涨达 26.79 元/公斤，差不多上涨到原来的两倍。而猪价上涨得如此之快，主要是因为受到猪瘟的影响，大多的小型养猪场被迫关闭，同时，我省很多地方做出了紧急的防控措施，对其进行大量的扑杀、掩埋或焚烧，导致生猪出栏数量大大下降，市场上出现了严重的供不应求的现象，于是生猪价格开始大幅地上涨。

2. 猪肉价格趋势（图 2）

随着生猪价格的大幅度上涨，猪肉的价格也随之上升，猪肉一直以来都是肉类的主要消费品，一般来说，作为主要的生活品，价格并不会出现大幅的涨跌，但从 2019 年 7 月开始，由于非洲猪瘟的再一次爆发，生猪的存栏量和出栏量减少，开始了新一轮的价格周期，导致了肉价的大幅度上升。

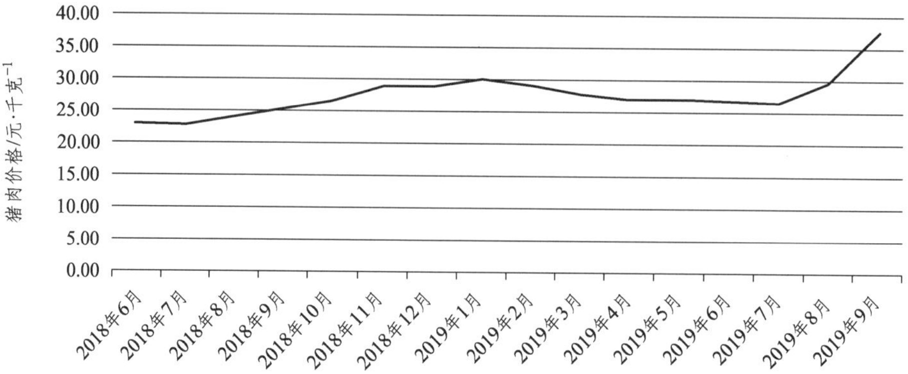

图 2　贵州省近两年猪肉价格趋势

数据来源：贵州农业农村厅

3. 不同肉类的价格（图 3）

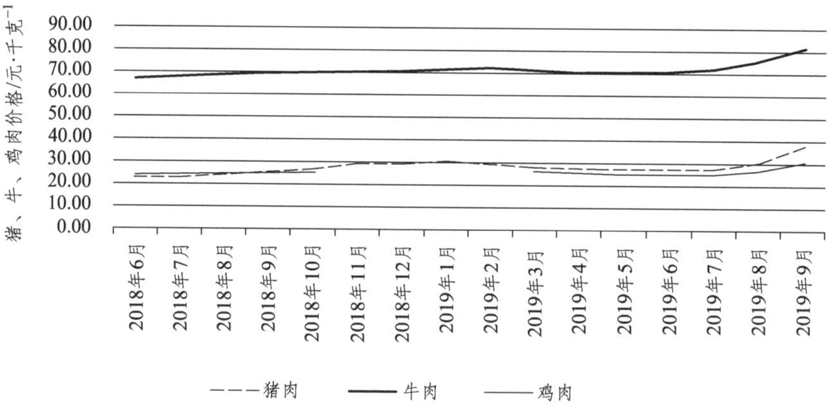

图 3　近两年猪、牛、鸡肉价格趋势

猪肉作为主要的肉类食品，在猪肉涨价之后，人们开始购买其替代品进行食用，于是牛肉和鸡肉的购买量也出现了小幅的上升。

4. 各肉制品之间的替代情况

众所周知的，人们都有着同样的消费心理，当一种长期购买的东西涨价之后，就会选择买一些平时很少购买，但又能够对之进行替代的产品，所以当猪肉涨价之后，人们选择购买牛肉或者是鸡肉来代替其在日常生活中的地位，但是这种现象并不会一直的持续下去。

据我所了解，一直以来，猪肉在中国人的消费中都占有很大的比重，猪肉在肉类中的购买量达到了60%以上，在猪肉上涨的这一段时间来说，各类相关替代品的涨幅也各有不同，对于2019年9月份来说，牛肉的涨幅就有16%，也就是说，牛肉对于猪肉来说并没有很大的替代性，牛肉目前会出现小幅上涨大部分原因是人们觉得既然猪肉现在这么贵，那不如吃点牛肉，但是牛肉本来就比猪肉的价格贵很多，二者作为替代品，价格只会出现同方向的变动，所以牛肉价格也会更贵，达到了81.39元/公斤，这个价钱比猪肉贵了一倍，所以在一小段时间之后，人们也更宁愿选择涨价之后的猪肉，或者说是少吃猪肉，其他肉类的销量也不会一直上升。牛肉销量上升在我看来还有一部分是天气逐渐变冷造成的，因为中国人都有一种心理，觉得天气变冷的时候要吃牛羊肉，这样会暖和一点，但由于羊肉的膻味重，不方便处理，而且牛羊肉的价格相差也不大，牛肉又更好处理一些，自然而然地就有更多的消费者愿意选择购买牛肉。

其次，对于消费者们经常接触到的鸡肉而言，鸡肉其实并不是生活中主要的肉类消费品，首先来说，鸡肉的平均价格和正常价格下的猪肉是相差不大的有时候甚至会略贵一些，所以人们一般不会选择鸡肉来长期的替代猪肉，而且鸡肉的口感没有猪肉那样丰富，会给人一种肉有点“死”的感觉，而且猪肉的价格各种品种之间相差不大，但是鸡肉就不一样了，肉鸡的价格一般在15～17元/斤，一般土鸡的价格在25元/斤，因为土鸡是家养的，营养价值更高，有的人会说，在超市看见的鸡肉很多还是相对便宜的，比如说鸡胸肉才不到10元/斤，但是那种鸡胸肉是冷冻过的，肉质是很不新鲜的，不可能有很多的人一直去买不新鲜的鸡胸肉来吃，当然那些为了减肥或者是健身专门吃鸡肉的人不能算在其中。就目前而言，在城市里面的人可以有很多选择来买到新鲜的鸡肉，在超市，可以买到杀死之后分开来卖的鸡肉，比如说鸡腿、鸡翅、鸡大胸等，但是农村是没有这种方便的购买渠道的，想要吃鸡肉就得杀一只鸡，但不是每家人都可以三天两头地吃鸡肉的，猪肉则不一样了，在哪里都可以方便地买到猪肉，以及买到与猪肉相关的各种产品。所以总的来说，鸡肉只会是在猪肉价格增长过快的这一小段时间上短暂的实现小范围的替代作用，要想实现长期替代是不可能的。

三、供需格局

1. 猪的供需情况

受到非洲猪瘟的大面积影响，现在养猪业形势严峻，非洲猪瘟的肆虐导致母猪大量减产，生猪存栏量更是大幅下滑。猪肉价格上涨，生猪价格更是一路向上。但尽管受到猪瘟的影响，我国依然是最大的生猪养殖大国和猪肉消费大国，而且每年还要从国外进口猪肉。在日常的生活消费中，猪肉有着不容忽视的地位，猪肉占所有肉类消费总量的 60%左右，而在饭馆，鸡肉的占比仅仅只有 10%～20%。

纵观整个国际市场而言，猪肉仍然是全球最主要的肉类产销品种。根据美国农业部的统计，2018 年全球猪肉产量约为 1.13 亿吨。同时，全球生猪与猪肉生产主要来自中国、欧盟以及美国三大国家和地区。据统计，2018 年中国猪肉产量为 5415 万吨，在全球产量中所占的比重为 48.0%。但是中国不仅仅是猪肉的生产大国，同时也是主要的消费大国，从 2018 年的统计数据来看，2018 年全球猪肉进出口总量分别为 791、844 万吨，其中猪肉前三大进口国分别为中国、日本、墨西哥，其中我国的出口量为 156 万吨，占比 19.74%，猪肉的进口量是排在世界首位的；前三大出口国则分别为欧盟 27 国、美国、加拿大，作为猪肉的消费大国，中国的猪肉价格也会受到国际市场的影响，特别是从 2018 年到现在，美国对我国发起了贸易战，我国猪肉消费主要靠进口解决，由于贸易战的开始，美国单方面提高了我国进口猪肉的关税，使得猪肉的价格有所上升，再加之，我国大部分的地区都爆发了非洲猪瘟，所以猪肉的价格出现了飞速上涨的现象。但是就目前而言，中美之间的关系开始缓和，猪肉的进口量开始有所回升，所以对猪肉价格的影响开始减小；同时，对于非洲猪瘟所造成的影响，国家也采取了相应的应对政策，国家也投入了一定量的冷鲜肉，由此来在一定程度上抑制猪肉的涨价，使得猪肉的市场不会长期的失灵，所以在猪肉的国际供需来看，价格不会一味地上涨，只会有所回跌，因此其他肉类只会有短期替代的现象，不会说出现长期的替代。

2. 鸡肉的供需格局

对于各种肉类的来源，一般就是自产与进口两种，对于自给方面，我国作为一个有着五千年历史的文明古国来说，养殖有家禽是很正常的，尤其是对于养鸡这种事情在农村更是见怪不怪，所以在国内鸡的产量并不会有过多的影响，但是不管任何东西，都有属于自己的一个周期，所以，鸡的出栏量并不会有很大的变动，在进口方面，同样是受到贸易战的影响，鸡肉的进出口总量都会有所下降，短时间下不会有较大的波动。鸡肉在我国的肉类的产量占比中，产量一直是第二的位置，但是鸡肉的产量也是随着时间的变化而有一定的变化的，纵观我国这 30 年来鸡肉的产量占比，在 1990—1996 年这 6 年间，鸡肉的产量从 8.49%增加到 18.92%。到此，鸡肉在各类肉之间的产量占比也可以说是达到了当时的顶峰，随着当时鸡肉的占比量的增加，对猪肉的占比造成的一定的替代，使得猪肉的产量出现了一定程度的下降，而在这个时期，鸡肉也确实表现出了其对猪肉的替代性，但这种替代的现象并没有上升，直到2011年开始，由于各种原因，鸡肉的产量没能一直维持下去，而是出现了明显的下降现象，并且一直以来，我国的鸡肉都只有少量的出口，进口也只有少量的，大部分的都是属于自产自销的，在以前，由于农村与城市之间的经济消费差距大，农村的人平时一般吃肉都是在隔上一段时间之后吃自己家养的鸡，很少会在集市上购买其他肉类，只会在逢年过节的时候才杀一头猪，而在近几年来，由于生活水平的提高，农村与城镇之间的差距有所缩小，不管是什么，人们都愿意在集市上去购买，所以鸡肉不再只是人们自家消费的产品，他们可以购买不同的东西，所以猪肉的销量就越来越好了，因此，猪肉的消费也随之比鸡肉的高。近年来，由于生活品质的逐渐提高，人们不再只是追求温饱，而是更加注重口感，越来越多的人觉得鸡肉的口感单一，乏味，不像猪肉那样口感多样且鲜美，于是，鸡肉的占比有一定的下滑，但总的来说市场是相对稳定的，未来的市场也会出现一定的波动，但还不会代替猪肉在居民消费中的主要地位。

3. 牛肉的供需情况

一直以来，我国的牛肉消费在肉类消费中的占比是不高的，同样的牛肉的来源也是同鸡肉来源是一样的，都是自己生产和进口两种来源，对于自给方面来说，能判断牛肉产量的多少的标准是牛的存栏量与出栏量，但是据相关数据显示，一直以来，我国的牛的出栏量一直在下降，由此牛肉的产量也会有一定的影响，因为牛也是有自己的生长周期的，并且，牛的出栏量相对于生猪和鸡来说，时间更长。同时，牛肉的价格一直都高过其他肉类的价格，所以在以前，牛肉并没有成为主要的消费品。近年来，随着经济的增长，人们的消费理念也有了一定的改变，越来越多的人开始注重消费的品质，所以有的人开始经常消费牛肉，导致牛肉的消费量又有了一定的增长。对于进口来说，近年以来，牛肉的消费大多是进口，且消费一直是稳定地小幅增长，且在各种肉类种牛肉的进口量一直是最大的，因为进口牛肉的质量好，我国的牛肉主要从加拿大、澳大利亚、新西兰、阿根廷、巴西等国家进口。进口牛肉的价格比较贵，所以进口牛肉主要针对的是高消费人群，因此，牛肉的销量一直处于平稳的状态，不会有所上升。所以，综合来看，牛肉不可能对猪肉进行长期的替代，因为即使猪肉涨价也不会比牛肉更贵，只有一小部分的消费者会选择在猪肉涨价时长期用牛肉来代替猪肉的位置，但是对于大量的普通消费者来说，其实要一直用牛肉来代替猪肉是不可能的，因为其价格是高于猪肉的价格，所以牛肉是不能够代替猪肉在消费者生活中的地位的。

四、传统文化影响

1. 传统文化

猪是大家都很熟悉的动物，猪被称为六畜之首，所以，可见猪在我国的传统文化中是有一定的地位的，而且在古代，人们都很信天意，所以会有很多的祭天、祭祀活动，而在这些活动中，必不可少的就是猪肉，有时候还会用一整头猪来作为祭祀的祭品。在一些祭祀活动中对于猪的用量还是很有讲究的，不同等级地位的人都是不一样的，只有天子才能在祭祀中用到牛、羊、猪，三者合称“太牢”。

虽然猪在古代有不可替代的地位，但地位也有高低之分，比如说在古代，牛的地位就比较高，因为当时的生产力低下，很多的生产活动都会用到牛，可以说，在当时，牛也是主要的生产力，所以人们不会去杀牛的，而在有的时期，牛还是受到法律保护的，比如说在汉朝，杀牛是重罪。而相对于猪来说，猪是一种方便养殖的动物，而且最主要的是，它不需要人们费心费力地去照看，很好养活，且在过年过节的时候宰一头猪可以维持人们很久的生活，因为他们可以用各种各样的方法来存放猪肉，来供家庭很长一段时间内对肉产品的需求，同时在以后拿出来吃的时候更加方便处理与制作，所以在这么多年的传统文化中，猪是必不可少的。

2. 饮食文化

都说文化对人的影响是潜移默化的，从我们出生到现在，不管是家常菜还是在外面吃东西，我们的饭桌上出现得最多的就是猪肉，这影响可以说是祖祖辈辈传下来的。由于长期吃猪肉，我们在一段时间没有接触到猪肉后会开始想念猪肉的味道，通俗地来说就是嘴“馋”了。现在只要说到关于猪的饮食文化，人们能想起的关于猪的美味菜肴就会有几十上百道，红烧肉、东坡肉、红烧狮子头、粉蒸肉……而且猪肉的做法也很简单，容易上手，不像牛羊肉那样复杂，它可以煮、煎、炸、烤，花样繁多，也可以搭配很多不一样的蔬菜，使得菜肴健康又美味。所以猪肉在人们的日常生活中已经是不能缺少的一部分了。

五、结　论

由于最近的非洲猪瘟的再一次爆发，导致了猪肉价格飙升，由此引发了很多人对猪肉目前在人们生活中的地位，有的人认为，猪肉是可以被牛肉、鸡肉等其他禽肉所替代的，的确，就营养价值来说，猪肉是不及牛肉，甚至是鸡肉的，因此现在很多人都提倡多吃牛肉和鸡肉，但猪肉不是说简简单单的就能被替代的，这么多年来，为什么猪肉一直在消费者的肉类消费中占据着主导地位，甚至能影响到 CPI 指数？而人们明知道猪肉没有其他肉的营养价值高还一直选择以猪肉作为主要的肉类消费品？就像明知道猪油没有菜籽油、花生油有价值，还是宁愿选择食用猪油一样？因此人们不仅会受到消费习惯的影响，还会受到各方面的影响，而这些影响因素都会让人们很难接受用其他肉类来代替猪肉在其生活中的地位，所以说，现在在市场上出现的其他肉类的销量的上升也只会是短暂的，不会出现长期的替代情况，等到非洲猪瘟过去之后，新一轮的猪周期也会有所稳定，一旦生猪的存栏量和出栏量得到恢复，猪肉的供给达到正常之后，猪价就会下跌，猪肉也会随之下降，其他肉类对其的替代效应也会减弱，即使是近年来猪肉在国民消费中的比重在下降，但它依然是占据了主要地位的，所以说就目前的综合情况来看，猪肉是不会被其他肉类所长期替代的。

人们对于猪肉的消费习惯

武慧
（贵州大学经济学院　贵阳　550025）

【摘　要】近年来，由于非洲猪瘟的影响，我国市场上的猪肉价格持续飙升，以前 20 块钱一斤的猪肉价格已经抬升了近一倍多，而且有的地方已经“一票难求”了。为什么猪肉价格这么高，市场这么受消费者的欢迎，到底是什么因素影响人们的消费习惯的，消费者能不能在猪肉价格上涨的背景下去选择消费其他的肉类呢？

【关键词】非洲猪瘟；消费习惯；食用历史

一、前　言

猪肉作为人们日常生活中的必需的肉类，其丰富的蛋白质及其营养也是为人们所追捧的。可以说，猪肉的受欢迎程度就跟大米、面这些主食一样，每家每户都会吃，而且购买的次数很频繁，几乎每餐都能在餐桌上看见，现如今，吃猪肉不仅是衡量人们家庭生活水平的一个指标，同时也为消费者提供很多的营养，它可以代替很多其他的价格更高的肉类，比如牛肉、羊肉、鸡肉和鸭肉等，同时也能最大限度地满足人们的需求，像牛肉所含有的蛋白质比猪肉高很多。但是消费者却更喜欢买猪肉，而只有一少部分的人愿意买牛羊肉。而最近因为非洲猪瘟的原因，很多的养猪场都面临着破产倒闭，大大小小的养猪场都被迫破产倒闭了，猪肉就没有人养了，导致猪肉的供应出现了很大的问题，但是人们对于猪肉的需求却是巨大的，所以整个市场上的猪肉价格不断上涨，很多地方的猪肉都供不应求，猪肉市场陷入了一个困境当中，随着全国性疫情蔓延，猪肉受到前所未有的冲击，全国各地不同程度涨价，就连交通不便利，人烟稀少的这种偏远的农村地区，猪肉价格也已经涨了将近一半，平日里 14 元一斤，现在已经涨到 20 元一斤，而且还很难买得到。猪肉的减少及涨价，同时也带动了其他肉类的价格上涨，鸡鸭是农村常见的家禽，也是较受欢迎的肉类，平日里鸭子价格一斤在 11 元左右、土鸡价格在 20 元左右，如今鸭子价格已经涨到了 20 元一斤，土鸡价格 35 ~ 40 元，不得不说，真心吃不起。按道理来说猪肉的价格涨得这么贵，广大的消费者可以选择吃其他的肉类来代替猪肉，但是为什么大多数人都选择少吃点，而不是买其他肉类代替，这到底是为什么呢？其实这跟我们消费者的饮食习惯有很大的关系，当然，同时这个还受到价格因素的影响，具体原因有哪些呢？对此，为了充分了解市场上消费者对于猪肉的消费习惯，我开始上网收集数据，想对此有一个深入的了解和认识，从而解开自己心中的疑惑。

二、中国人关于吃猪肉的历史

中国人对于猪肉的消费习惯，有着几千年的历史。很早以前，我们国家就有养殖猪的举动了。早在春秋时期就有曾子杀猪这一事件的记载，表明其实早在那个时候古人就开始了食用猪肉的行为，但此时猪肉都是普通百姓在食用，而最早对于猪这个字的记载是在商周时期。到了周朝，关于猪的记载比较多，代表养猪事业已经达到了一个顶峰，技术水平已经很高超了，养猪也初具规模。而经过秦、汉两朝的技术精进，再有从晋到宋的农业发展和人口增长，养猪大业不断茁壮发展。到了北宋时期，上流贵族的肉食主要还是羊肉，没有上流社会的带动，普通的食物是不能引起社会的剧烈反应的。到了今天除了母猪和公猪之外，其余的在猪小时候就要进行阉割，阉割的目的一方面是减少猪性激素的分泌，从而让猪长得更快，另一方面就是阉割后的猪肉吃起来没有那股骚味，更容易让百姓接受。北宋时才有了炒菜，但是由于炒菜需要耗费大量的油，普通人大多只能水煮或者蒸来吃，缺乏特殊的烹饪技巧，自然会导致猪肉味道不好，味道不好，自然就没有人去吃了，这实际上就是一个死循环，只要好吃才能吸引顾客，后来苏东坡独创东坡肉才让人们逐渐开始喜欢上了猪肉。北宋时期，猪肉的地位就下降了很多，人们吃猪肉很少，而更多的人选择吃羊肉，因为当时的人们觉得吃猪肉地位不高，只有那些地位低下的贫苦人才吃，而吃羊肉是一种地位的象征。大家普遍认为吃猪肉会让他们生病，而羊肉有很多其他的功效，对身体很好。而很多的诗人也有诗句证实当时的猪肉地位很低下，只有贫贱的人才吃，在当时，猪肉一年的使用量才有几千斤，而羊肉可以达到几十万斤，是猪肉的几百倍。但普通百姓还是很爱吃猪肉的，因为他们没有选择，吃不起羊肉，所以撑起了仅次于羊肉的巨大消费量。到了南宋的时候，猪肉地位终于有所上升了。一方面，中国古代时候，由于战争以及经济的南移，我们国家的人口和农业的重心也从北方移到了长江中下游地区，而南方山多，人口密集，地很少，就不再适合养殖这些流动性很强的牛羊了，而这时候，养猪成为社会的主流。另一方面，宋朝时期经济繁荣，人口大范围地增加，人们对于猪肉的需求也与日俱增。因为猪好养，而且肉多，在当时就成为人们肉食的主要来源。所以养猪的地位就此定了下来。虽然在元朝时期养猪事业遭受了一些曲折，但从明到清又重新恢复了兴旺的水平。从此以后的几百年来，猪肉在中国人肉类消费结构中的优势地位逐渐牢不可破，中国人喜欢食用、善于食用猪肉的历史也就此稳定了下来。

相比之下，其实牛肉的营养价值大于猪肉，但是为什么人们更喜欢猪肉？古代人不吃牛肉的原因主要有两个，一是大家都知道，古代的牛基本上都是耕牛，也就是说是家里的一个劳动大军，养牛主要是用来耕地劳作的，所以在古代，几乎所有的人都没有吃牛肉的习惯。只有少数上流社会的人追求美味，他们可以吃牛肉，在普通人眼里，吃牛肉是一件很不好的事情，因此，即使有牛肉供应，买牛肉的人也很少。在这种情况下，牛肉的价格会降低。另一个原因是大家都知道牛是用来务农和工作的，所以在日夜的辛勤劳动下，牛几乎没有脂肪，大部分是瘦肉，对今天的人来说，牛肉很好，蛋白质含量很高，吃后不易增重，但对当时的古人来说，在衣食上，脂肪较多的猪肉和羊肉更适合提供相应的热量，这两个原因使牛肉在古代并不比猪肉和羊肉更受欢迎。

三、猪肉受消费者喜爱的原因

我们中国是一个养猪大国，当然同时也是一个消费大国。猪肉深受消费者的喜欢主要是因为养猪成本低，它的市场价格也很低。而猪肉价格低主要是有两个方面的原因。

其中的一个方面是因为猪对饲料的要求远远比其他的牲畜要简单很多，人类吃剩下的剩菜剩饭猪照样也可以吃，就算是糠麸之类的，同样也不在话下。如果是放在野外，它也可以轻松地存活，对于地上的植物也可以全部入得了它的口。所以养猪的成本和其他相比是比较低的。而从历史来看，人们最早对于家畜的养殖也是最先从养猪开始的，所以人们对于养殖生猪积累了很多的经验，导致猪肉的养殖也是最先规模化的。

还有另外一种原因就是中国的现状，大家都知道虽然我们中国占地面积比较大，但同样人口也是众多的。所以总体来说土地资源还是很稀缺的，而和其他的牲畜相比，养猪占地面积相对会更小一些，而且猪不需要太大的活动范围，不会像牛、羊那样流动性很强，而且对于食物的要求也很高，只吃草，需要广阔的草原，即便如此，草的生长也需要一定的周期，而牛羊每天都要吃，这就导致养牛和羊，对饲料的供给就有很大的困扰，而猪就不一样了，只需要在猪圈里依旧可以健康地长大，并且什么都能吃。所以猪肉的成本和价格就会比牛肉羊肉低很多，导致消费者对于猪肉的青睐程度这么高。以下就是我具体分析的几个主要的原因。

1. 饮食习惯

在我们大多数人的印象中，猪肉遍布各地，人们对它的需求也是很大的，它在市场的占有率很高，几乎每家每户都会吃，除了生活在草原上的牧民以及信仰伊斯兰教的民众由于地区因素、信仰或者饮食习惯不吃猪肉以外，全国其他绝大多数地区的消费者都是以猪肉为主。而这些生活在大草原的牧民会选择消费羊肉，因为他们所在的地区猪肉很少，几乎所有的牧民都会养羊，所以他们主要的肉食是以羊肉为主的。而猪肉现在作为消费者生活中必不可少的主要肉类食物，人们对于它的依赖程度也是很强的，现在猪肉在每家每户出现的频率很高，几乎天天吃，餐餐有，以前人们很少吃猪肉主要是因为生活条件不好，而且生产条件也跟不上发展，所以猪肉的产量很少，不能满足绝大多数人的需求，所以在那个时候猪肉属于高档品，平时吃不起，只有在过年过节的时候才能买一点吃，而现在，猪肉的产量不成问题了，基本可以满足所有人，价格也变得很亲民，大家都负担得起，而猪肉也含有丰富的营养，成为人们日常生活中的必需品。

2. 价格因素

猪肉之所以这么受消费者的欢迎，有一个很重要的因素就是猪肉的价格低，相对于其他的肉类比如羊肉、牛肉来说，猪肉的价格是最低的，很多时候价格可以比它们少一倍，而且猪肉的养殖规模也很大，中国人不仅喜欢消费猪肉，同时在养殖规模上也是占用很大比重的，据 2017 年的调查显示，中国人一年吃了全球约一半的猪肉，可见猪肉在中国的消费者心中的地位的不可撼动性。而随着社会经济的不断发展，现在人们的生活水平普遍都有了质的飞跃，但是为什么猪肉仍然保持着肉类消费的主要地位呢？虽然牛肉现在很受消费者的欢迎，因为它不仅含有很高的蛋白质，口感也很好，重点是吃了不会长胖，单凭这一点，就很受那些想保持身材，寻求高品质生活的消费者的欢迎和追捧。但是牛肉的价格在肉类中属于很昂贵的一种肉类，因为现如今大量的机器都代替了牛的使用，牛在很多地区已经退出历史舞台，已经不是社会的主要劳动力了，而成为养殖场大量喂养的消费品，人们对于它的需求也在慢慢变大，所以它的价格升高得很快，几乎比猪肉贵了一半多，市场上普通的牛肉要 40 块钱一斤，而好点的猪肉只要 20 多块钱一斤，而且牛肉的烹饪操作很繁琐，炒菜的时候很麻烦，而且还会缩水，一斤的牛肉买回来炒一下可能就剩下一小点了，所以牛肉又贵分量还很少，而猪肉就没有这个困扰，缩水没有那么多明显，重点是还便宜，所以人们更愿意买猪肉吃而不是牛肉。

3. 烹饪方法

从烹饪角度来看，猪肉是最方便处理的肉类，操作起来所需要的时间也比牛肉少很多，同时，制作的难度以及对火候的要求也小很多。另外，猪肉作为主要的肉类食物，烹饪的方法也是多种多样，并且没有什么其他的异味，我们可以用猪肉炒菜、蒸肉、红烧、卤肉、煲汤等，一种食材可以满足消费者的所有需求，可以做出很多不同的口味，并且口感也很好，可谓是老少皆宜，这就是中国人舌尖上的中国美食。而牛肉和羊肉则不同，烹饪起来需要较高的技术水平，而且操作起来也很繁琐，不仅需要提前腌制，而且对火候的要求也极其细致，不然很难做出一道美味的食材。尤其对于羊肉来说，更是需要很高的烹饪水平，因为羊肉一旦处理不好它本身的肉就会很难吃，有一股膻味，所以很多厨艺不好的人都不敢轻易尝试，这就是为什么它们营养高人们却很少食用的原因。

4. 持续性、规模及口感

人们选择吃猪肉的原因还有一个很大的因素就是猪肉可以供得起全家食用。比如买 100 元的猪肉，可以满足 5 口之家 3 天左右的食用，而买 100 元的牛肉一天就能吃完，100 元的鸡鸭，一餐就能搞定，花销很大，而相对于猪肉，这些肉类，食用时间持续性短，对于普通老百姓而言，是没法天天食用的，猪肉多以碟、盘为主，炒菜的时候放一点就可以形成一盘菜了，而鸡鸭肉，在人们的饮食习惯中多以整只为主，这就导致人们会吃腻而且成本也很高。

猪肉作为日常所需的主要肉类，其养殖的规模性较大，不管是农家散养还是大型养殖场，各地的产量很多，基本可以满足市场的总体需求，而且生长周期很短，基本上一头成熟的可供人们食用的成年猪只需要 1 年就可以出栏，而其他肉类则不同，牛和羊的养猪场远远少于猪肉的养猪场，而且牛和羊需要的空间也很大，因为它们的活动范围很广，所需要的面积自然也要比养猪大得多，而且牛和羊的生长周期也很长，投入的成本很高，但是最后的市场需求也没有猪肉那么高。

从口感角度看，人们更愿意吃猪肉的原因是牛肉因为体型大，平时主要是以吃草和玉米秆为生，导致它生长的肉不细腻，肉丝比较粗，口感不好，而猪肉的肉质很细腻，密度也比牛肉要稀疏，没有那么紧凑，好嚼，不容易塞牙，而且油水多，吃起来更香。

四、结　语

现如今，由于非洲猪瘟的影响，猪肉的供给大量减少，在很多地方，周边乡镇集市上几乎见不到猪肉，就算有，由于价格升得很高，购买猪肉的人也寥寥无几，现在整个市场的现状就是没猪可买，有猪不敢买，想买也很难买到，部分村落已经“关闭圈门”，没有生猪，就连自己家养的猪也都死光了，而其他肉类作为猪肉的替代品，由于猪肉价格上涨，牛肉、羊肉的价格涨幅也不小，在这种情况下，很多吃不起肉的老农都说“宁愿少吃肉或不吃肉”，过了这段时间再吃，多吃蔬菜让身体增加些维生素也不错。

其实，虽然短时间内猪肉的价格还是居高不下，但是从长期来看，猪肉的价格下跌是必然趋势。大家可以不必太担心，因为猪肉作为我们日常生活中必需的肉类，是人们营养摄取的主要来源，如果人们吃不起猪肉，那么民生就存在很大的问题了，国家也在积极地出台政策来控制猪肉的价格，以及对于非洲猪瘟的防控，现在猪肉的价格已经得到很好的控制，而且价格也有一定的回落，相信很快，猪肉的价格就会降下来。

猪价上涨对不同群体消费习惯的影响研究

熊凤
（贵州大学经济学院　贵阳　550025）

【摘　要】自2018年8月我国沈阳市发生非洲猪瘟以来，非洲猪瘟陆续在我国各个省份发生，受活猪跨省禁运措施的影响，区域间供需出现严重不平衡现象，产区跌、销；随着各地改“调猪”为“调肉”，流通渠道逐渐通畅，但紧随着猪肉价格受到严重影响，价格持续上涨，其次，国家出台“环境保护政策”，许多小型养殖场被迫关闭，以及养殖户受“猪周期”的影响等，导致生猪的存栏量下降，供不应求，市场上流通的猪肉也减少，价格上涨。那么受价格的影响，很多消费者对猪肉的选择是否会发生改变，未来的消费习惯会更多倾向于哪些猪肉的替代品或者还是选择猪肉？本文基于此来研究猪价上涨对不同群体消费习惯的影响。

【关键词】非洲猪瘟；猪价；消费习惯

一、猪价上涨的背景

1. 国内背景

（1）存栏量不足，供应偏紧。由于生猪市场不景气，养殖大多处于亏本情况，所以中小型养殖户养殖意愿不强。其次是环境保护政策得到了支持，许多养殖户被迫退养，结果导致生猪存栏量不足，供应偏紧的局面。根据国家统计局的数据，截至2018年底，中国的生猪数量为42817万头，下降了3.0%。在2019年2月份，农业农村部监测的400个县的数据显示，能繁殖的母猪存栏环比下降5.0%，中国的生猪数量下降了5.4个百分点。

（2）国家开启第二次收购冻猪肉。第二次收储虽然存量不大，2017年收储量达156 t左右，今年预期收储冻猪肉200 t，而且每次的收储都是在猪价低迷的时候，防止“猪周期”的价格大幅波动，为后面的消费需求做准备，因此在一定程度上还是会影响供需，会对猪肉的价格起到提振作用。

2. 国际背景

（1）非洲猪瘟的广泛传播。1921 年肯尼亚第一次报道非洲猪瘟，是一种类似虹彩病毒科和痘病毒科，并通过蜱虫传播 ASFV 从而感染健康猪的病毒，一直存在于撒哈拉以南的非洲国家，2007 年以来，非洲猪瘟在全球多个国家发现、扩散以至流行，特别是俄罗斯及其周边地区。直到 2018 年 8 月在我国沈阳市被发现，并通过各种途径比如生猪及其附属产品国际贸易和走私、国际旅客携带的猪肉及其附属产品，以及国际运输工具等方式迅速传播到全国各地，于是，导致我国短期内猪肉价格突飞猛进，直到 2019 年处于高价格的趋势。

（2）从美国进口大量猪肉。据调查，我国每周从美国进口猪肉 23846 t，在美国农业部 3 月 14 日公布的数据中显示可知，截至 2019 年 3 月 7 日，美国向中国出售的猪肉达到 23846 t，这是从 2017 年 4 月以来美国对中国最大的一次猪肉出口，而这些大量的猪肉进口导致国内市场猪肉价格受关税影响，普遍提高。

（3）国际大豆、玉米等饲料原料进口价格昂贵。近期国际大豆及玉米价格大幅度上涨，由于我国大豆的进口依存度约为 80%，国内部分以大豆为原料的饲料价格也随之出现快速上涨的趋势，虽然玉米的涨势稍微要平缓一些，但是价格同样上涨很大，就导致生猪的养殖成本大大增加，于是猪肉价格也随着提高了。

二、猪价涨幅趋势变化情况

据收集数据来源显示，2016 年全国猪价呈平缓的变化趋势，平均价格处于 16～20 元，猪价稳定。2017 年全国猪价呈下降趋势，7 月后趋于平均水平，在 14 元左右。而到 2018 年就开始出现曲折变化，据农业农村部监测，全国猪肉批发市场均价为 18.7 元每公斤，同比跌了 12.1%，自 8 月爆发非洲猪瘟以来，由于许多生猪的存栏量下降，据农业农村部监测，12 月生猪的存栏量同比下降 4.8%，能繁母猪同比下降 8.3%，导致许多中小型养殖户的养殖意愿不强，加上国家为了抑制猪瘟传播采取的一些措施，比如生猪跨省禁运等政策导致价格开始往上增长，直到 2019 年差不多呈直线往上上涨，涨幅巨大，从 2018 年的最低价格 10 元左右涨到现如今的 28 元左右。

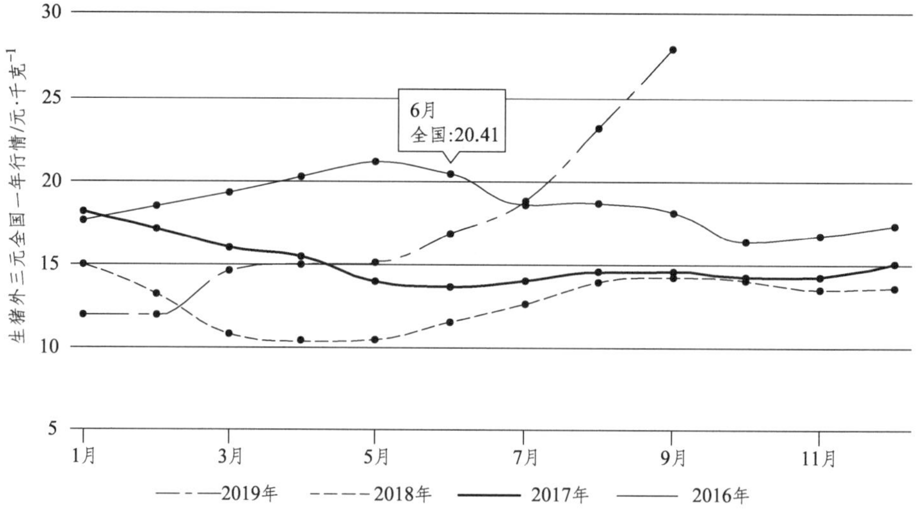

图 1　生猪外三元全国一年行情

数据来源：公开资料整理。

三、未来猪肉价格变化趋势分析

由于非洲猪瘟的影响，许多养殖户的补栏能力受到制约，新兽药与疫苗的研制的成本高昂，而且疫苗药品的研制周期也不是很短，至少需要一至两年的时间，所以市场上的药品的价格非常贵，导致养殖户养殖的成本大大提高，就算生猪的“猪周期”能够维持过去，生猪的出栏量也不会很高。并且国家还督促生猪屠宰企业对生猪进行猪瘟自测，以及从美国等国家进口大量猪肉以及冻猪肉，加上进口生产饲料的原料比如大豆玉米等价格昂贵等这些因素都提高了养殖成本，因此预期价格也不会改变太多。不过随着 2019 年下半年疫情高峰期过去，下半年需求将逐步回补，预计全国全年猪肉消费量有将会有小幅下滑，预计下滑幅度在 10%左右。替代供应难补缺口，受到我国消费习惯的影响，猪肉是我国最大的肉类蛋白消费品，2018 年全国猪肉产量 5404 万吨，禽肉产量 1994 万吨。鸡肉作我国长期以来最方便，最具性价比，最易被消费者接受的猪肉替代品，其每年产量不足猪肉的一半。根据禽料的增长规模来进行侧面验证，2019 年 1—4 月肉禽饲料同比增长 11.2%，我们认为肉禽养殖增量在 10%左右，预计增加鸡肉供应量在 200 万吨，价格也会随之提高，就算上涨价格不会太大，但是供应也不足以填补缺口，因此相同条件下，消费者还是会倾向于选择猪肉。而且在贸易战的情况下，大量进口受到限制，增长空间不大。因此，由于产能下降、供应缺口，据以推断猪肉价格会保持上涨趋势，经相关专家断定猪价预期未来会达到30元每公斤，但是猪价并不等同肉价，因此，猪价也不会一直上涨。

四、猪价上涨对消费习惯的影响

猪肉在很多国家都是很畅销的，除了信仰伊斯兰教的民众，大部分国家的很多地方都是食用猪肉的。猪肉作为一种口感好、能融合许多菜品的肉类，受到很多人的追捧，特别是中国，中国是世界上最大的猪肉生产国和消费国。许多消费者钟爱于猪肉的肉质，以及它可以做很多菜，是逢年过节必不可少的一道主食，比如猪排骨可以做成糖醋排骨、土豆排骨、玉米排骨，猪肉又可以做成红烧肉、狮子头、锅包肉等，各地耳熟能详的美食其主要食材都是猪肉。由于非洲猪瘟带来的存栏量以及能繁母猪的存栏量不足，猪肉产量严重下降，猪肉价格随之上涨，供求关系就发生变化，而对于喜爱猪肉的消费者来说，当猪肉价格上涨，而且随着蔬菜价格的上涨，在工资没有上涨的情况下，如果要保持以往的菜量，就会导致每个月在生活支出这一块成本增加，因此，这个一部分人就会把目标转移到猪肉的替代品身上。猪肉的消费量就会减少，而它的替代品，牛肉或者鸡肉鱼肉、其中替代最大的是鸡肉，鸡肉相比于其他肉类要更便宜，被选择的机会远大于其他肉类，因此，这些肉类的销售量会大幅度提高，消费者会倾向于购买猪肉的替代品，或者说减少对猪肉的需求量，导致猪肉销售量下降，但由于受到其他条件的影响，它的价格还是会保持在一定范围，甚至会更高，反之，销售量下降又会导致一些生产商或者养殖场减少猪肉生产量，或者关闭生产。总的来说，消费者受到价格的影响会把消费目标转移到猪肉的替代品身上。

五、猪价上涨对消费习惯的影响及应对对策

猪价上涨对不食猪肉的消费人群来说没有多大影响，甚至可以说没有影响，但是对于喜食猪肉的消费者来说，影响却是很巨大的，因为价格上涨，许多消费者只能望而却步。从图1、图2数据可以得出：

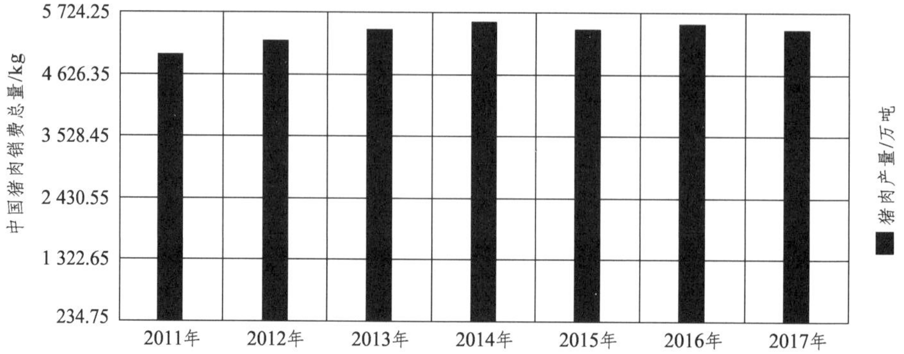

图 2　2011—2017 年中国猪肉消费变化

中国人均猪肉消费量从 2014 年的 41.9 千克下降到 39.76 千克，中国猪肉消费总量已经连续下滑了 3 年，降到了 5487 万吨，幅度达 4%。而作为猪肉替代品的其他几类肉类却是呈现上升趋势（图 3）。

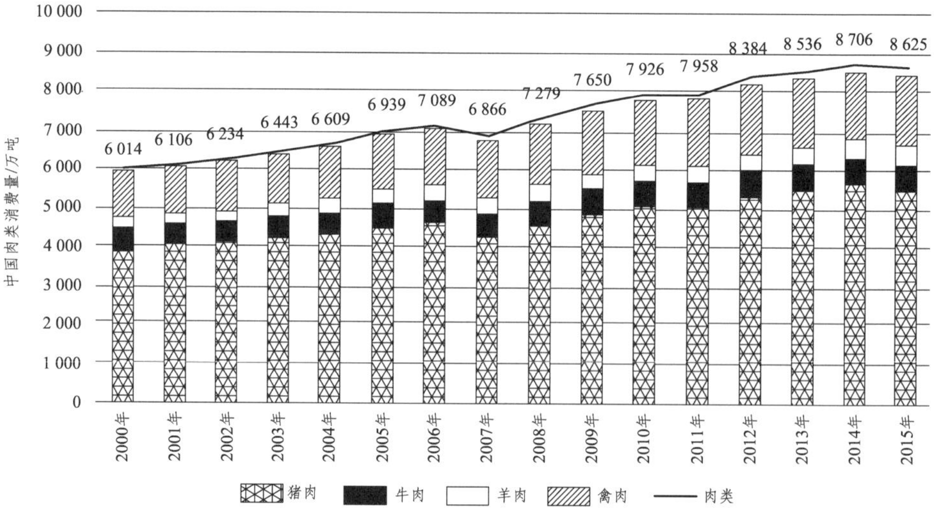

图 3　2000—2015 年中国主要肉类消费情况

在《2016 全球粮食政策报告》报告中指出，目前我国的人均肉类消费量已经远超世界水平的两倍，在 2016 年时中国猪牛羊禽肉产量达到 8364 万吨，牛肉、羊肉、禽肉以及禽蛋产量分别增长 2.4%、4.2%、3.4%和 3.2%，而到 2018 年猪肉产量却直线下降，仅 5404 万吨，肉禽产量却达到 1994 万吨，占比增大明显。

针对这一现象，宜采取以下对策：

（1）国家层面，加大对猪肉的管控，以及实行财政补贴加大政策支持力度，增加中小型养殖场的养殖信心，减小他们对养殖生猪的后顾之忧。再者，增加新型疫苗的研发以及完善疫病防控体系，减小猪瘟的危害范围。

（2）要合理安排新增生猪的养殖用地，在编制国土空间上，要合理地增加生猪养殖的附属设施用地规模，再完善设施农用地政策，取消 15 亩上线，鼓励综合利用“四荒地”以及农村集体建设用地来发展生猪生产等。

（3）在生态环境层面，除法律明确规定的禁止养殖区域外，不能够超越规定的范围划定禁养区。对于禁养区内已经关停并且需要搬迁的规模化的养殖户，应该优先支持他们进行异地重建，对的确需要关闭的养殖场户，给予一定的过渡期，避免用清理来代替治理，更是要严禁“一律关停”的做法。然后再对那些符合环保要求的畜禽养殖建设项目，加快他们的环评审批。

（4）在企业层面，加大防控设备的投入，对生产的各个方面要严格把关，不可只重利益，不重道义。其次，严格遵守法律法规，跟随国家的脚步，不随意抬价、降价，不非法垄断。

（5）个人层面，保持正确的三观以及消费观，根据自己的收入水平合理购物，其次提高眼界，不购买无三标的食品，或者转向于购买猪肉的替代品，合理购买。

六、建　议

非洲猪瘟固然是造成猪价上涨的一个罪魁祸首，但是猪价上涨在近两年，也是一个必然的趋势，非洲猪瘟没有爆发之前，由于国家的环保政策以及母猪繁殖能力下降，许多养殖户的养殖意愿下降，导致生猪的存栏量已经明显下降，而非洲猪瘟爆发以来更是造成许多中小型养殖户关闭养殖场，生猪产量下降更多，其次由于国际上猪饲料等价格上涨，猪肉的价格也随着上涨，而非洲猪瘟的爆发，让猪价上涨到一个制高点，直到目前为止还有上涨趋势，预计 2019 年年底会涨到 40 元每斤左右。因此基于这样一个背景下，许多消费者的消费习惯也受到影响，发生了很大改变，由于在猪价上涨，而工资水平不变的情况下，对猪肉的需求必然也就下降了，而肉类自古就是人们餐桌必不可少的一部分，因此，在减少猪肉购买量的同时，更多的消费者更倾向于猪肉的替代品，比如牛肉，同等价格下，更倾向于牛肉，其次是购买价格较低的肉禽，虽然，消费者的消费习惯目前改变太大，但是由于猪肉本身具有不可替代性，当价格稳定下降到原来的水平的时候，消费者又会转而购买猪肉。因此，猪价上涨对消费者的影响是很巨大的，只有稳定好猪价，才能保持肉类消费者的和谐，促进社会发展。

非洲猪瘟对猪肉替代性的影响

汪庭竹
（贵州大学经济学院　贵阳　550025）

【摘　要】自 2018 年 8 月以来，在中国各地接连出现非洲猪瘟疫情。非洲猪瘟是一种急性、发热传染性很高的过滤性病毒所引起的猪病，该种疫情的发病过程短，病死率高达 100%。非洲猪瘟的蔓延对猪肉养殖业的发展影响巨大，并进一步波及生猪市场，造成猪肉市场供求严重失衡、市场价格强烈波动。因此，有关非洲猪瘟的研究一直处于国内讨论的热点。本文从猪肉的替代性角度分析非洲猪瘟的影响，从国家、消费者和生产者三种不同社会主体的角度加以展开，以期为政府对猪肉市场的调控提供可行的建议。

【关键词】非洲猪瘟；替代性；不同对象

一、绪　论

猪瘟疫情的出现在消费群体中反响强烈，疫情的突发让生猪养殖户措手不及，而国家也针对猪瘟疫情的爆发采取了相应的应对措施。与此同时，猪瘟对猪肉的价格的波动影响也引发了国内众多学者的研究。本文主要针对不同的研究对象，分析非洲猪瘟对猪肉替代性的影响。

众所周知，非洲猪瘟自 2018 年 8 月在各地接连出现，疫情发展之迅速，也使猪肉的价格发生相应的波动。猪肉的价格一路水涨船高，也引发了国内部分学者的研究和思考。非洲猪瘟的出现更加能显现出猪肉替代性程度，而从不同的对象分析对其影响会更加全面。

通过分析非洲猪瘟对猪肉替代性的影响，分析猪瘟发生前后所出现的状况三个不同的社会主体不足并总结，提出可为政府调控猪肉市场的建议。本文主要是通过叙述观点为主，问卷调查为辅，对非洲猪瘟对猪肉替代性的影响进行分析。在阅读相关文献、网上查询非洲猪瘟背景的基础上，从三个角度作为切入点，分析总结，文章末尾提出可为政府调控猪肉市场的建议。

二、从国家政策层面分析

作为拥有将近14亿人口的发展大国，中国不仅是猪肉的消费较大的国家，更是猪肉养殖大国，且猪肉在中国日常的肉类中占有着重要地位。我国的生猪的出栏量占到世界生猪出栏量比重的57.46%，生猪出栏量稳居世界第一。据《中国生猪养殖行业市场前瞻与投资预测分析报告前瞻与投资预测分析报告前瞻》数据显示，目前我国年生猪出栏量30万头以上的企业超过20家，年出栏量5万头以上的企业高达数百家，这些自然都离不开国家为促进生猪养殖行业的发展所颁发的补贴政策。

非洲猪瘟爆发后，为稳定生猪市场供求的平衡和猪肉的供求价格，2018年8月31日以来，农业农村部同发改委、财政部、生态环境部、交通运输部、银监会等多个部门，接踵印发出台17条政策支持生猪市场发展。主要总结归纳为以下几点：第一，基础设施建设。对2020年前新建、改扩建种猪场、规模猪场户和禁养区内规模养猪户异地重建给予适当的补贴，并适当调出大县奖励资金的规模，重点支持生猪生长、疫情防控和流通的基础设施建设。第二，贷款贴息。为支持生猪产业的发展，国家将生猪产业流通资金贷款贴息延长至2020年12月31日。第三，保险。直至2020年12月31日，国家暂时将每头能繁母猪保额在原有基础上增加500元，育猪保额也相应增加至800元。第四，粪污处理。全面推进粪污处理项目的开展范围，促进粪污的资源化利用。第五，养殖用地。养殖用地按农用地处理，允许使用一般耕地进行生猪养殖。

国家有关生猪补贴政策的大力实施也反映出猪肉在中国肉类消费中所占的重要地位。国家支持生猪养殖业的发展，市场供给的比重与其他肉类相比占有相对多一点。相应的，占据市场的份额越高，自然对市场的影响也越大。而当价格保持在消费者能接受的范围内是，消费者消费得自然较多，供给消费市场处于均衡状态，可替代程度便日益下降。非洲猪瘟的爆发迫使猪肉的供给下降，价格上涨，消费者被迫寻找猪肉替代品，猪肉的可替代程度趋于上升。

三、从猪肉消费者角度分析

事实上，在我国的肉类消费市场中，存在着不均衡的肉类食用结构。中国肉类的消费量逐年增加，其中猪肉的消费占有了将近一半。可见对于消费者而言，对猪肉的偏爱高于其他肉类。

1. 传统观念

在改革开放前，人民的生活水平普遍较低，生产力低，肉类资源匮乏。那时的大多数地区，农村家庭每逢过年时才杀一头猪，猪肉供自己的家庭食用。因而猪肉成为人们最为主要的肉类，全国猪肉的消费量占整个肉类消费80%以上。改革开放后，伴随经济水平的提高，人民的生活、物质方面的改善，营养均衡的观念逐渐深入人心。“绿色蔬菜”慢慢出现在人们的餐桌上，肉类的品种的增加，这些使得猪肉的消费比在肉类消费中日益下降，但仍是中国肉类消费的绝对主体。

受传统观念的影响，不少地区家庭在重大节日或过年过节时仍会购买大量猪肉做成各种佳肴，认为庆祝节日，这么重要的日子里得“吃点好的”。即使在贵阳市直辖管理下的开阳，这种观念依然普遍存在。下属的各个乡、村，老一辈的观念中“猪肉是肉类里最好吃的”。在此传统观念的影响下，猪肉的消费比自然很难有大幅度的下降趋势。

非洲猪瘟爆发后，患疫情的猪要求全部宰杀，农村也存在可能未患疫情的猪被政府强制要求宰杀的情况，且非洲猪瘟的传染性极强，以致猪肉的供给急剧下降。市场上猪肉的供给下降，难以满足消费者的日常需求。不少消费者选择购买猪肉的替代肉类，此种消费者大多为年轻及中年人。对于大多老年人来说，即使猪肉的价格高出平时的一半，他们仍乐意选择购买猪肉。

2. 市场价格

鸡肉、牛肉、羊肉、禽肉同为猪肉的替代品，而从历史的传统来看，牛羊肉的价格一直较高，猪肉与鸡肉的价格反而相对较低。自2008年起，牛羊肉的价格一路飙升，猪肉、鸡肉和禽肉的价格却还保持在稳定的区间范围内波动。所以市场上也难免会出现一些不法商家用低廉的鸡肉经过一系列的加工“冒充”牛羊肉制品，如我们常见的羊肉串、牛肉串等。牛羊肉价格一直高于猪肉，首先是因为中国原来发展的是自给自足的小农经济，单产面积生产量虽高，但机械化水平较低。牛在农业种植中便担任着不可或缺的角色，作为松土搬运的工具，牛外貌老实忠诚，吃苦耐劳，在人们的思维中很难将其列为可食用肉类的一种。其次是在火锅等现代餐饮业的发展带动下，牛羊肉的需求增加，而牛羊出栏量的提高更进一步刺激消费，使牛羊肉的价格一直居高不下。

非洲猪瘟的出现不仅使猪肉的价格翻了一番，原来价格一直高于猪肉的牛羊肉的价格也随之上升。鸡肉的价格虽低于牛羊肉，其口感却不如猪肉，而消费者更加偏爱于食用鸡蛋及蛋制品。消费者也是理性的，猪肉的价格上升，在原有基础上会相应减少对猪肉的需求，然对比其他肉类替代品，大部分依旧会偏向选择猪肉。

3. 肉类安全

从新鲜肉类分析，鲜猪肉的验收标准远远高于鲜牛肉、羊肉和鸡肉。鲜牛羊肉均要求其肉色深红、颜色均匀，肉质有弹性、无人工加水。且鲜牛肉的牛肉气味要浓厚，鲜羊肉的肉皮为白色或者浅灰白色。鲜猪肉除满足肉色、肉质、气味等最基础的要求外，对不同部位的肉要求皆不相同，如散肉、上肉、五花肉、瘦肉、排骨等。其中要求最为严格的便是边猪及散肉，因为日常消费者消费较多。仅从新鲜肉类来看，猪肉的安全标准把控便高于其替代品，冷冻肉亦是如此。消费者自然也明白这个道理，猪肉的安全标准高，消费者买得舒心，自然会偏向选择猪肉。

非洲猪瘟的出现猪肉的安全问题推向了一个更高的高度，为打消消费者食用猪肉时的顾虑，国家制定了一系列的标准检查患病猪，检查后将其宰杀，避免疫情的进一步扩散。同时加大对非洲猪瘟的普及程度：猪瘟的疫情只会在猪与猪之间传播，即使人食用了患疫情的猪，并不会对人的身体造成影响。猪肉的销量仍是受到了部分影响，消费比重较之前呈下降趋势。

4. 饮食要求

中国是一个多种民族的国家，由 56 个民族组成。而不同民族之间的饮食文化与要求也截然不同。其中，汉族占全国总人口的大部分。汉族对于猪肉的要求从改革开放之前的“能吃到”逐渐转变为现在的“要好吃”，当今越来越多的人讲究饮食的搭配和均衡，“食不厌精、脍不厌细”，越来越多的人追求有品质的生活。对猪肉的挑选、口感、部位的选择及做法都有不同的要求。如苏东坡发明的“东坡肉”的主要食材是五花肉，“红烧里脊”中猪肉则需选择猪的里脊，选材十分考究。

中国文化积厚流光，其中便包括中国的饮食文化。“舌尖上的中国”自然对猪肉青睐有加。即使是受猪瘟疫情的影响，削弱猪肉的喜爱程度，在广大的消费者群体中，猪肉在他们心中的地位也很难动摇。

5. 营养价值

猪肉的营养价值主要在于其含有丰富的蛋白质、脂肪、碳水化合物、钙、磷等营养成分。一般幼龄的孩子贫血，医生便会叮嘱父母在孩子的日常饮食中多加入瘦肉。而猪肉与其他的肉类替代品相比，纤维比较细比较软，肌肉组织中较多的肌间脂肪使得经过加工后的肉味更加可口。与其他禽肉相比，猪肉的蛋白质含量最低，但瘦肉所含的蛋白质较高。猪肉还含有大量的维生素 B，润燥，能提供人体所必需的脂肪酸，提供血红素，改善缺铁性贫血。牛肉最为主要的功效便是益气养胃、促进康复；而羊肉因为其脂肪熔点高于人的体温，吃了也不会变胖，两者皆属于养生一类的肉类。

四、从猪肉生产者角度分析

非洲猪瘟的出现最先影响的便是猪肉养殖户，没有可接种的疫苗防疫，患病的生猪只能宰杀，被宰杀的猪需深埋，使得养猪户严重亏损。为减少猪肉养殖户的进一步损失，国家制定并发布了养猪的相关补贴政策。

1. 猪肉的投入与产出

以岳阳市 2018 年上半年猪肉的食材运作情况为例，上半年猪肉的价格逐月降低，五月下旬猪肉的价格涨至 16 元/公斤。批发市场上 1 月到 6 月猪肉的价格分别为 21.5 元/公斤、19.25 元/公斤、16.56 元/公斤、15.4 元/公斤、15 元/公斤和 16 元/公斤，而 1—6 月猪肉的零售价格分别为 28 元/公斤、27 元/公斤、26 元/公斤、24 元/公斤、22 元/公斤和 22 元/公斤。从以上数据可看出，除成本外，猪肉的投入产出所得的利润相对来说还是较为可观的。

猪瘟疫情的大面积爆发无疑让生猪养殖户们连连叹息，出栏量的下降无疑等于利润的降低。而政府颁布的补贴政策不禁让他们看到了希望。

2. 猪生长周期

猪的出栏一般需要三个阶段，分别是哺乳阶段、保育阶段和生长肥育阶段。正常情况下的哺乳为 3 ~ 5 个星期，保育也在 5 个星期左右，最长的生长肥育阶段则需要 16.5 周。即使加饲料喂养最快也得 130 天，最慢是 160 天。为获取更多利润，市场大部分猪都为饲料喂养，平均 5 ~ 6 个月就能出栏一批生猪。牛和山羊的生长周期一般都在 6 个月至 1 年，相比之下，猪的生长周期较短。而培育成熟的时间越短，出栏量越高，对市场的调节能力便越高。

这也是猪肉占据主要肉类消费市场的一个重要原因。

非洲猪瘟使得养殖户的生猪出栏量迅速下降甚至没有出栏量，生猪供求量急剧下降，以致猪肉的价格上涨。仅存或未患病的生猪虽单位价格提高，但对养猪户来说杯水车薪，因亏损较大，所以也于事无补。

3. 材料成本

生猪养殖业的材料成本基本上包括幼猪的成本、猪圈的修建、饲料、人工、药费、管理费用、水煤电费等。在所有的材料费之中，80%左右的成本皆用于饲料。可以说，饲料成本的高低是影响整个材料总成本最重要的因素。合理的配搭饲料和草类饲料，也能将饲料成本有效地降低。非洲猪瘟爆发后，生猪养殖户的材料成本增加，而增加费用中最大的部分便是药费。除此之外，由于猪瘟没有针对性育苗用于防治，只能依靠养猪户的管理，对猪舍的清洁以及对生猪的密切关注，因而管理费、人工费也会随之上涨。

4. 所需技术

生猪养殖所需的技术很难通过自学从书上获取，因为书上大多讲述的是理论知识，在养殖这一行业中，重要的在于实践。多数的途径是通过相关专家的指导和培训、各家养猪户经验的交流与总结等，慢慢实践总结出养殖生猪的一套独有体系。从替代性的角度分析猪瘟的影响，生猪养殖所需技术看似与其毫无关系，实际上也是一个受猪瘟影响的方面。猪瘟的大面积扩散使得生猪的培养和出栏需要更多地技术，以后遇到此类疫情能否通过技术的提高减少生猪养殖户的成本亏损？我觉得可以通过技术的提高防范此类疫情。当前的科学技术发展迅速，在国家的政策支持下，会渡过一个又一个类似的难关，为生猪养殖户带去新的希望。

五、结　论

实际上，非洲猪瘟影响的方面很广。在生产-消费这个大环境下，可以从消费文化习惯、污染问题与政策调整等等的方面加以分析。本文选择站在三个不同的社会主体的角度，从生猪的替代性方面分析非洲猪瘟的影响。三个角度中比较侧重站在消费者的角度上分析。消费者在猪肉的消费中扮演的角色非同一般，我认为通过对其从替代性的角度分析更能反映出非洲猪瘟的影响。非洲猪瘟的爆发得很突然，政策力度实施的加强将会为整个生猪养殖提供了一套完备的保护体系。

如今猪肉的价格并未完全趋于平稳，鉴于非洲猪瘟扩散程度较广，我有以下几点建议：

（1）地方应加强对患病猪的鉴别能力和对非洲猪瘟疫情的重视程度。不能随意强制农户宰杀幼猪或者成年猪，也不能不管不问，需贯彻落实国家所颁布的养猪补贴政策和扑杀补助的发放，积极鼓励养猪户的养殖。

（2）提高生猪的育熟速度，加快对猪肉的供给，稳定生猪供给需求市场的均衡。地方可以对猪肉的养殖户适当开放限制条件，有条件的可以鼓励猪场的建设。

（3）减少养猪散养户的数量。鼓励生猪养殖户形成规模、集体经营，提高防治疫病的水平。加强地方的管理和监控力度，避免当地猪肉出现垄断的现象，保持猪肉的价格在当前政正常的区间水平内波动。生猪养殖最快的出栏时间也需要5～6个月，所以国家政策的落实到位也需要一段时间。当下国家所采取的政策保障生猪产业接下来慢慢地恢复和发展，也会对明年生猪的供应产生积极的影响。而随着生猪供给的逐步恢复，猪肉的价格也会慢慢变得平稳，最终回到正常水平。

非洲猪瘟防控及污染调查

王娜娜
（贵州大学经济学院　贵阳　550025）

【摘　要】本文主要描述了非洲猪瘟传入中国后的主要现状，不同地区、不同主体对非洲猪瘟的防控，以及在感染非洲猪瘟后不同地区、不同主体是如何处理的，处理过程中是否对环境造成了污染，该怎样去避免这些污染。希望通过此文，更多人可以更加清楚地了解非洲猪瘟的防控措施以及对环境造成的污染，从而更好地降低非洲猪瘟带来的不良影响。

【关键词】非洲猪瘟；防治；污染；建议

一、绪　论

了解非洲猪瘟当前的情况，了解农户、养殖场、政府对非洲猪瘟采取的防控措施以及对患非洲猪瘟的死猪的处理方法，处理过程中对环境造成了什么样的污染。从这些基本情况找出更合理、更有效的防控以及管理措施，让更多的人知道非洲猪瘟对环境带来的污染，从而引导他们的行为，让人们有效地应对非洲猪瘟对人类及其环境带来的影响。

在 2018 年 8 月 3 日我国第一起非洲猪瘟被确认，也就意味着非洲猪瘟已经传入了中国。同年 10 月 25 日，贵州省毕节市有一家农户饲养的生猪也被确认感染了非洲猪瘟。自此，贵州省各地区大多地区都出现了非洲猪瘟，不同地区的防控措施取得的成效不一。有的地方没有感染非洲猪瘟，有的地方感染了但能很好的处理，而有的地方的偏远地区，农户或是养殖场不合理的防控措施和处理方法，加快了非洲猪瘟的传播，也对环境造成了一定的污染。

本文了解对非洲猪瘟防控的实际情况如何，面对非洲猪瘟，农户、养殖场采取的措施以及处理患有非洲猪瘟病毒的死猪时给环境带来的污染，为非洲猪瘟的防控、减少非洲猪瘟带来的污染提供一些方法和建议。

二、非洲猪瘟的出现

初次听说非洲猪瘟是2018年的年末，课堂上老师简单提起过，当时并没有专门去注意这个事情，因为我很少吃猪肉，而且认为很多事情过段时间都会慢慢平淡下去。再次听到非洲猪瘟是2019年暑假回家的时候，父母询问我们在学校的饮食情况，是否有猪肉？我有些奇怪地问道“为什么没有呢？”然后他们才解释说最近到处都是猪瘟，很多家的猪都死了，市场上很少有卖猪肉的，市场上的猪肉要经过检疫才能出售，虽说如此，但是很多居民都不怎么放心去买。此外，农村集市上的猪肉是否经过检疫，消费者是很难去判断的。后来我又问了同学，她们的家乡也是同样的情况。原来，早在2018年的10月25日，贵州省农业农村厅新闻办公室就已经发布，毕节市发现有生猪感染了非洲猪瘟，这是贵州省发现的第一起非洲猪瘟事例。发生非洲猪瘟的是贵州省毕节市赫章县一养殖户，该养殖户养了生猪10头、其中就有8头发病，且发病的全部死亡，有关部门在确诊立即进行了相关的清洗消毒工作。非洲猪瘟在省内疫情形势总体算是比较平稳，但疫情在局部地区仍有发生。开学之后上课老师也总提起猪价上涨的问题，就连我们去练车的食堂阿姨都说猪价涨了，所以饭菜钱都要上涨，我才慢慢意识到非洲猪瘟的严重性。

什么是非洲猪瘟呢？它是由非洲猪瘟病毒引起的一种急性、出血性、烈性传染病。这个病在1921年在肯尼亚被报道出来，一直存在于撒哈拉以南的非洲国家，先后流传到欧洲多个国家。非洲猪瘟传入中国最早在2018年8月3日，虽然已经及时扑杀，但疫情还是在中国流传起来，并且逐渐严重。1921年出现的非洲猪瘟，差不多100年的时间，还能传入中国等多个国家，可见它的危害性以及该病毒防控技术的困难。

三、非洲猪瘟的防治方法

针对非洲猪瘟这个情况，国家政府非常重视非洲猪瘟疫苗的研发，从上到下拨了很多的经费用于研发。但是呢，不是说研发就能马上研发出来的，更何况世界上那么多个国家也在研发，也没有哪个国家宣布已经研发出来了，所以这需要很长一段时间去摸索。当前我国非洲猪瘟疫苗的研发也还是处于萌芽时期，还有许多问题与挑战需要慢慢解决，一些技术瓶颈也还得需要各个专家讨论交流，总的来说，在短的时期内，还不能确定疫苗研究的情况。疫苗研发是一项艰难的任务，如同扶贫工作一般，须得慢慢跟进，不可能一蹴而就，当前，只能加强预防工作，所以非洲猪瘟的有效预防显得尤为的至关重要。

在农村，农户自己养的生猪刚患上疾病时，农户一般很难察觉出来，因为自己家养的猪一般不会给生猪进行定期检查，只有当生猪身上出现一些异常症状时，农户才会察觉到生猪生了病。有的农户会买药治疗，但是买药治疗一般都很难治好，后期生猪死在猪圈里，他们就会把死了的猪扔到一个离居住地较远的山里。假期的时候，我坐大巴从安顺到紫云，路上听到人们谈论沿途有个镇很多农民家的猪都患上了非洲猪瘟，这个镇的人都把患疾病死了的猪丢在一个山上，当大巴经过那个山头时，山的周围弥漫的都是死猪的恶臭味。有的农户则会在生猪生病还不是很严重的时候把猪卖给那种专门买猪杀了卖的屠夫，这也是农村的人不敢在集市上买猪肉的原因。

如果生猪患上非洲猪瘟，作为一个农民或是养猪的农场主第一时间应该上报给有关部门，相关部门也应该在第一时间到疑似发生非洲猪瘟的地方进行采样检测，与此同时，要保持猪圈的清洁度，定期消毒，禁止一些易感染物品以及废弃物的进入。如果一旦确认生猪感染了非洲猪瘟，要立即封锁，必要时进行扑杀，避免病毒大范围传染，影响更多健康的生猪。然后划定疫点、疫区、受威胁区等，调查生猪受到感染的根源，以此来制定相关的防治措施。疫点即发生非洲猪瘟的地方，发生了疫情，不能坐以待毙。政府要及时组织扑杀疫点内所有的生猪，并对被扑杀的死猪以及已经病死的猪和与它们有关的物品进行无害化处理。什么是无害化处理呢？《病死及病害动物处理规范》将其定义为是指用物理、化学等方法处理病死及病害动物和相关动物产品，消灭其所携带的病原体，消除危害的过程。无害化处理主要包括焚烧法、深埋法、化制法、高温法、硫酸分解法等。疫区即以疫点为圆心，半径为 3 km 的范围内。疫区是离疫情最近的地方，防治工作是非常重要的，如若有一点偏差，可能导致疫情的进一步扩大。所以政府应当在疫区设立警示标志、消毒站，对出入的相关人员及物品进行消毒。更要组织专家对疫区的生猪进行检查，如果有患上病毒的生猪，要及时扑杀，健康的存栏生猪可继续饲养，但要注重猪圈以及饲料的清洁度。受威胁区一般是指由疫区边缘向外延伸十公里的区域。在疫区内，要禁止生猪的调入调出，关闭生猪交易市场。生猪屠宰场也应该停止屠宰活动，进行一定的清洗消毒，检查符合标准时再恢复生产。

据我了解，首先，紫云县政府在 2018 年 10 月 27 日发布相关文件从 2018 年 10 月 28 日起暂时关闭全县所有生猪交易市场，严格禁止从发生疫情的省、市、地区及相邻省份调入生猪，对生猪产品调运实施差异管理。从其他地区购进的猪肉或与猪肉相关的产品经过发生非洲猪瘟的地方或是邻近的地方是不能进入本县的。其次，还要求各乡镇政府首先要做好宣传工作，让公民了解非洲猪瘟的危害，拦截、阻止生猪进入市场。再次，还要督促各政府尽快落实生猪交易市场的关闭工作。最后，在关闭生猪交易市场后，还要各乡镇政府要组织好相关人员对生猪居住的场所进行一定检查、清洗和消毒，同时要防止清洗的污水外流，对其他物品造成污染。在2019年，县政府又下发文件《紫云自治县餐厨废弃物全链条监督方案》，严厉打击餐厨废弃物收集、运输、处置各环节违法、犯罪行为，全面禁止餐厨废弃物饲喂生猪的行为，阻止疫情通过餐厨废弃物传播。由此可见，紫云县在那时就已经受到非洲猪瘟的影响，故而出台了相关的政策，但从后期的情况可看出，预防并没有取得很大的效果，紫云县还是发生了非洲猪瘟。

总的来看，我国非洲猪瘟防控形势不是很乐观。从整个世界来看，非洲猪瘟防控是一个艰难而漫长的过程，在已经发生疫情的很多个国家和地区中，只有少部分的国家和地区基本解决了非洲猪瘟这个问题。从国内来看，我国从古到今对猪肉的需求都很大，很多地方也都在大面积养猪，生猪的数量庞大。然而各个地区差异大，各个地区发展能力、防疫监控能力、保障措施等也不尽相同，与防控要求还不适应。

四、非洲猪瘟对环境带来的污染情况分析

非洲猪瘟不感染人，对人的生命不会构成直接的威胁。但非洲猪瘟席卷中国大地，在各个方面对我们都造成了一定的影响。疫情的发生导致生猪死亡或猪群患上严重疾病，同时造成生猪生产能力急剧下降，严重影响养猪生产，大大降低猪产品的供应能力，从而改变当地居民的饮食结构，间接对人体健康造成危害。此外，在其他方面也造成了很大的影响，这里主要分析了非洲猪瘟对环境的影响。

1. 对土壤造成的污染

在我国确认生猪患上非洲猪瘟后，会及时扑杀，然后一般使用深埋法来进行无害化处理。深埋法对选址地点的要求很严格，填埋的地方要远离居民居住地，且远离水源，挖的填埋坑不低于2.5 m，在填埋之前，要在坑的底部撒上厚厚的石灰，铺完石灰才能把那些死猪扔到坑中进行填埋，最后铺上土壤，表面的土壤不能少于1.5 m。这一系列过程让人觉得这种处理方法是很好

的，但是理论与实践之间是存在差距的。在实际操作过程中，总会有这样或那样的原因导致选址错误，处理方法不当，尸体腐烂之后对土地土壤造成一定的影响。填埋结束后，拉上的警戒线也可能会被人为破坏，不知情的人如果在此区域从事农业活动，也会受到一定的影响。就如上面所述，农民会私自把已经感染病毒死亡的死猪扔在一个山头，病死的猪的尸体腐烂会影响抛尸地的土壤。

2. 对水源造成的污染

前段时间，在广西地区发生了多起非洲猪瘟的事例，而且有媒体报道称在一些河道中发现不少死猪漂浮，这是一些养殖户不上报、自己私自处理导致的。将病死猪随意丢弃在河里，时间长了会腐烂，腐烂的肉在水中会变成污水流向下游，病死猪携带大量病毒会扩散到水源之中，死猪太多，河水难以分解会形成一定的污染。而且一般的河流都是越远河流的范围越大，人口越密集，用水量越大，范围越广，造成的污染更广，这样处理生猪的方法对环境造成的污染是无法估量的！如果养殖户在不知情的情况下用这样的水源浇菜，或者喂猪，都会使猪感染病毒，这种病毒造成生猪死亡的概率极大；如果传染到其他动物会更加的可怕，会带来大范围的恐慌，造成极大的损失。此外，把患有非洲猪瘟的死猪丢河里是一件非常不道德的事情。如果是夏天把死猪丢河里，腐烂之后发出的浓烈恶臭味会引来大量的蚊子，蚊子繁殖快，活动范围广，病毒一旦通过蚊子来传染，那么当地的疫情会传播更快，范围更广，控制起来更难，造成的污染也是很难想象的。国家对非洲猪瘟疫情高度重视，可见其破坏性大，造成的损失有多严重。如果随意处理，带来的污染是很难处理的。

3. 对空气造成的污染

在国外，一般采用的无害化处理是焚烧法，国内有些地方也会采用焚烧法。把大量的死猪、病猪集中到一个地方进行焚烧，虽然说病毒在高温的条件下会被分解，但是焚烧时味道以及一些粉尘会对空气造成一定的污染。如若焚烧地处于上风向，这对下风向的地区极为不利。

五、相关建议

1. 确保政策落实，加强主体责任

由上述紫云县的预防措施可看出，政府在非洲猪瘟刚刚传入中国时便及

时下发了相关的文件以预防生猪被非洲猪瘟感染，可是根据近一年的状况可以判断出，预防措施并没有取得很大的效果。有效预防非洲猪瘟，首先要规范管理，推行全方位的监督检查工作。政府出台政策，相关人员也多多少少知道其重要性，但缺少的就是行动和一份责任，缺少强制力去迫使他们必须加强防控，所以规范管理和监督是非常重要的，对主体有一定的牵制，同时加强他们的责任意识，让他们主动去把事情做好。众所周知，养殖、贩运、屠宰等从业者都是防疫主体，非洲猪瘟的防治，也需得从这些主体入手。很多污染，其实是不应该造成的，但由于各主体工作的衔接不当，造成了不必要的污染。

2. 强化非洲猪瘟防控公共意识的宣传

政府可以通过电视、报刊以及一些短视频进行广泛宣传，特别是对散养户有针对性地进行宣传，普及非洲猪瘟的防控知识。让人们了解到非洲猪瘟的本质，发现疑似非洲猪瘟时，应该采取什么样的行动和措施、严禁行为、解释原因以及根除非洲猪瘟的好处。与此同时，要正确引导社会舆情，防止群众恐慌，确保市场稳定。加强宣传政府的执法力度，表明如若发现有人在非洲猪瘟防治工作中不作为、敷衍了事，便会严厉处置的态度，对那些隐瞒不报、不及时报告或处置措施不到位等原因而导致病毒进一步扩散蔓延的人，也绝不姑息。加强相关的宣传和提醒，就如上文所述一样，如果看到有人将死猪随意丢放，应该进行一定的惩治而不是任由他们胡来。同时，设置一定的举报和奖励机制，对举报他人违法行为且经过调查确实属实的，和能正确处理非洲猪瘟的人进行奖励。通过宣传加强人们的公共意识，从思想上根除人们乱扔死猪病猪的可能性，可以很大程度上减少应死猪病猪乱扔导致的污染。

3. 加强恢复建设后的工作

对于患上非洲猪瘟的养殖户、养殖场来说，政府都会给一定的补贴。但是，在我看来，政府可以在重建猪舍这方面给予养殖户、养殖场一些帮助。很多养殖户、养殖场的养猪方式以传统为主，并没有相应现代管理措施。所以政府可以在非洲猪瘟的重建工作中加以引导，补偿不应只是金钱上的资助，这样只是治标不治本，而应该在其他方面加以改进。例如，猪舍的重建，以及一些养猪知识的培训和现代技术的传入。说实话，在经历非洲猪瘟后，很多养殖场不愿意再重建，重建成本以及风险都很大，如若判断失误，养殖场会遭受很大的损失。所以政府要确保养殖场再次补栏，就要给予一定的补贴，为它们创造一个较为舒适的环境。环境条件改善，受到的污染可能性减少，生猪再次患上非洲猪瘟的可能性会小很多。

六、总　结

总的来说，非洲猪瘟根除难度极大，许多国家往往经过几十年的努力才将该病根除，如果疏忽防控，还会死灰复燃。在非洲猪瘟传入中国之后，立马进行了相关的处理，但还是在部分地区流传起来。出现或是未出现非洲猪瘟的地区，都采取了一定的防治措施。有的地区防治措施恰当，有的地方防治措施出现了少许的疏忽，非洲猪瘟蔓延，对环境造成了一定的污染，如土壤、水源、空气，如若不处理这些污染，会对农业、其他牲畜以及人的健康造成一定的威胁。怎么去减少非洲猪瘟对环境造成的污染，这是一个值得大家去思考的问题，也是一个急需去解决的问题。非洲猪瘟的防治过程任重而道远，需要个人、社会、国家共同发力，在不同的领域或是环节发挥不同的作用，确保病死的猪得到最好的处理，也确保病毒被消灭清除干净，而不是通过各种途径传到其他地区。当然了，也希望通过这次非洲猪瘟，国家能加强对生猪饲养、运输、贩卖等环节的管理，相关研究者能早日研发出治疗非洲猪瘟的疫苗，攻克这困扰多个国家已久的难题。公民能提高养猪产业所涵盖的基本素养，加快生猪产业的现代化发展。

非洲猪瘟污染防治的影响

龙星烨
（贵州大学经济学院　贵阳　550025）

【摘　要】“非洲猪瘟”一词入选2018年度社会生活类十大流行语。此类病毒传入中国以来，在很大程度上，不仅影响了人们的消费习惯、社会文化，在方方面面都影响着人民大众，包括个体生产者、消费者、养殖场、屠宰场、政府政策和管理部门等。生猪养殖过程中所造成的环境污染同样是不容小觑，生猪养殖污染问题一方面影响生态友好型社会的构建，另一方面威胁民众的身体健康，诱发各类人畜共患病，而因此带来不必要的社会恐慌。所以，只有归本溯源，了解生猪养殖所带来的包括水源水域污染问题、土地污染问题、空气污染问题，以及非洲猪瘟带来的负面影响，综合各项措施重新做好防污处理工作，加紧宣传工作，才能赢得社会支持，加大猪场治污投入工作量，治根治本。
【关键词】非洲猪瘟；污染问题；防治措施；政策支持；管理

一、非洲猪瘟现状

非洲猪瘟是由非洲猪瘟病毒感染家猪和各种野猪（如非洲野猪、欧洲野猪等）引起一种急性、出血性、烈性传染病。世界动物卫生组织（OIE）将其列为法定报告动物疫病，该病也是我国重点防范的一类动物疫情。其特征是发病过程短，最急性和急性感染病死率高达100%，临床表现为发热（达40～42 °C），心跳加快，呼吸困难，部分咳嗽，眼、鼻有浆液性或黏液性脓性分泌物，皮肤发绀，淋巴结、肾、胃肠黏膜明显出血，非洲猪瘟临床症状与猪瘟症状相似，只能依靠实验室监测确诊。

在2018年8月3日，我国沈阳市沈北新区发生确立了第一例非洲猪瘟，此后，又在各处发生了多起，引发专家以及各方人士的重视。那么非洲猪瘟到底是由哪里传入的呢？在2018年以前，我国一直没有非洲猪瘟。分子流行病学研究表明：传入我国的非洲猪瘟病毒属基因Ⅱ型，与格鲁吉亚、俄罗斯、波兰公布的毒株全基因组序列同源性为99.95%左右。自 2007 年以来，非洲猪瘟在全球多个国家，特别是俄罗斯及其周边地区发生。在 2017 年 3 月，俄罗斯远东地区伊尔库茨克州再次发生非洲猪瘟疫情，疫情发生地距离我国较近，仅为 1000 km 左右；另外，我国是养猪及猪肉消费大国，生猪出栏量、存栏量以及猪肉消费量均位于全球首位，每年种猪及猪肉制品进口总量巨大，与多个国家贸易频繁；而且，我国与其他国家的旅客往来频繁，旅客携带的商品数量多、种类杂。因此，非洲猪瘟传入我国的风险日益加大，一旦传入，其带来的直接以及间接损失将不可估量。针对于此，我国农业部已经发布了关于进一步加强防范非洲猪瘟风险工作，但是，在 2018 年 8 月，非洲猪瘟的病毒还是传播到我们国家，不到 4 个月的时间内，非洲猪瘟的病毒居然传遍了大半个中国。中国是养猪大国，也是猪肉市场的消费大国。同时，猪肉也是中国人民喜闻乐道的肉制品，关乎中国的食品安全问题。

那么，非洲猪瘟在我国境内的主要传播方式有哪些呢？

经过查阅资料，它主要的传播途径最有可能是以下三种：

（1）因异地调运引发疫情（已发生疫情 13 起，占全部疫情约 19%）。

（2）因餐厨剩余物喂猪（已引发疫情共 23 起，占全部疫情约 34%）。

（3）生猪调运车辆和贩运人员携带病毒后，不经过彻底消毒进入其他猪场（这是当前疫情扩散的主要方式，占全部疫情约 46%）。

非洲猪瘟虽然不是人畜共患病，不会感染人，也不会影响食品安全（非洲猪瘟病毒在人体内难以存活，市场猪肉有严格监控）。但是却不能够流通到市场上面去。原因在于，其直接作用于猪本体，危害巨大。非洲猪瘟被我国列为一类动物疫病，属于外来疫病，其强毒力毒株对生猪染病率极高，致死率几乎达到 100%，目前还没有特效药，也没有防控疫苗，一旦发现必须就地扑杀掩埋并且无害杀菌处理。

二、污染防治主要观点

1. 生猪调运装备将会升级

非洲猪瘟使得养猪业成为高风险的行业。一方面，许多养殖生猪户会退出行业，猪肉价格会持续上涨。为了控制风险，养殖生猪户在硬件方面的投资自然是越来越多，他们会加紧自防措施，根据非洲猪瘟特殊情况更加精益化生产，出栏生猪。农村散养猪户也会每日坚持严格的日常消毒防疫措施。

借鉴于中国人的口感偏好，多喜欢吃新鲜猪肉，所以，地区与地区生猪的调运也是常有之事。然而非洲猪瘟爆发后，据数据统计，传播的途径 19%的比例是由于异地调运。但是由于尚未找到预防和治疗非洲猪瘟病毒的疫苗，又不能任由病毒传播，因此，相关部门和企业厂商将会优化生猪调运的设备，疫情出现过的地方必将进行消菌杀毒处理和无公害处理，严格控制进出场的养殖人员和车辆。在污染防治的角度上，物理防治措施可以有效阻挡一些病毒和细菌，但是并不能从根本上解决污染防治，猪瘟传播的问题。但是，这也只是当前，我们对猪瘟能够做出的一些努力。

2. 生猪养殖污染的问题将会得到一定改善

非洲猪瘟除了给人们经济上带来损失以外，其实还会令人反思由生猪的养殖所带来的环境问题。人们将会正视生猪养殖污染问题，并将其作为长期攻坚项目来抓。众所周知，生猪养殖生产周期长，形成的污染源种类多，反复发生在养猪各个环节。为此，务必要正视污染源的治理，做好长期作战心理准备。同时，治理工作要坚持无害化、减量化的原则，做到重点区域针对性技术推广，总结可行、科学的执行经验，严格遵循防污控污指标，巩固区域治污成果，在技术、管理、工程等诸多方面深化生猪治污工作。非洲猪瘟的爆发后，相关部门势必会执行政策，加以应对，重新调整不同养猪场场址布局，不能单纯以距离流域远近作为划定生猪禁养区的依据。而应以水源保护、风景旅游区、城乡居民住宅生活区，划定区域以内所有的生猪养殖场都应以粪污排放标准作为关停的重要依据。将会解决好猪粪的排放渠道，尤其是已经感染上非洲猪瘟猪的粪便排放途径，防止猪瘟的病毒流通水域，通过水道而传播给其他无灾害猪场。

3.“泔水养猪”方式的终结

餐厨剩余物饲喂生猪是非洲猪瘟传播的重要途径之一，所以在养猪业的发展中不能还沿用传统的喂养方式，采取泔水方式养猪。我国一些地方目前有部分养猪场还是采取这种方式，用泔水方式养猪，有许多弊端，如多数泔水生熟不分，容易成为动物疫病的传播源；泔水的营养成分不稳定，营养不平衡，容易引发猪仔肠胃疾病；餐厨剩余垃圾规划不明确，难以解决垃圾分类的问题，有时候也会污染环境。所以，避免采取泔水喂养，需要政府将餐厨剩余物无害化处理作为公益事业，需要主管部门建立完善餐厨剩余物全链条监管机制，确保“禁喂”措施落实落地。除了应该采取合理的饲料喂养，还应该保证饲料的安全，饲料的营养应当全面均衡，五谷均衡，才能保证最终猪肉的健康和鲜美。

4. 对我国南方水网地区养猪场猪舍设计选址的影响

我国南方水网地区河湖众多，水网密集，主要包括珠江三角洲水网区、长江三角洲水网区、长江中游水网区、淮河下游水网区和丹江口库区等 5 个重点区域，主要涉及上海、江苏、河南、湖北、湖南、广东等 10 个省（市）。这些地方同时也是我国生猪的主产区和主销区。然而，因为生猪规模养殖场粪便综合利用设施建设滞后，粪便综合利用率仅为 40%，成为生猪养殖污染的根本原因。非洲猪瘟的到来，中国农业农村部会要求南方水网地区各级农牧部门采取措施，需要隔离已患病猪群，防止非洲猪瘟的病原体通过水体流动的方式，从上游流到下游，或者是在南方水网密集区域循环流动，健康的猪一旦饮用或者沾染，将会导致疾病在猪群快速的传播，从而造成不必要的损失。所以，根据政策，首先明确，水环境保护和土地承载能力是有限度的，所以应当科学确定适宜养殖规模，不宜在某处过度养猪，超过它本身的生态承载能力。其次是引进先进的养殖技术，学习科学养殖的方法，深入推进生猪养殖的规模标准化，改进养殖和粪便处理工艺，提升设施装备和管理水平，促进生猪养殖提质增效。提高产量的同时，提高质量。最后就是促进粪便综合利用。加强粪便综合利用技术研发，推行种养结合、循环利用、集中处理等模式，不要随意排放猪粪引导社会资本参与生猪粪便处理。对于灾区的猪粪，猪产出采取其他方式，不应该将受灾害猪的物品带离隔离区。猪舍的设计也更应该科学化，现代化，提高安全防疫能力，抗风险能力。

5. 生猪扑杀后造成的生态污染

已感染猪瘟的生猪扑杀方式会对地下水体造成污染。猪群中一旦发现有猪感染了非洲猪瘟，目前国内最常用的方法是掩埋法。主要是为了防止非洲猪瘟大范围扩散。目前，由于疫情范围过大，扑杀的数量和面积大和广，目前为止，被扑杀的生猪数量已经达到 100 多万头，虽然有经过消毒，但是这种处理方式是否会污染潜在的地下水源？我持疑惑的态度和观点。

地下水一般是埋藏于地面以下的各种状态的水。全世界的地下水总量多达 1.5 亿立方千米，比整个大西洋的水还多。地下水与人类的关系十分密切，我们日常生活中包括像井水，泉水，都可以称为地下水，和我们的生活息息相关。我国对于猪瘟的处理方法大都是采用填埋法，即将死去的猪，和污染的土层，捆绑物一并填埋进土地中，而地下水一般都存在于土地深层，经过雨水冲刷和地下水浸泡，流动的地下水将会被污染，也许会携带病毒前往下一个养猪场。

已感染猪瘟的生猪扑杀方式对土壤的污染。与上一个观点大致相同，对已受灾害的生猪进行大规模的扑杀，然后通过就地掩埋的处理方式，不但可能污染地下水，更有可能对土壤造成很大的影响。即使经过消毒和无害化处理，使死猪本体不带有非洲猪瘟的病毒，但是，掩埋到土壤，会滋生许多微生物和细菌。在短时间内，如此多数量的生猪被大量掩埋，会不会超过生态的自净能力呢？虽然从短期上面来看，造成的污染可能并不是很明显，但是，如果从长期的角度来看，又会造成什么样的后果和影响呢？后果也有可能很严重。当然，还有种可能，就是工作人员在处理这些患非洲猪瘟的猪时，难免会发生疏忽，如果消毒和无害化处理的过程中出现差错，非洲猪瘟也会通过水源，水域，土壤，空气各种途径进行传播。

6. 养殖污染防治进程将会加快

非洲猪瘟疫情从 2018 年 8 月 3 日在中国辽宁省沈阳市沈北新区确诊发生第一例非洲猪瘟疫情至今已经一年多了，非洲猪瘟疫情也在扩散，剩余患病生猪也进行扑杀，于是，猪肉价格从区域局部性也开始全国性持续长高，消费者通通表示，吃不起猪肉，也不敢吃猪肉。虽然当前我们国家还尚且没有研制出预防和治疗非洲猪瘟的疫苗出来，生猪的病死率极高，但是，幸运的是，目前国际上已经解析出非洲猪瘟的病毒结构，相信迟早有一天能够研发出治疗的疫苗。目前，对于养殖户来说，他们能够做的只有通过消毒措施和无害处理措施等物理防治手段一定程度上阻碍非洲猪瘟的传播。非洲猪瘟一事爆发，于是，养殖户将会对养殖场的卫生安全格外重视。此时，国家政府，相关的农业部门，污染防治部门就可以及时推动生猪养殖的污染防治进程。但是，由于非洲猪瘟病毒具有易传播，易传染，难治疗的特点，所以具有不可避免性，一旦感染上猪瘟，其他生猪也将会有被扑杀的风险。养殖企业不止不能得到应有的利润，前期的投入也将打水漂。由于养猪的生产周期比较长，生猪从幼猪到成猪出栏需要一定的时间，养殖企业不能马上出栏足数量的生猪。很多中小企业将会接受不了突如其来的打击导致资金回不了笼，导致有破产的风险。本来由于非洲猪瘟的原因，生猪出栏量会减少，市场上可以流通的新鲜猪肉会减少，猪肉价格会抬高。污染防治工作也不能行之过激，应当循序渐进，积极引导，严格监督。如果操之过急的话，强制大量中小养殖业搞污染防治导致不可行，会对猪肉市场进行更严重的冲击，猪肉价格上涨，人民生活受影响，国家宏观调控更加困难，国民幸福感难以提升。

7. 饲料产品的规范减轻污染排放

非洲猪瘟的突然来袭，引发养殖户对于非洲猪瘟致死率100%的恐慌。通过查找资料我发现，还有对猪血制品到底能否使用的焦虑，因为在乳猪料中猪血制品的使用还是挺普遍的。在很多欧美国家，饲料都有猪血这一成分。之前有人提出，西班牙食品科学技术研究所进行了非洲猪瘟病毒灭活试验，将接种有高浓度活病毒的猪血浆通过喷雾干燥处理，结果显示病毒灭活率超过99.99%，更加成功引发人们的恐慌。

我们可以来看一下农业农村部发布的公告。农业农村部在2018年9月13日发了64号公告，第一时间要求饲料生产企业暂停在饲料中使用猪血制品，养殖户也暂停使用相关饲料饲喂生猪；然而到2018年12月28日，农业农村部又发布了91号公告，64号公告作废了，猪血制品又可以使用了，但是对猪血制品生产过程进行了严格的规定，还发布了《以猪血为原料的饲用血液制品生产企业设施设备和环境消毒规范》。因为世界上很多国家市面上的猪饲料，都允许猪血蛋白粉等饲用血液制品在猪饲料中使用；再就是我国每年要产生200多万吨猪血，可生产40万吨猪血制品，如果禁用猪血作为饲料原材料，那么这200多万吨猪血将何去何从，随意排放会对环境造成污染；我国的蛋白质资源短缺，猪血蛋白质含量丰富，可以减缓压力。所以，饲料之中不能完全拒绝添加猪血成分。但是由于非洲猪瘟的大肆渲染，只能监控好饲料的每一个生产步骤，规范生产工艺的每一个可能感染上病毒的环节，通过高温喷雾干燥工艺能有效通过血液途径传播疫情的风险。由于合理使用猪血，没有浪费，避免了随意排放，没有对生态造成二次污染。

参考文献

[1] 黄文明. 规模化猪场排污治理存在问题及对策[J]. 畜牧兽医科技信息 2019（08）：38.

[2] 朱珺. 农村生猪养殖污染治理现状及对策探析[J]. 中国畜禽种业，2019，15（09）：42-43.

猪肉价格上涨对消费行为的影响研究

许玉琴
（贵州大学经济学院　贵阳　550025）

【摘　要】中国是世界上最大的猪肉生产和消费大国，改革开放以来，随着人们经济实力的提高，人们的饮食需求不再局限于简单的五谷粗粮，更多的是转向对肉类和蛋奶的需要，其中对猪肉的需求更是持续增长。猪肉的生产、加工和供需变化，传统饮食习惯，不同民族、不同地区、不同口味需求等都会对人们的消费行为产生影响。近段时间，受非洲猪瘟的影响，猪肉市场价格持续走高，给人们的生活带来了显著的影响。因此，本篇文章就猪肉价格上涨对人们的消费行为的影响变化进行研究。

【关键词】消费；市场；需求；区域；质量安全

一、猪肉消费量在肉类消费比重中仍占前列

中国养猪的历史最早可以追溯到新石器时代早中期。在先秦时代，中国出现了“六畜”之说。所谓“六畜”，包括马、牛、羊、猪、狗、鸡，其中猪为六畜之首，可以看出猪的重要地位。自古代开始，人工饲养的猪肉便为人们提供源源不断的脂肪能量和蛋白质，成为人们强有力的主要肉食来源，其重要性比其他任何可食用的肉类动物都大。它是人们日常的餐桌美食，也是油和工业产品的来源，更是生活中不可缺少的东西。

猪肉性味甘咸平，含有丰富的蛋白质及脂肪、碳水化合物、钙、磷、铁等成分，是日常生活的主要副食品，具有补虚强身，滋阴润燥、丰肌泽肤的作用。凡病后体弱、产后血虚、面黄肌瘦者，皆可用之作营养滋补之品。猪肉的蛋白质属优质蛋白质，含有人体全部必需氨基酸。猪肉富含铁，是人体血液中红细胞的生成和功能维持所必需的元素。猪肉还是维生素的主要膳食来源，特别是精猪肉中维生素 B_1 的含量非常丰富，而且还含有较多的对脂肪合成和分解有重要作用的维生素 B_2。此外，猪肉还具有改善贫血，促进发育，

补肾滋阴，保护视力，强壮骨骼等的功效，可以说，猪肉在人们的膳食结构中发挥着非常重要的作用。

猪肉的饲养相对于其他动物的饲养来说比较简单，易于管理。一方面，猪对饲料的要求远远比其他牲畜要简单得多，可以吃人们不愿意食用的一些边角料。其次，农村中剩余的农作物产品，野外生长的野菜，猪草等也是饲养猪的饲料主要来源，借助于各种剩余农副产品，一个家庭一年养 1~2 头猪，也是可以做得到的，条件充足的话可以多喂几头猪去卖，获得经济收益。过年时杀头猪，用来制作美味佳肴，同时自家几个月的肉类食用也有了保障。另一方面，除了提供肉食之外，养猪所产生的粪便可以作为大田的肥料。猪的粪便作为天然的肥料为土壤提供了氮、磷等元素，对于恢复土壤的肥力起到了重要作用。此外，猪的粪便也可以代替化肥用于对农作物的追肥，让农作物能够长得更好，提高收成。所以在合适的情况下，许多农户也是非常愿意在家里养猪。一般来说，只要有合适的养殖场所，定时定量给猪喂食，猪就能够正常长大，因此在中国生猪的饲养中，个体养猪户所占的比重很大并且高于规模化的饲养。而对于那些大规模的养殖场，一般采取全封闭式的圈养，有专门的饲养和技术人员管理，借助于现代化技术操作，养殖的猪一般 5~6 个月就可以出栏，而一头出栏的猪可达几百斤，所带来的经济效益也是非常可观的，因此养殖户就比较多，每年猪肉产量相当巨大，所以在市场上的肉类供应中占的比重之大，也是其他肉类所难以达到的。有供给就有需求，人们也会愿意去购买猪肉。基于这些因素，即使猪肉的价格上涨，但只要在可控的范围内，猪肉的消费占比仍然会占据肉类比重的前列。

二、猪肉的消费量逐年降低

随着国内消费市场的转型升级，居民饮食开始向多样化、科学化转变，老百姓对猪肉的需求量有所减弱。加之生鲜产品的冷藏运输技术的提高，各个地区的生鲜肉类都能够集中贩卖，人们在市场上可购买到的肉类变得更加丰富，不再局限于猪肉，而是依据自己的爱好和需求选择性地购买，如鸡肉、鱼肉、海鲜、牛羊肉等，其中与猪肉相近的肉类中，牛羊肉具有高蛋白质、低脂肪、低胆固醇的特点，居民收入提升后为改善生活质量，也为了注重饮食健康，牛羊肉消费呈增长态势，导致猪肉消费比重下降。随着猪肉价格的上涨，部分人会开始减少消费，转而寻求其他的肉类来代替，因此，总体消费量较之前来说会有更加明显的下降。

三、人们的购买意愿减少

市场上猪肉的价格受供求关系的影响。一般来说，猪肉的价格围绕价值上下波动，当猪肉价格上升时，人们会减少对猪肉的消费需求，当价格下跌时，会增加对猪肉的消费需求。猪瘟爆发前，猪肉的价格虽然有波动，但好在价格波动不大，在可控制的范围内，人们的购买意愿并没有受到太严重的影响。而猪瘟爆发后，许多养殖户养殖的猪基本上全死了，给他们造成了巨大的损失，同时也导致市场上猪肉的供给量大幅度的减少，导致猪肉价格水涨船高。近段时间基本上是一天一个价，有些地方的最贵可卖出 30 多元一斤，已经快赶上牛羊肉的价格了，对于少部分收入较高的群体来说，影响较小，但是对于大部分消费者来说还是比较难以接受，因此选择不买或者减少购买，消费意愿大幅度的减少。据肉铺零售商介绍，持续上涨的猪肉价格让他们这些零售商也是压力十足，虽然卖的价高了，可是利润却减少了。

四、季节和节假日的消费有明显波动

我国猪肉消费受明显的季节性和节假日的影响，生猪的补栏及出栏也呈现出季节性变化。由于猪本身的体积比较大，从饲养开始到出栏，猪的生长周期一般为 8 个月左右。春季前，是一年中对猪肉需求量最大的季节，也是猪出栏最大的季节，人们提前买回猪肉，用以制作腊肉或者香肠等肉制品，到了春节时便用以制作佳肴，所以，为了庆祝节日，即使价格上涨也很难阻挡人们对猪肉的消费需求，消费量会减少但是不会降的太多。而许多人家制作的腊肉便成为这几个月主要的猪肉来源，对市场上的生鲜猪肉的消费量就减少了，因此，节后对猪肉的消费量将下降。到了清明节后消费量开始逐步上升，五一节期间受祭祖等传统习惯的影响，肉价上涨，但是人们的购买意愿变化较小，消费量逐渐增长。而随着气温不断回升，到了夏季，天气炎热，人们偏好于吃比较清淡的食物和水果等，不太愿意吃猪肉等比较油腻的食物，价格上涨使得人们购买的意愿更加低了，猪肉需求量下降直至一年中最低。转入深秋，天气渐冷，人们需要食物提供能量，饮食开始转向热菜和肉类，这是即使价格较高，人们还是会愿意购买猪肉，猪肉的需求量开始升高并趋于保持一个比较平稳的消费量。国庆节期间，旅游消费旺季，各种由猪肉制作的美食开始受到大量的需求，猪肉消费量又开始升高。11 月份，冷空气南下，我国气温全面降低，许多地方开始制作腊肉等，人们对猪肉的需求开始增长，直至春节前达到最大。由此形成一条猪肉消费的时间波动曲线，可见，猪肉价格的上涨对不同季节和节假日的影响还是相当明显的。

五、不同区域的影响程度不同

我国猪肉消费量较多的地区主要分布在东部和南部地区，其中重要的消费产出大省有四川、山东、湖北、湖南、河南、云南等。而这些省份中四川的猪肉产量更是连续多年排名全国第一。在我国传统的八大菜系中，猪肉更是在湘菜、川菜等菜系中发挥了不可替代的作用。云贵川一带的人喜好用猪肉来煸炒猪油，作为主要食用油。而重庆作为火锅城，重庆火锅中，五花肉更是人们吃火锅的必点菜品。在东北，猪肉炖粉条子、锅包肉、酱大猪肘子这些比较出名的菜品，更体现了猪肉的重要性。因此，受各风俗习惯的影响，猪肉在这些地区的消费量较大，肉价上涨带来的影响程度较大。沿海地带，因为临近大海，水产品种类丰富且来的比较方便，成为人们日常肉食来源，猪肉的需求相比而言就比较少。此外，宁夏、青海、西藏、内蒙古、新疆等地由于受地理环境、饮食习惯、生产结构等因素的影响，牛羊肉消费比重较大，猪肉消费比重较小，肉价上涨带来的影响较小。

六、猪肉的消费由热鲜肉转向冷鲜肉和肉制品

在猪肉消费类型方面，国内居民普遍偏好购买热鲜肉，由此制作自己喜欢的各式菜品，随着冷藏运输技术的提高，冷鲜肉的储藏加工得到较大的发展，消费比重逐渐上升。近段时间，因非洲猪瘟向全国蔓延，许多地方生猪禁运后，热鲜肉供给受到限制，猪肉价格上涨，居民猪肉消费大部分向冷鲜肉转移。据相关数据显示，2005—2015 年冷鲜肉消费占比由 2%增至 20%，预计 2020 年冷鲜肉消费占比或达 30%。随着现代信息化的加快以及肉类加工产业的发展，人们寻求更加方便快捷的食物，由猪肉加工而成的商品也受到人们的喜爱。比较常见的有肉罐头、肉酱、培根、猪肉铺、火腿、香肠、肉松等，这些食物的消费在很大程度上减少了人们对热鲜猪肉的需求。随着猪肉的供应减少，猪肉价格上涨，人们会更愿意选择购买这些加工的猪肉食品，制作方便且价格便宜。

七、猪肉价格上涨对安全质量问题的影响

猪肉含有丰富的蛋白质、维生素、矿物质和脂肪，是我国居民重要的食物和营养来源，也是居民菜篮子中的当家品种和餐饮业的主要原料。猪肉产业规模庞大，企业数量众多，该产业的食品安全和稳定供给，受到政府的高度重视和严格监管，并为广大消费者所关注。但是，随着猪肉价格的上涨，在巨大的利益驱使下，有不法商家贩卖质量不合格的猪肉，比如前几年出现的瘦肉精事件，某些肉贩子为了卖得好价钱，给猪打了瘦肉精，使猪肉能够卖更高的价钱，他们从中牟取了暴利，但是不知真相的消费者吃了这些不健康的猪肉后所引发了一系列危害，主要表现在：急性中毒时出现心悸，面颈、四肢肌肉颤动，手指震颤，足有沉感甚至不能站立，头痛、头晕、恶心、呕吐、乏力，脸部潮红，皮肤过敏性红色丘疹。原有高血压、冠心病、甲状腺功能亢进者上述症状更易发生，这些情况严重损害了消费者的权益，也伤害了人们的身心健康。市面上刚被爆出瘦肉精的问题的那段时间，猪肉的市场消费量大幅度的下降，人们担心市场上的猪肉安全问题，害怕会吃到有问题的猪肉，因此，抱着安全的原则，宁愿不去冒险。市场上猪肉的消费量降低，价格也很大程度上下跌。后来得到政府和有关部门的查处和监管，问题才得到有效的解决。此外，注水猪肉，死猪肉等问题在市面上也是层出不穷，加之近段时间的猪瘟，人们对猪肉的安全质量问题还是存在着较大的担忧。因此，如何保证市场上的猪肉的安全质量是个亟待解决的问题。首先，政府应该建立完善的市场准入机制，健全相关的法律法规，加大惩处力度，严厉打击安全质量问题。其次，经销商应该树立自觉意识，遵从道德底线，不做违法乱纪的事情。最后，消费者应该提升自我安全防范意识，提高辨别问题猪肉的能力，同时积极维护自己的消费权益。

参考文献

[1] 王书成. 冷鲜肉的特点及其生产工艺流程[J]. 养殖技术顾问，2009(06).
[2] 谭莹. 中国猪肉市场总供给波动及影响因素的实证分析[J]. 华中农业大学学报（社会科学版），2010（03）.
[3] 姜兵. 我国猪肉生产和消费特征及影响因素研究[D]. 南京：南京农业大学，2011.

非洲猪瘟影响下猪肉替代性分析

徐方妍
（贵州大学经济学院　贵阳　550025）

【摘　要】非洲猪瘟爆发后，猪肉价格涨幅较大，市场供求关系失衡，由此引发对肉食市场结构和畜牧业结构的思考。本文以牛羊肉和禽肉对猪肉替代性进行探讨分析。

【关键词】非洲猪瘟；猪肉；牛羊肉；禽肉

一、前　言

非洲猪瘟是一种急性传染病，感染非洲猪瘟病毒的猪呈现体温高，最高达到 40 ~ 42 °C，加上烈性出血，病理期较短，以致感染非洲猪瘟的猪病死率极高。目前，已经证实非洲猪瘟病毒具有极其高度的遗传变异性，且非洲猪瘟病毒区别于传统的猪瘟病毒，只有猪能被非洲猪瘟病毒寄宿，并且能够让任何种类、不论多大的家猪、野猪感染上病毒。

我国于 2018 年 8 月 3 日在沈阳发现首例非洲猪瘟，截止到目前，非洲猪瘟已经蔓延到 28 个省份的数个地市，几乎全国都出现了非洲猪瘟，累计扑杀生猪 91.6 万头。截至 2019 年 6 月 30 日，在 143 起非洲猪瘟疫情中，有 131 起解除了疫区封闭，25 个省区的疫区全部解除封锁；2019 年共发生疫情 44 起。令人关注的是，2019 年以来，非洲猪瘟疫情已发生 12 起。其中，黑龙江省明水县和江苏省泗阳县的 2 起疫情中猪场的生猪存栏量达到 7 万头，广西北海市银海区的疫情中猪场的生猪存栏量超过 2 万头，陕西靖边县的疫情中猪场生猪存栏量超过 1 万头，疫情已经涉及大型规模化养殖场。当前，非洲猪瘟防控形势仍然十分严峻。

根据最新消息，2019 年 10 月 15 日，广西壮族自治区玉林市博白县从截获的外省违规运入生猪中排查出非洲猪瘟疫情。查获时，两车共载有生猪 48 头，死亡 9 头。目前，同车生猪已按规定处理完毕，疫情调查和追溯工作正在进行中。

二、疫情概况

在发现猪瘟疫情发生的第一时间，我国有关政府部门就及时采取应急措施，通过电视、广播、网络等各种新闻媒介向公众传播非洲猪瘟的基本知识，解释非洲猪瘟是非人畜共患病，不会感染人类，并辟谣关于非洲猪瘟的各种不实报道，进而在最短时间内缓解了消费者对非洲猪瘟的心理恐慌。然而，随着疫区生猪的扑杀以及大量生猪被限制调运，国内生猪存栏和能繁殖的母猪存栏都大幅下降，造成短期内猪肉市场的供需不均衡，供给缺口持续扩大，造成猪肉价格持续上涨。

猪肉价格贵到都快吃不起了，虽然猪肉消费下滑的幅度很小，但长期来看猪肉消费比重下降已成为必然趋势，其他肉类的消费需求将会上涨，以此来稳定市场供求。由此，对猪肉的替代性进行研究分析。

三、猪肉的可替代性

在我国，肉食市场除了猪肉还有牛肉、羊肉和禽肉以及其他市场上少见的肉类，但主要还是以猪肉为主。改革开放以来，随着生产力的提高以及人们消费水平提高和消费习惯改变，牛羊肉和禽肉也逐渐成为人们的选择。禽肉和牛羊肉营养价值与猪肉有所不同，肉质口味也会影响人们的选择偏好；肯德基每年的销售量巨大原因之一就是禽肉的生长期较短，一两个月就能成熟，相较于猪肉有更高的产量。牛羊肉和禽肉的市场供求状况比猪肉更稳定，牛羊肉因其特殊的培育环境和养殖技术，价格近年来趋于稳定，禽肉培育期短，产量高。

1. 少部分人不吃猪肉

猪肉虽然是中国人的主食肉类，但是信仰伊斯兰教的民众不吃猪肉，在他们聚集的地区，如宁夏，在这些地方的肉类市场受到猪肉价格的波动影响较小，原因是猪肉需求较少，其供给量自然就小。当地的其他人在猪肉价格上涨时自然而然地会转向消费其他肉食产品，比如牛羊肉和禽肉，因而在未来的肉食市场上，猪肉并非无可替代，猪肉的市场占有率将会下降，肉类市场在存在多种肉食且其他肉食市场占有量不低的情况下，再有猪瘟或者禽流感的情况下，市场也能自我调整供需关系，稳定市场价格。

2. 政策推动

政策在调整市场结构当中起到了引导作用。以云南为例，云南省人民政府办公厅出台的《关于加强非洲猪瘟防控促进生猪生产保障市场供应的实施意见》中，在加强非洲猪瘟防控工作，加大种猪基础产能保护力度，培育一批大型生猪养殖企业，加快推进生猪标准化规模养殖。打造优质特色生猪产品品牌，严格落实“菜篮子”市长负责制，加大政策力度支持七个方面对加强非洲猪瘟防控、促进生猪生产、保障市场供应等方面进行说明；除此之外在“菜篮子”政策中，提到了发展禽肉、牛羊肉等代替品生产，多元化缓解市场供应压力，保障肉类市场供应总体稳定的决定。这一政策对牛羊肉市场增加供给提供便利条件。在 2015 年农业部通过的《关于促进草食畜牧业加快发展的指导意见》中，牛羊肉生产扶持政策也体现了政策对调整肉食市场结构的指导意见，强调加大政策扶持，强化科技支持，采取更有力措施，推进草食畜牧业加快转型升级，确保牛羊肉稳定有效供给。而后，农业部发布全国草食畜牧业“十三五”发展规划，“十三五”以来，中国牛羊肉存栏量出现下滑，但产量持续稳步增长；需求刚性增加，消费季节性特征进一步减弱；牛肉进口量大幅上涨，羊肉进口量保持高位，牛肉价格稳中上涨，羊肉价格触底反弹；“十三五”后期，牛羊肉产能价格继续稳定增长，且随着进口来源国多元化和贸易条件便利化进一步提高，牛羊肉进口量不断增加，但攻击增速不及需求增速，市场供需仍然偏紧，加上养殖成本上涨的推动，牛羊肉价格呈稳中上涨态势。

四、相关后续影响

1. 肉食品加工企业现状

对于肉食品加工企业而言，猪肉就是最重要的肉类原料，猪肉价格的上涨，一定会给自己的企业带来极大的经营压力。到现在为止，以猪肉为主要原料的肉食品加工企业，由于受到猪肉原料价格高涨的影响，经营利润已经降到历史低点，超半数以上的企业现在已经陷入亏损。而以猪肉为主要加工原料的企业，包括大量的猪肉卤制品企业，也有大量的午餐肉、火腿肠等食品加工企业，这些企业对于本次猪肉价格上涨，还是有一定的心理预期，大多数企业都提前做了一些库存。但是这次猪肉价格上涨幅度之大、时间之长，是远超心理预期的，仓库里那点前期采购的低价原料已经用得差不多了，高价原料猪肉一经使用，企业的财务报表立时就变得很难看。而且养殖企业存在资金断裂风险，压栏、银行借贷收紧和社会资金减少造成养殖企业资金回款出现一定困难，已经出现饲料厂赊账及借贷情况，有养殖企业因为前期扩张速度较快，目前已经资不抵债，仅疫苗一项就欠款几十万，如果活猪出省调运不解禁，周转资金困难将会是部分养殖企业面临的普遍问题。

2. 饲料市场受到冲击

全球猪肉进口需求激增、价格明显上涨，而作为生猪饲料的谷物和油籽，尤其是大豆的需求则出现收缩，以及因为生猪存栏的大幅减少已经对我国饲料玉米消费量产生了巨大的影响，而且其他饲料对饲料玉米消费的增长难以弥补猪肉饲料消费下降所产生的巨大缺口，在这种情性下，马、骡、驴、骆驼以及其他小品种的畜禽饲料中玉米的使用数量和比例较低，因此，为补充因生猪饲料消费减少而产生的蛋白质缺口的替代畜产品主要是禽肉和禽蛋。因非洲猪瘟等原因导致生猪存栏大幅下降已经成为现实，鉴于生猪养殖恢复周期较长和猪瘟疫情尚未得到根除，短期内生猪养殖难以得到恢复。从数量上看，猪肉需求和禽肉、禽蛋总量大致持平，这代表着仅从蛋白质角度看，如果猪肉消费下降可以通过禽肉、禽蛋消费数量增长来弥补。但是因为养殖效率和玉米使用量不同，将导致玉米消费量很大程度的减少。此外，受到场地、鸡苗等多方面因素影响，禽肉和禽蛋的增长难度很大，短期内几乎不可实现。这就注定了短期内饲用玉米消费量的下降是必然的，并且程度很大。但长期来看，减少生猪生产，扩大禽肉生产可以保证饲用玉米的消费，保护农民收入。

五、猪肉替代品

目前，我国养猪业占畜牧业的比重高达 50%以上，猪肉消费占肉类消费的 60%以上，但非洲猪瘟动摇了养猪户的信心和补栏意愿，因此必需推动其他畜禽养殖业的发展，促进牛羊肉、禽肉的生产和消费，降低消费者对猪肉的偏好依赖，改变猪肉主体地位的畜牧业产业结构。

1. 牛羊肉市场现状

近年来，随着食品安全事件的频繁发生，消费者的健康观念不断增强，膳食结构也悄然发生着改变，特别是猪肉涨价以来，有越来越多的家庭转向了牛羊肉的消费。目前我国每年牛肉消费量接近 600 万吨，呈现严重短缺态势；而由于市场供不应求，养殖成本上升，更推动了肉价的高位运行。尽管国人对美味的要求以及健康意识不断提升，使中国高端牛肉市场迅速扩大，但令人咋舌的价格却让大众望肉兴叹。因此，大力发展普通肉牛、肉羊养殖业，满足大众不断增加的消费需求才是应有之意。我国肉牛产业发展到今天，已经到了濒临崩溃的边缘，如果任其自生自灭，今后国内产业确实有可能对进口形成依赖，最终丧失市场话语权。对此，有关专家建议，中国肉牛业发展战略需从“资源开发型”向“市场导向型”转变，当务之急是加大扶持力度，激发养殖积极性，大力推进规模化和标准化养殖，提升产业的整体水平。专家认为，母牛是产业发展的基础，正常应在肉牛养殖种群中占 40%左右才能维持行业的良性发展，而一旦这个平衡被打破，恢复起来至少需要五六年时间，其间如果市场出现波动，恢复的周期将更难预料。为此，必须加大对能繁母牛的扶持力度，建立良种母牛养殖补贴制度，加快推进优质肉牛的良种化进程，对优良肉牛品种引进、选育和使用优质冻精改良牛群给予财政补贴；采取政策性奖励机制，大力推进规模化和标准化养殖，提升产业的整体水平。同时，要进一步规范屠宰行业，严格对肉牛屠宰企业的准入审批，避免恶性竞争，制止私屠滥宰，保障食品安全。另外，要不断探索建立完善的产业预警机制，推行肉牛生产追溯体系建设。在健全信息网络和服务平台的基础上，加强对产业趋势、供求变化和成本效益的分析预测，使农牧民第一时间掌握市场动态，增强肉牛业抗风险能力。随着肉类消费的快速增长及健康饮食理念的逐步深入，我国牛羊肉消费结构比例将呈递增趋势。因此，大力发展肉牛、肉羊养殖业不仅前景广阔，而且对保障市场供应，促进农民增收有着十分重要的意义。

2. 禽肉市场现状

家禽养殖在中国已有五千多年的历史，畜禽业自改革开放以来，已经取得了飞速发展，家禽饲养量、禽蛋产量已连续多年保持世界第一、禽肉产量世界第二。家禽业是我国畜牧业的基础性产业，禽肉和禽蛋也是我国城乡居民蛋白质消费的主要来源。家禽业的发展促进了建设现代畜牧业发展，对推进农业结构战略性调整，改善人民生活质量和提高人民生活水平，以及增加农民收入都具有十分重要的意义。这几年，国家一系列相关政策的出台，加快了行业整合升级的速度。整个养殖环境将得到改善，不合理的小养殖户被取缔、产品质量的可控性加强，对于行业、企业、消费者都是利好的事情。大环境的改善，为养殖企业转型提供了有利条件。今年，很多养殖企业大力转型，通过积极的产品研发，去尝试开拓新的领域。转型方向主要侧重新产品的研发与推广，新产品中以调理鸭肉食品与休闲鸭肉包装熟食为主。目前禽肉已取代牛肉成为世界上第二大消费肉类，这主要是因为禽肉价格低于其他肉类，而且消费者普遍认为禽肉是一种安全肉类，并能被不同文化背景和宗教信仰的人所接受。从产业总体发展趋势来看，规模化、产业化将是未来的趋势。非洲猪瘟下的猪肉缺口有几个补充途径。一是进口猪肉，但据国内的猪肉生产商分析，国外最多能提供 1/10 的供应量，最多不超过 500 万吨。二是其他肉类的替代供应，其中补充效果最好，速度最快的就是禽肉，因为禽生长周期短，把中国的产能充分释放后，可以提供将近 200 多万吨，比较有把握的产能是增加 100 万吨。从消费者的角度来看，中国肉类的消费结构肯定会发生变化，因为猪肉占的比例太高了超过市场份额的一半还多，发达国家猪肉占比一般在 1/3 ~ 3/5，很多国家的禽肉占比是超过猪肉的。目前中国的禽肉比例占整个肉类的 2/5 左右，如果能够做到占市场份额的 1/3，市场肉类结构会更加合理。

六、结论与建议

非洲猪瘟疫情造成的产能损失前所未有，市场一致预期猪肉供应存在较大缺口，且带给消费者的影响很难有效评估，但人们的肉食结构消费必将发生很大的变化，禽肉、牛羊肉养殖链收益成为必然，当前居民饮食消费更多的追求体现在对品质的追求，因此，优质、健康、安全是首选，牛羊肉和禽肉体现出一定猪肉的替代效应。

牛羊肉和禽肉在非洲猪瘟期间，受居民饮食习惯、其自身的口感营养等因素影响需求提高，政府政策和企业动态都呈现畜牧业向牛羊肉和禽肉倾斜资源的趋势。牛羊肉和禽肉能够在生猪产能下降，相关产业陷入瓶颈时改变现状，提供机遇。为实现调节猪肉市场价格上涨，市场失灵，调整畜牧业产业结构，发挥禽肉和牛羊肉对猪肉的替代效益，提出以下建议：

（1）调整居民肉食消费结构，丰富市场肉类品种。政府应多宣传科学饮食，均衡膳食的消费观念，提高居民对不同肉食的需求；其次还应该对禽肉和牛羊肉生产者进行补贴和政策支持，刺激禽肉和牛羊肉生产，增加牛羊肉和禽肉供给，降低价格，提高市场占有率。

（2）支持和鼓励发展牛羊肉和禽肉的先进养殖技术，提高生产效率。牛羊肉因其独特的生长环境和养殖技术而难以扩大产量，希望政府大力发展和引进先进牛羊肉养殖理念和培育技术，在政策、资金、人员上给予支持，促进牛羊肉产业蓬勃发展；在禽肉方面，加强规模养殖和散养结合，获取规模效益并提高散户禽肉产量，促进禽畜业发展。

（3）加强肉类储备，及时应对市场失灵状况。牛羊肉育期长，难以在市场失灵的短时间内大量投入市场，因此需要政府加强肉食储备，以应对突发性事件以及缓解季节和节日需求大增状况。

参考文献

[1] 国务院常务会议部署做好进口和储备调节增加禽肉市场供应[J]. 家禽科学，2019（10）：24.

[2] 聂赟彬，乔娟. 非洲猪瘟发生对我国生猪产业发展的影响[J]. 中国农业科技导报，2019，21（01）：11-17.

[3] 胡向东，郭世娟. 疫情对生猪市场价格影响研究——兼析非洲猪瘟对产业冲击及应对策略[J]. 价格理论与实践，2018（12）：51-55.

[4] 张莉. “十三五”以来中国禽肉市场形势分析与展望[J]. 农业展望，2018，14（12）：11-15.

[5] 孟阳. “十三五”以来中国牛羊肉市场形势分析与展望[J]. 农业展望，2018，14（11）：14-19.

[6] 曲春红，李辉尚. 我国牛羊肉产业发展现状及趋势分析[J]. 农产品加工，2017（17）：40-43+47.

[7] 曹娜. 进口猪肉对我国国产猪肉的替代效应研究[J]. 黑龙江畜牧兽医，2017（16）：34-36.

[8] 张微. 禽流感对禽畜肉市场稳定性的影响及市场关联性分析[D]. 无锡：江南大学，2015.

浅析猪肉走私与非洲猪瘟

胡清扬
（贵州大学经济学院　贵阳　550025）

【摘　要】2018 年 8 月，中国首次报告非洲猪瘟（African Swine fever，ASF），因其具高度接触性、发病率高、传播速度快等特点，非洲猪瘟疫情相继在我国各个省份爆发。随着疫情在我国不断扩散和蔓延，我国生猪存栏量持续下降，猪肉价格不断上涨。在利益的驱使下，不法分子铤而走险频繁从事非法走私猪肉的活动。随着科学技术和医疗水平的发展，通过正规途径严格遵守法律法规进行肉制品的引种和进口不会造成传染疾病的跨地区传播。而非法走私肉制品的行为，未经过正规检疫，存在携带多种病毒的风险。因此，猪肉走私行为不仅扰乱了我国的猪肉市场秩序，更是对大批生猪养殖户和肉制品公司造成了严重威胁，我国的食品安全问题也因此埋下更深的隐患。生猪及其肉制品的走私一直是非洲猪瘟病毒跨国传播的主要途径之一。本文从猪肉走私角度出发，浅析猪肉走私行为在我国非洲猪瘟中扮演的重要角色以及二者之间存在的联系。
【关键词】猪肉走私；非洲猪瘟；传播途径

一、绪　论

猪肉的非法走私行为一直是我国猪肉市场上存在的一大痛点，受非洲猪瘟的疫情影响，中国养猪业内忧外患，而猪肉走私行为仍然猖獗。而最终为这一切买单的，是广大消费者的健康，是千万养殖户的心血，是国家巨大的财政支出。尽管近年来在国家的严打下查处了多起走私行为，但仍屡禁不止。面对非洲猪瘟，目前尚无可以有效防控的疫苗，阻断非洲猪瘟病毒的传播，遏制疫情的扩散和蔓延是当下最为紧迫的任务。尽管目前对于非洲猪瘟病毒病原是如何传入我国存在着多种说法和猜测，但不可否认我国海关查处的大量走私肉中很多来自国外疫区且携带非洲猪瘟病毒。而要真正阻断非洲猪瘟病毒的传播，关键点之一是要让猪肉的非法走私行为得到遏制。此外，未经检疫的走私肉很可能携带多种病毒，存在其他传染病爆发和人畜共患的风险。因此，把握和分析猪肉走私和非洲猪瘟之间存在的相关因素，控制住猪肉走私行为中传播非洲猪瘟病毒的可能性，才能更好地做出有效的防范措施，以此来重振我国的生猪养殖业，推动猪肉市场的健康发展，也为国内的其他畜禽养殖户提供借鉴经验，做到居安思危，未雨绸缪。

非洲猪瘟是由非洲猪瘟病毒感染家猪和各种野猪引起一种急性、出血性、烈性传染病。世界动物卫生组织将其列为法定报告动物疫病，该病也是我国重点防范的一类动物疫情。非洲猪瘟在 20 世纪 70 年代传入许多国家，国外对 ASF 这种疾病感染的过程报道较多，也对其在传播途径、分布和可能存在的循环等方面也进行了深入研究。国外科学工作者认为，ASF 的主要传播途径是被感染动物的运输，最常见的是被感染产品的运输，例如一些受污染的产品可能被非法进口以获取利润。这种传播方式得到了被引入国家的一致认同。中国动物卫生与流行病学中心副主任黄保续提出，非洲猪瘟跨国境传入的主要途径之一就是生猪及其产品国际贸易和走私。他指出我国与发生非洲猪瘟国家人员交流、货物贸易往来频繁，且我国猪肉价格高于周边国家，走私活动屡打不绝。结合我国的实际情况和国外经验来看，生猪及其肉制品走私在非洲猪瘟传入我国的过程中扮演了重要角色。然而目前我国对于冻肉走私行为各方方面面的研究资料相对较少，大多数文章倾向于笼统的分析和对执法部门提出建议，对于猪肉走私行为和非洲猪瘟之间的细化研究存在欠缺。

通过研究我国的猪肉走私行为和非洲猪瘟在我国爆发的疫情进行一些总结分析，挖掘二者存在的关键性，为非洲猪瘟在传播途径和可能存在的循环方面提供建设性措施。其次，通过更深层次的了解，针对猪肉走私行为的研究进行反思总结，找出欠缺之处，为接下来的实地调研积累经验。结合调查法和文献研究法对有关的国内外文献进行阅读搜集，主要是针对和非洲猪瘟、猪肉走私方面有关的论文、报道、期刊来获取资料；运用描述性研究法和个案研究法去分析国内有关冻肉非法走私的几起有关案例，总结其中得出的内在联系；最后再通过经验总结法进行归纳整合，并完善整体内容。

二、非洲猪瘟及中国非洲猪瘟传染状况

1. 非洲猪瘟的来源

非洲猪瘟是猪的一种高度传染性病毒病，非洲猪瘟这一词最早出现在

1921 年。1921 年肯尼亚首先爆发了这种猪瘟，由于首发地区肯尼亚位于非洲，且这种疾病和传统猪瘟症状非常相似，因此便取名为非洲猪瘟。自非洲猪瘟被发现以后，相当长时间内，撒哈拉沙漠阻挡了非洲猪瘟向北传播。但 20 世纪中叶后，随着各大洲人员贸易往来愈发频繁，该病毒开始在欧洲、美洲和亚洲蔓延。非洲猪瘟病毒能够在猪体外存活很长时间，可以通过受污染的衣服、车辆、鞋以及所污染猪肉源进行传播。因此，其传播速度不断加快，受影响的范围也在不断扩大。自 1921 年首例非洲猪瘟疫情发现以来，这一猪界“第一杀手”已在全球范围内游荡了近 100 年。葡萄牙、西班牙、法国、巴西、俄罗斯等国的生猪产业都未曾幸免。目前，全球已有 60 多个国家和地区报告过非洲猪瘟疫情。

2. 非洲猪瘟在我国的传染情况

我国于 2018 年 8 月 3 日在辽宁省沈阳市首次报告非洲猪瘟，不到半年时间，全国大部分省总共发生疫情 130 多起。而疫情谎报、瞒报、迟报在各地都有不同程度的存在。由于非洲猪瘟传染源广泛，具有传染性较强的特点，疫情一旦爆发，很容易造成大规模的灾难。猪肉是目前我国国民食用最常见的肉类，猪肉始终是中国人最主要的肉食来源，非洲猪瘟一旦爆发，势必会影响我国的猪肉市场以及猪肉进出口市场，并给国民的饮食安全和国民健康带来严重隐患，给经济社会带来一系列的影响。目前，由于非洲猪瘟传染源较广的特点，可以通过蜱虫等病毒进行传播；且非洲猪瘟病毒所具有的顽固性，可以使其在未加工的冷冻猪肉中存活数月。病毒的顽固性和不可控性，加剧了非洲猪瘟疫情的扩散，对我国的猪肉安全问题产生了严重的威胁。非洲猪瘟虽然不会传染人类，但其一直没有有效的疫苗防疫，其大规模的爆发会造成严重的经济损失和社会困扰，影响我国国民经济的平稳运行。

三、中国猪肉走私现状

1. 中国猪肉走私概况

猪肉走私是目前猪肉产业经济发展中的一大痛点，早年尽管中国已经成为世界上最大的猪肉生产国以及猪肉消费国，但在市场竞争诱惑下，猪肉走私的现象依然明显存在，我国每年查处的走私猪肉都可高达数千吨。不法分子通过走私行为，逃避的关税、增值税、消费税差值巨大，而走私者需要付出的走私操作费有时甚至高达十万元，很难想象其中存在的利益是有多大。

而如今值此中国正遭遇非洲猪瘟、贸易摩擦的双重压力，不少犯罪分子在利益的驱使下频繁进行非法走私活动。从国内外猪肉价差的视角来看，国内猪价上涨，走私的数量也会随之增多。而如今随着非洲猪瘟事态的发展导致猪价暴涨，不法分子为了从中获利可能会增加生猪和冻肉的走私量，以牟取更多利益。

自 2018 年开始，国家连续开展多次严打走私活动，查处了大量走私肉品。相较以往执法部门之间配合不协调，执法人员不作为甚至滥用职权的状况，也得到了很大改善。面对非法走私猪肉的行为和进一步加强防范非洲猪瘟病毒的扩散，各省重拳出击，尤其是“国门利剑”专项联合行动在打击冻品走私方面更是取到了显著成效。尽管我国严厉打击猪肉走私行为，但目前我国猪肉走私现状依然猖獗，影响着我国猪肉市场以及猪肉价格发展的大格局。

2. 中国猪肉走私的途径和渠道

中国幅员辽阔，边境线漫长，接壤邻国众多，因此，每一个角落都可能让不法分子有空子可钻。近些年，在我国两广地区和云南边境屡屡查出猪肉走私的案件。走私的猪肉来自很多国家，可能是欧洲、美洲过期的猪肉制品，也有可能就是来自非洲猪瘟爆发的疫区。在中越边境交界处，走私者除了有专门的走私路线和接应人手，甚至还有设备完善的“情报网”和专业把风放哨的“马仔”，每个环节的运作协调程度非常成熟，不仅能够打探边防部队的动向，更是让海关防不胜防。在一些边境线上的个别村民，为了从中获利，同走私者进行合作，帮助走私者加快猪肉的运输。除此之外，以往还有不法分子甚至能够对来自疫区的冻肉“改头换面”，通过改变商标上的外文标识伪报来源地，以此来通过海关的检查。但是，这种情况随着相关执法部门检查系统设备的完善，也在逐渐减少。

走私路线往往条件复杂、环境艰苦，很多肉品在走私的过程中早已腐烂变质。然而，这些来历不明的猪肉，可以经过不法分子的一番包装和各种化学调料的腌制，正大光明走上餐桌。或是被贴上标签，再进入商场，最终落入消费者的口中。这些走私猪肉经过伪装，从外表上看与正常肉制品无异，因此，对于很多消费者来说，根本无法辨别正常肉类和走私肉类的区别。

3. 走私猪肉的市场

走私商贩不仅可以对来历不明的猪肉进行“洗白”包装，更是形成了完整的供应链，在全国各地都有其分销商。各地大大小小的餐馆、酒店、菜市场、加工厂，究竟有多少猪肉来自非法走私，我们不得而知。但是，据相关新闻报道走私猪肉的低廉成本，确实是吸引了很多商家的目光。一些普通的小餐馆和烧烤摊对于其所使用的猪肉来历含糊其词，走私猪肉在市场的流通程度之广让人感到瞠目结舌。有记者曾暗访调查，重庆两市场每日竟有千吨走私肉流入西南市场，90%以上的商户均销售走私猪肉，而这早已是行业内的“潜规则”。除此之外，在云南、广西等地，都曾报道过走私猪肉大量涌入市场的案例。随着生鲜电商的风生水起，一些网络平台也成为走私猪肉的销售渠道，通过外表精致的包装和各种化学调料的混合，这些猪肉明目张胆的以不同的形式展现在消费者面前。

此外，进口冻肉作为一项特殊的业务，一直未能被大多数企业所攻破。少量黑心猪肉食品加工厂为了降低自身成本来获得高额利润，也会选择这类来历不明的走私猪肉。因此，非法走私猪肉只要被“安全”运送到国内，就不愁找不到市场。

四、猪肉走私与非洲猪瘟的关系

1. 猪肉走私与非洲猪瘟之间的联系分析

非洲猪瘟传入我国的可能性多种多样，甚至各种途径可以交叉传播，让我国防不胜防。从各方面综合来看，中国最初发现的非洲猪瘟疫情案例很大概率是从国外传入中国。由于非洲猪瘟可能通过多种方式跨国传播，因而中国疫情来源国也存在多种可能。我国邻国众多，不管是北边的俄罗斯还是南边的越南，都是非洲猪瘟的重灾区。我国与周边国家密切的往来贸易，也给非洲猪瘟病毒的传播提供了便利的途径。非洲猪瘟病毒传染性较强且存活时间长，可依附在人类的衣物和交通工具等物品上进行传播。此外，大量的不法分子在利益的驱使下，走私了携带非洲猪瘟病毒的猪肉，由此也加剧了非洲猪瘟病毒在我国的肆虐。

关于非洲猪瘟传播，布瑞克农信集团研究总监林国发对第一财经分析称，猪肉进口需要出口国检验检疫及国内报关检验检疫，一般情况下，疫情通过正规进口传染的概率极小。而存在问题的猪肉，大部分是通过非法走私流通。2018 年，我国报道了多起猪肉走私案件，其中查获未经检疫检验、报关手续并含有非洲猪瘟病毒的冻肉制品多达数千公斤。尽管我国海关一直加大对走私冻肉的查处力度，有不少禁止进口的猪产品被查获，但我们也无法得知究竟还有多少非法走私猪肉在市场流动。由于大多数猪肉走私分子自身的知识能力、道德修养以及安全风险意识存在很大的局限性，对于所走私的猪肉尚不具备检测意识。因此，那些来自非洲猪瘟疫区国家的猪肉在被走私分子运送的过程中，参与当中的往来车辆、人员、物品皆有可能成为非洲猪瘟病毒的传播载体。

2. 猪肉走私行为中传播非洲猪瘟的可能

（1）依靠生猪活体进行传播。目前，我国猪肉走私市场主要的走私产品有两种，活体生猪走私以及未加工的生冷猪肉走私。活体猪肉走私目前在我国两广地区以及云南边境地区还较为常见，通常是将越南的活体生猪通过货车运送到国内进行贩卖。根据非洲猪瘟的周期性，活体生猪若是已经感染了非洲猪瘟，如果在其感染前期未进行严格的检疫，在一般情况下大多数人无法识别所贩卖的生猪已被感染。在活猪走私的情况下，走私市场并不具备完善的检疫制度，因此非洲猪瘟病毒在走私过程中极有可能随着走私的生猪进入我国的猪肉市场。而正常进口的生猪，在多个过程都需要进行一系列严格的防疫检查，不会出现病原体的意外入侵。此外，携带非洲猪瘟病毒的活体生猪还可通过分泌物或者排泄物的方式，将体内所携带的病毒因子排出，当健康的猪接触到这些病毒时，病死率高达 100%，因此也会加剧非洲猪瘟病毒的传播。此外，在生猪的屠宰过程中，因为不具备合法的证明和手续，大多数购买走私生猪的商贩只能将这些生猪运送到一些不规范的私人屠宰场进行处理。不干净卫生的屠宰环节，极易滋生多种寄生虫和细菌，容易加剧非洲猪瘟疫情的发展。在走私生猪的养殖过程中，养殖条件简易恶劣，为软蜱的滋生提供了温床，而软蜱作为非洲猪瘟病毒的传染源之一更是被称为养猪业“头号杀手”。因而非法走私的生猪在感染了非洲猪瘟的情况下，若没有得到及时的扑杀和无害化处理，那么对整个运输范围和周边环境的生猪来说，无疑是致命的打击。

（2）未加工的深冷猪肉及冻肉极易导致非洲猪瘟的传播。在非洲猪瘟病毒的传播途径中，未加工的生冷猪肉是病原体传播来源的另一大途径。目前我国猪肉进口市场需求中，冻肉和猪杂仍然占据很大比重，因此冻肉和猪杂走私在猪肉走私过程中，也是其重要组成部分。由于非洲猪瘟病毒在恶劣的自然环境下能够长期存活，未加工的生冷猪肉及冻肉都极易成为非洲猪瘟病毒滋生的温床。据相关调查研究表明，非洲猪瘟病毒能够在冻肉中存活数十年，而在目前我国冻肉的走私中，大多数属于粗加工产品，其质量问题更是令人担忧。

由于冻肉需要经过长期的冷冻，在冷冻过程中肉质口感难免会有所下降，而也是冷冻的环境可以为变质的猪肉提供伪装的条件。因此，走私猪肉借着冷冻肉的口感和造型的掩饰，大力冲击我国正规冻肉市场。其实，恶劣运输条件和冷藏环境等原因，走私的冻品猪肉在到达消费者手中时，大多已经难以达到国家猪肉食用标准，甚至有很多猪肉冻品的“年龄”是消费者的几十倍。若是携带有非洲猪瘟病毒的猪肉冻品，在其走私过程中缺乏严格的质检，加之肉质在运输途中极易腐烂损坏，也会加剧非洲猪瘟病毒的传播和扩散。

（3）通过人类衣物、车辆等物品传播。非洲猪瘟病毒具有很强的传播性及顽固性。相对于其他病毒而言，非洲猪瘟病毒对于生存环境的要求较低，且传播媒介也更为广泛。在正常情况下，大多数病毒在离开宿主短时间内便会难以存活甚至死亡，但非洲猪瘟病毒显得更为顽固。除去经过生猪活体、未加工的生的猪肉以及蜱虫等寄生虫的传播方式外，非洲猪瘟病毒还可通过附着物进行传播。非洲猪瘟病毒可以通过附着于人类的衣物，车辆等物品进行传播，目前我国海关对于游客衣物服饰及人体的病毒检测体系还尚未完备，存在将非洲猪瘟病毒带回国内的风险。对于猪肉走私而言，这种隐患更为明显。走私分子在走私活动中所接触到的客户群体中，大部分人员可能会频繁地接触到生猪和猪肉产品。因此在走私过程中一旦走私的生猪及其产品携带非洲猪瘟病毒，运输肉品的走私分子、车辆以及其他未携带非洲猪瘟病毒的猪产品都很大可能会进一步加剧非洲猪瘟病毒的扩散。走私人员的高度配合使得走私过程具有广泛性以及灵活性，因此极易导致非洲猪瘟病毒的跨地区传播。

五、关于非法走私和非洲猪瘟传播措施的思考

1. 根源防范非法走私，加强边境教育和管控

国际贸易和人员往来是非洲猪瘟病毒最主要的传播途径之一，而非法走私在灰色产业链中欠缺相应的规范和整治。目前国家也在对非法猪肉走私行为重拳出击，不断完善海关以及边境地区的监察体系，严厉打击了非法走私猪肉的行为。而对于很多较为落后的边境地区来说，需要提升当地的教育水平，完善当地的教育体系，振兴实体经济的发展。从根源上解决，才能够让更多的人从事正规行业，不再一次次去干违反法律的事。其次，对于边境地区的非洲猪瘟疫情采取更严格的措施，加强对边境互市贸易行为的管控，更为谨慎严格地做好出入境相关检疫，做到有效预防境外病毒的传入，维护我国生物市场的安全发展，使食品安全问题得到更好的解决。

2. 加强疫情监测

加强疫情监测是防控我国非洲猪瘟病毒继续传播的另一有效途径。非洲猪瘟病毒在传播过程中具有一定的周期性，在传播过程中的迅猛猖獗和没有得到及时的防疫有很大关联。很多地方的群众缺乏防范意识，也不能及时采取有效的措施。其中也存在着一些地方政府为了政绩而隐瞒了当地的非洲猪瘟疫情的可能，由此耽误了疫情的防控，加剧了病毒的蔓延，给人民群众财产带来更加严重的损失。相关检测机构需要不断加强疫情监测，在发现疫情时，要做到及时处理，并定期对可能感染体进行监测，并做好相关的应急措施。同时，养殖户作为责任主体也要不断提升自身的防控意识，积极配合疫情防控，而政府也要做好对合规养殖户的补贴和慰问。面对如今严峻的形势，需要充分发挥群众的力量，才能做到非洲猪瘟疫情的有效防控。

3. 增加屠宰副产物利用，严控污染源排放

在猪肉走私过程中，生猪活体也是其中之一。非洲猪瘟病毒可寄生于生猪活体，因此走私生猪屠杀的行为很容易造成境内非洲猪瘟的传染。走私的生猪主要出售给地区屠宰场，由于一些屠宰场缺乏相应的防疫设施和消毒设备，加之对屠宰副产物如猪血、猪毛的不合理利用，极易导致非洲猪瘟病毒的传播，使其成为病毒污染源。因此，质检部门应当出台更为专业和严格的质检体系和流程，并严查严打非法肉类加工厂，严控污染源的排放，杜绝非洲猪瘟病毒滋生的温床。

4. 完善肉制品追溯机制

目前随着互联网行业的不断发展，食品追溯机制在我国的食品行业中逐渐得到利用。食品追溯机制可以从根源上了解食品的生产和加工，让产品质量得到保障。肉制品追溯机制虽然目前还没有在我国得到普及，但是有很大的发展空间和广阔的消费市场，有利于打击猪肉的非法走私行为，抵制“劣币驱逐良币”的现象。同时，肉类企业也应该意识到，随着生活水平质量的提高，如今大部分消费者对于食物品质有着更高的追求，只有不断提高自身产品的质量，才能带来更大的效益。

六、结　论

非洲猪瘟肆虐百年，对各国人民来说都是一次巨大的灾难和挑战。而非

法走私猪肉的行为则是为非洲猪瘟的跨地区传播提供了媒介和载体，加剧非洲猪瘟病毒在世界范围内的扩散。非洲猪瘟传入我国的时间不长，却严重打击了我国生猪养殖行业的发展，对我国生猪养殖行业构成了很大的威胁。我国作为猪肉的传统消费大国，如今面临巨大的消费缺口。随着非洲猪瘟疫情在全球肆虐，我国允许进口猪肉的国家其输华能力也有限，而非法走私猪肉行为中存在大量未知的风险和不确定因素。因此，做好非洲猪瘟病毒的防疫工作不仅需要加大科研投入，更需要抵制走私肉品，只有致力于疫情的控制才能让我国的猪肉市场尽快回暖，驶回正常轨道。

参考文献

[1] 冻肉链走私：中越边境千条船“蚂蚁搬家”边民收费护送[J]. 食品安全导刊，2015（18）：13-16.

[2] 张焰洪，尹子凤，周先文. 非洲猪瘟的流行传播特点及防控策略[J]. 现代畜牧科技，2019（11）：68-69.

[3] 朱增勇，李梦希，孟君丽. 非洲猪瘟对中国生猪市场和产业发展影响的研究[J]. 价格理论与实践，2019（07）：20-23.

[4] 樱桃. 非洲猪瘟的传播与防控[J]. 畜牧兽医科技信息，2019（09）：21-22.

[5] 徐建辉. 加强防范全力打击　严防走私冻肉乘虚而入[N]. 中国商报，2019-09-11（P02）.

[6] 聂绪明，李宏伟，杨长明. 非洲猪瘟病源探讨[J]. 当代畜牧，2019（04）：64-65.

[7] 龚加全，方水明，夏新成，等. 国外对非洲猪瘟传播途径的研究及防控策略[J]. 现代畜牧兽医，2019（01）：33-38.

[8] 陈鹏. 我国走私进口冻肉犯罪的防控[J]. 四川警察学院学报，2016，28（04）：40-45.

[9] 汪徐秋林. 海关总署回应“僵尸肉”新闻：持续加大冻肉走私打击力度[J]. 广西质量监督导报，2015（08）：53.

[10] 夏金彪. 走私冻肉冲击市场折射监管盲区[N]. 中国经济时报，2015-07-21（006）.

猪肉价格波动对主要替代品的影响研究

宋宁宁
（贵州大学经济学院　贵阳　550025）

【摘　要】近段时间以来，受非洲猪瘟影响，猪肉价格波动较大，同时，猪肉主要替代品的价格也在波动，猪肉主要替代品价格波动较大除了受自身养殖周期的影响之外，还受猪肉价格的影响。本文对猪肉价格波动对其主要替代品价格波动的影响进行了分析。结果表明：猪肉价格与鸡肉、牛肉和鸡蛋之间存在着长期的均衡关系，鸡肉、牛肉等肉类替代品以及鸡蛋受猪肉价格波动影响很大，主要通过影响替代品的养殖规模和质量的方式影响替代品的价格。在主要替代品中，猪肉价格对鸡肉价格的影响最大。

【关键词】猪肉价格；替代品价格；生长周期

一、绪　论

近年来，随着我国经济发展越来越迅速，人们的生活方式有了很大的转变，城乡居民对食品的消费需求也在逐步变化。居民的经济水平提高，所以对肉类的消费越来越多，因此肉类的价格也在持续上涨。居民日常需求的主要肉类有猪肉、鸡肉、牛肉、羊肉四大类，这四大类占居民肉类消费的 90%以上。然而养殖业这几年来，口蹄疫、牛流行热、禽流感等严重影响养殖业稳定健康发展的动物疫病时常发生，养殖成本、政策变化、自然灾害这些不可控的因素也严重影响生猪的养殖量，这些外在因素影响了肉类的供给量，造成肉类市场严重的供求失衡，市场价格变动幅度非常大。

尤其近来，受疫病非洲猪瘟等多种因素的影响，猪肉的价格大幅度上涨，2019 年 9 月份的价钱同比上涨 69.3%。中秋节前后猪肉的价格为 20 元/斤，而近 10 月以来猪肉一天一个价钱，10 月 20 日猪肉的价格已经接近 35 元/斤，一个半月左右的时间，猪肉的价格翻了近一倍，目前的价格已经是年初价格的 2.5 倍。猪肉因其价格适宜，性价比相对来说比较高，成为我国居民消费的第一大肉类，非常受广大居民的欢迎。猪肉与鸡肉、牛肉、羊肉等存在一定的代替关系，而目前猪肉的价格大幅度波动因为市场效应也影响了其替代品的价格的变动。肉类对于居民的日常生活有着不可或缺的作用，肉类的价格波动严重影响了居民的生活质量。

二、猪肉和替代品现状

1. 猪肉的现状分析

目前，居民在需求的肉类中，猪肉的需求所占比重有 62.9%，较其他肉类需求较多，居民对猪肉需求性较强。我国对于猪肉的需求占世界消费总量的 49.6%，我国生猪养殖量占世界生猪养殖量的 56.6%，2017 年中国饲养生猪量达 1.3 万亿，占中国畜禽饲养产值比重的 56.5%。2017 年，中国居民人均需求猪肉量达到 39.8 kg，同比上一年增加 1.4 kg。中国居民人均需求猪肉量持续在 37.0 kg 左右。

自 2018 年 8 月初在沈阳发现第一例非洲猪瘟开始，因猪瘟传播途径非常广泛，猪瘟开始蔓延，多地区逐渐发现猪瘟，生猪开始大面积死亡，生猪的数量急剧减少。因猪瘟影响，大面积减少的生猪的量远远不能满足居民对猪肉的需求，猪肉的价格急剧升高，猪肉的价格从 2019 年 5 月末的 37.88 元/公斤到 2019 年 10 月末的 60 元/公斤，生猪的价格从 2019 年 5 月末的 28.48 元/公斤到 2019 年 10 月末的 42.02 元/公斤，在此期间生猪的价格最高可达 50 元/公斤。猪肉价格的大幅度上涨严重影响了居民的消费结构，也扰乱了市场的稳定。

2. 主要替代品的现状分析

猪肉与鸡肉、牛肉、羊肉等肉类存在代替关系，猪肉的价格波动对主要替代品的价格、质量、养殖规模以及进口量等都有非常大的影响。目前，在猪肉的主要替代品中，羊肉的价格为 56 元/公斤，较 5 月末 50.96 元/公斤上涨了 5.04 元，在此期间，羊肉的最高价钱为 57.28 元/公斤，最低价钱为 50.96 元/公斤，由此看来，羊肉的价格波动在 6 元左右，羊肉价格的涨幅还算平稳，没有很大幅度的波动，价格波动还在可预料范围之内，猪肉价格的上涨对羊肉波及不算很大；牛肉的价格为 93.6 元/公斤，较 5 月末 83.32 元/公斤上涨了 10.28 元，在此期间，牛肉的最高价钱为 120 元/公斤，最低价钱为 62.54 元/公斤，由此看来，牛肉的价格波动 60 元左右，价格波动非常大，牛肉受猪肉价格波动影响很大；鸡肉的价钱为 28.3 元/公斤，较 5 月末 21.6 元/公斤上涨 7 元左右，在此期间，鸡肉的最高价钱为 39.08 元/公斤，最低价钱为 21.6 元/公斤，由此看来，鸡肉的价格波动在 18 元左右，猪肉价钱对鸡肉影响也是很大。

三、肉禽类价格及消费量整体趋势

近年来，我国经济水平发展越来越迅速，导致我国居民对肉类需求越来越多，从而总体来说我国肉禽类价格和消费量呈不断上升的趋势。2000 年我国肉类产量 6013.9 万吨，居民家庭人均消费猪牛羊肉 14.4 kg，其中猪肉产量 3966 万吨，居民家庭人均消费猪肉 13.3 kg；牛肉产量 513.1 万吨，居民家庭人均消费牛肉 0.5 kg；羊肉产量 264.1 万吨，居民家庭人均消费羊肉 0.6 kg；居民家庭人均消费禽类 2.8 kg。到 2012 年我国肉类产量 8471.1 万吨，居民家庭人均消费猪牛羊肉 16.4 kg，其中猪肉产量 5443.55 万吨，居民家庭人均消费猪肉 14.4 kg；牛肉产量 614.75 万吨，居民家庭人均消费 1 kg；羊肉产量 404.5 万吨，居民家庭人均消费 0.9 kg；居民家庭人均消费禽类 4.5 kg。其中居民对猪肉和禽类的需求量上浮较多，牛肉和羊肉的需求量上涨趋势较为平稳，且从 2000 年 1 月到 2012 年 12 月，居民对肉类的需求量少有下跌的趋势。

对居民来说，猪肉和禽类的价格较牛肉和羊肉相对便宜，并且猪肉和鸡肉也人们一直以来需求量最大的肉类，它们的口感能满足人们的饮食欲望，也能搭配出更多的菜系。从长远来看，猪肉的价格波动，鸡肉是猪肉代替性最强的主要替代品，同样，鸡肉价格也是受猪肉价钱波动影响最大的主要替代品。

四、短期内鸡牛肉代替猪肉对市场的影响

1. 对鸡、牛肉市场的影响

据发改委统计，2019 年 9 月 CPI 增长幅度仍然显著，受非洲猪瘟疫、“猪周期”等影响，猪肉的主要替代品价格上涨十分显著。

我国是鸡肉消费大国，鸡肉为仅次于猪肉的中国第二大肉类消费种类。2018 年，鸡肉总消费量 1153 万吨，占全球鸡肉总消费量的 11%；生产鸡肉 1160 万吨，约占全球总产量的 13%；2018 年我国鸡肉总进口量约为 34.2 万吨，相较 2017 年增加了 31 万吨。鸡肉进口量的增长，一方面缓解了国内猪肉价钱上涨消费不起的窘境；另一方面，因猪肉价格上涨，国内肉类消费结构逐

步多样化发展，提高了对鸡肉的依赖性。

但是受猪肉价格上涨的影响，猪肉与鸡肉代替效应凸显，从而拉动鸡肉价格上涨；而且受“鸡周期”和居民大幅度提高的需求量的影响，短时间鸡的养殖量不足以满足大众的消费需求。鸡的价格受猪肉价格影响上涨，养殖户抓住这一商机，扩大鸡的养殖量，大面积饲养鸡，然而鸡分为肉鸡和蛋鸡，市场上被售卖的鸡肉大部分为肉鸡，因为蛋鸡的主要作用是用来产蛋，所以肉鸡的价格比蛋鸡高，广大养殖场主会扩大饲养肉鸡的规模，这样会造成肉鸡和蛋鸡的市场失衡，影响市场的稳定性。并且身为猪肉替代品的鸡肉价格上涨，难免会有些商人不甘于“鸡周期”影响他们牟取利润，使用一些药品将鸡“催熟”，这样鸡肉的质量将会变差，甚至这些“催熟”的鸡流传到市场上被人们食用，对居民的身体有很大的危害，造成很严重的影响。

我国居民对牛肉的依赖性仅次于猪肉和鸡肉，是居民消费结构的第三大消费品种。我国经过 20 世纪 90 年代的疾速转型，我国已成为仅次于巴西和美国的世界第三大牛肉生产国，2018 年牛肉总产量 644.06 万吨，牛肉进口量 103.9 万吨，进口量同比增长 34.4 万吨。牛肉进口量的增长，缓解了部分国内因猪肉量不足的困境，稳定了市场。

猪肉价格大幅度上涨，大多数人们肯定会选择其替代品，牛肉作为猪肉的替代品之一，牛肉的价钱也会受其影响增长；养殖牛的周期很长，短期内牛肉量难以供应因猪肉价格波动产生的需求。牛肉价格受猪肉价格影响上涨，然而牛肉有肉牛和奶牛之分，肉牛主要是以食用肉为主，市场上被售卖的牛肉大部分是肉牛，而奶牛则是以产奶为主。相较于目前的情况，肉牛的价格将会较高于奶牛，养殖场主们将会看准这一商机，扩大肉牛的养殖量，这将会影响奶牛的养殖量，造成市场上奶牛与肉牛养殖量的失衡，影响市场的稳定性。在猪肉价格波动期间，牛肉的最高价格曾达到 120 元/公斤，这比原来牛肉的价格提高了近一倍，在这种高额利润下，难免不会有急功近利的养殖者利用某些药物将牛“催熟”缩短牛的生长周期，如此不仅牛肉的质量受到影响，食用牛肉的居民身体上也会受到危害，使人们也不敢再次去购买牛肉。

2. 对鸡、牛附属品的影响

鸡肉是猪肉的肉类替代品，然而鸡蛋也是猪肉的替代品，鸡蛋和猪肉是一样对人体健康有益的产品，而且鸡蛋价格适宜又能补充营养。现在居民追求健康生活，只要是性价比高对人体有益的食品，广大居民的目光都会被它所吸引。就目前状况来看，猪肉价格大幅度上涨，很多居民在不愿购买猪肉的情况下就会将目光转向鸡蛋，从而引起近段时间以来鸡蛋的价格也飞速上涨。肉鸡作为猪肉的替代品，猪肉价格上涨引起肉鸡价格波动，引起肉鸡与蛋鸡养殖规模的变化，导致肉鸡养殖规模扩大，蛋鸡养殖规模缩小。蛋鸡主要用来产蛋，蛋鸡的养殖规模变小，鸡蛋的产量也就会减少，鸡蛋的价格随之就会上涨，从 2019 年 6 月初的 9.63 元/斤到 2019 年 10 月中旬的 11.87 元/斤，其中鸡蛋价格最高可达到 12.16 元/斤。从需求方面来看，下半年猪肉供应将进一步趋紧，猪肉价格上浮在一定程度上将刺激了人们对鸡蛋的消费。

牛肉是我国居民的第三大肉类消费体，它以较好的口感、高蛋白低脂肪的营养价值受广大居民喜爱。作为猪肉主要替代品的一种，受猪肉价格上涨的影响，牛肉的价格也在上浮，牛肉由原来的 30 ~ 40 元一斤到现在高达 60 元一斤。广大养殖者看到这一商机纷纷投资饲养牛，然而牛也是有肉牛和奶牛之分的，牛场饲养的肉牛主要是用来食用的，而奶牛主要是用来生产牛奶的，肉牛价格的上涨将会引起肉牛与奶牛养殖规模的变化，导致肉牛养殖规模扩大，奶牛养殖规模缩小。奶牛的养殖量变少将会导致牛奶的产量变少，从而会影响牛奶的品质和价格。

五、短期内用主要替代品代替猪肉

1. 用鸡、牛肉代替猪肉的优势

对于鸡肉来说，鸡肉短期内能代替猪肉的第一点优势是价格，几十年来鸡肉的价格从来没有高过猪肉和牛肉，目前市场上鸡肉 10 ~ 15 元/斤，而猪肉和牛肉高达 35 元/斤和 50 元/斤，居民吃一斤猪肉的价钱相当于 2 ~ 3 斤鸡肉的价钱，鸡肉可以让居民在这个“吃不起肉”的时代下碗里依旧有肉可吃，而且还吃得便宜；第二点优势是周期优势，肉鸡的成长周期比起猪和牛要短很长时间，肉鸡的生长周期短，成本也低，并且肉鸡的养殖数量很庞大，目前肉鸡养殖是现代化、集约化、标准化水平最高的行业，鸡肉能便捷疾速地为居民提供优质的动物营养蛋白；第三点优势是消费结构优势，从我国的居民消费结构来看，鸡肉是我国居民的第二大消费肉类，在猪肉价格上涨的大背景下，非常适合短期内代替猪肉成为第一大消费肉类，解决当下猪肉上涨导致“买不起肉”的境况。所以，无论是价钱，还是养殖量持续供给方面，鸡肉都是猪肉短时间内的最佳替代品。

对于牛肉来说，牛肉能在短时间内代替猪肉的第一点优势是牛肉营养价值更高，纵观牛肉这些年来的价格一直都很高，牛肉的蛋白质含量更高、脂肪含量更少，能够避免心脑血管疾病等，并且牛肉中对人体有益的微量元素也要比猪肉高，可以提高人们的身体素质；第二点优势是牛肉的口感要比猪肉和鸡肉更好，如果接连数天日复一日地食用猪肉或者鸡肉，同样的口感会使人生厌，然而牛肉则不同，本来牛肉的口感就很有嚼劲，况且牛肉的后腿肉、侧腹肉、上腰肉与牛肉身上的瘦肉口感都有所差异。

2. 用鸡、牛肉代替猪肉的不足之处

目前，猪肉价格上涨，居民首先大多选择了鸡肉代替猪肉来食用，其次则是牛肉，然而短时间内用鸡肉和牛肉代替猪肉还是存在着一定的不足之处。第一点不足之处是用鸡肉和牛肉代替猪肉会造成整个市场的变动，从价格到质量再到肉鸡和肉牛的养殖量再到鸡和牛附属品鸡蛋和牛奶的价格、质量、产量等；第二点不足之处是短期内用鸡肉和牛肉代替猪肉，而没有继续大面积鼓励养殖者养殖猪肉来提高猪肉的养殖量，将会导致可食用肉种类减少，一旦这期间再次爆发禽流感、口蹄疫等大面积疾病，将会导致无肉类可替代的局面，我国的肉类市场将会陷入一场危机；第三点不足之处是虽然牛肉的营养价值高、口感比较好，但是牛的生长周期比较长，牛的养殖规模可能满足不了居民对于肉类的需求量，而且牛肉的价格相对比较高，一般居民不能经常负担起牛肉的价格。

六、对　策

对于政府来说，一方面应该对生猪养殖户实行鼓励政策，扶持养殖大户，给予补贴和奖励，激励培育养殖户饲养生猪的积极性，扩大生猪饲养殖面积，从而达到通过扩大产量来控制市场，降低市场价格的目的。另一方面政府应该鼓励鸡、牛、羊等养殖场的发展，通过将其替代品的价格降下来，增加替代品的消费量，从而降低猪肉的价格。

对于养殖户来说，在饲养生猪的过程中应该加强对猪舍的建设注意卫生安全问题，做到按时对生猪进行检疫，按时咨询兽医和使用疫苗，保证对猪安全卫生方面有保障。如有生猪有突发异样、突发疫情，应及时向政府机关报告，平时加强自身对生猪方面知识和技能的培训，能及时处理突发情况。

对于消费者来说，应该理性消费，正常来说下半年是我国猪肉消费量最多的阶段，而且现在猪肉一天比一天贵，消费者会恐惧接下来还会不会更贵，所以他们会购买更多的猪肉囤到过年。要想猪肉价格降下来，居民的消费量降下来是个不可缺少的因素，当消费量比目前的供应量还低的时候，猪肉的价格自然而然就降下来了。

参考文献

[1] 牛东来，邢炜玮，陈连颐．我国城乡居民禽肉消费特征及影响因素[J]．中国家禽，2018，40（22）：1-5

[2] 朱增勇．非洲猪瘟下的中国猪肉市场展望[J]．北方牧业，2019（10）：7-8.

[3] 胡琴，何蒲明．主要替代品价格波动对猪肉价格波动的影响研究[J]．中国猪业，2018，13（06）：28-31.

[4] 曹娜．进口猪肉对我国国产猪肉的替代效应研究[J]．黑龙江畜牧兽医，2017（16）：34-36.

[5] 曹卫．其他肉类价格对猪肉价格变动影响的实证分析[J]．经济论坛，2017（02）：83-85.

[6] 石自忠，王明利，刘玉凤．猪肉价格变动对其他畜禽肉类价格的影响[J]．农业展望，2013，9（05）：33-37.

[7] 叶锋．我国猪肉价格波动及对城镇居民福利影响研究[D]．荆州：长江大学，2019.

[8] 乔浪，郭新宇，彭程．基于多维关联规则的猪肉价格波动原因分析[J]．江苏农业科学，2019，47（11）：332-335.

[9] 朱增勇．非洲猪瘟下的中国猪肉市场展望[J]．北方牧业，2019（10）：7-8.

贵州环境污染与非洲猪瘟

邹凤
（贵州大学经济学院　贵阳　550025）

【摘　要】非洲猪瘟传入我国，在我国肆虐，严重影响了生猪和猪肉供求市场，引发了猪肉价格的飙升。然而非洲猪瘟与环境污染之间似乎有一定的联系，但我们并不清楚这种联系是怎样的，也不清楚是非洲猪瘟对环境污染产生了影响还是环境污染对非洲猪瘟产生了影响。所以，本篇文章主要是探讨非洲猪瘟与环境污染之间的关联。环境污染与生物疾病的作用是相互的，而且相互的影响大多为不利的影响。环境污染对生物的生长发育和繁殖都具有十分不利的影响，严重者甚至会影响生物的生存数量以及形态特征。同理，环境污染与非洲猪瘟的影响是相互的。恶劣的环境会滋生非洲猪瘟病毒，产生疾病源，猪在含有非洲猪瘟病毒的食物残渣和生活垃圾的环境下生长，加大猪瘟病毒的传播，再在国际贸易中进口与出口，以及生猪走私的情况下传播到世界多地。反过来，非洲猪瘟肆虐会污染土地、水源等，加剧环境污染。如若不采取及时恰当的处理方法，也会加剧猪瘟疾病的传染，形成恶性循环。

【关键词】非洲猪瘟；环境污染

不论环境保护还是猪的培育都应注重预防保护。既要从根源上解决问题，也要预防后期可能会出现的新问题。要解决环境污染与非洲猪瘟问题，光是后期及时的处理和扼制是远远不够的。例如我国因为风俗习惯和传统文化，是猪肉消费大国，今年大面积的猪瘟爆发致使猪肉市场的猪肉供求量大幅度地减少，随之而来的是猪肉价格的暴涨，也引起了猪肉替代肉类价格的增长。猪肉在大多家庭几乎成为必需品，但过快的价格增长以及过慢的猪肉供求增长，急需政府及时稳定猪肉价格，稳定消费市场。但政府在市场的调节上本就存在滞后性，猪肉价格恐会再有一段时间的涨幅。环境保护和疾病预防可以在一定程度上保证猪源的稳定，从而保证猪肉的供求量。

一、农村养殖环境管理

医治疾病最好的办法其实就是不生病或者尽量少生病，人若想要少生病就应该生活在一个尽可能好的环境里，减少生病的可能性。不只是人类，其他的生物也一样，若想健康地生长并拥有良好的生物链循环，都离不开一个良好的生态系统。因此解决猪瘟问题要从根源上遏止，得从环境入手，我们必须爱护保护环境，让猪肉源生长在一个循环性、更新性良好的生态系统里。从根源上遏止猪瘟的滋生是有效但费时费力的事情，而且在当今世界经济高速发展的局势下拥有一个良好的生态环境也是非常不易的。

在我国地广人稀的农村，生猪养殖属于散养式的。农村猪圈大多还是延续古式木质结构修建的，且生猪养殖在猪苗四五个月大的时候采取“一圈一猪”式养殖，通风干燥，还会定期打扫，不然猪会把猪屎当玩具拱玩，时不时地拱进猪食里，不仅不卫生还特别浪费粮食。农村住户一般为一户式，住户和住户有一定的距离，自然猪圈与猪圈之间也会有一定的距离，猪的排泄物作为一种元素丰富的肥料也会被充分利用。某种意义来说，农村生猪养殖给生猪提供了一个良好的生长环境，不追求数量化，是适合生猪养殖的理想模式。然而事实上，农村猪肉大多是自给自足，供求弹性和需求弹性都很小。就非洲猪瘟来说，2019 年大量的染病生猪被处理后，农村也无法满足自给自足，需求量大增，毕竟猪肉可是贵州人过年必不可少的菜品，菜样多量还大。

若说农村是适合养猪的，那么人口拥挤、房屋密集的城镇就是不适合生猪生长的环境了，特别是城中村、小巷、胡同等地更是不适合养猪。这有两方面的原因，一是城镇里这些地方大多地势低矮密匝，不通风透气性也不好，猪容易生病染病，甚至传播病毒；二是正因为这些地方不通风不通气，其地势低矮，猪在里面吃喝拉撒全在一处，猪的生活垃圾和排泄物还没有办法适当地及时地处理，久而久之便会产生异味，且难以疏散，日日积累那就更不用形容了，给养殖地周围环境造成严重的空气污染，可谓“香”飘十里，严重影响邻里的和谐关系。而且据新闻资料显示，贵州猪瘟一开始便是由城市里的养猪户先发现的。早在 2018 年政府相关机构就在针对这些养殖户的生猪进行处理，严令不许再在原地建圈养猪。脏乱差的生长环境使猪苗体弱多病、体质差，生猪易生病、抵抗力差，影响肉质，口感变差。为维护人类自己的居住环境、身体健康，以及为了高质量、高口感的猪肉，不仅是市民要自觉规范自己，不要因为心疼全年购买猪肉的消费费用，在这些地方养猪，损人不利己。同时，政府也需要大力宣传，提倡市民维护好居住环境、保护身体健康、维护好邻里关系。

相较于遍布各地的散养户，大型的养猪场一般建立在郊区，离消费源不远的地方，还要交通便利，技术发达，方便猪肉宰杀、加工、包装、售卖等一系列深加工。这一环一环更需要做好环境保护，注重猪肉卫生。大型养猪户养猪素来有人称猪："睡空调房、喝矿泉水"，但毕竟数量庞大，光喂食便够费力，更别说粪便清理、猪舍消毒。这些养殖场为了给生猪提供良好的生长环境，费时费力，想要养殖出质高量高的生猪，必须做到勤打扫、勤查看，除了干净通风的猪宿舍，还得做好猪的清洁和消毒，做好粪便清理。养猪场猪多，猪粪便更多，养猪场除了猪肉加工，还可以对粪便进行深加工，把猪粪便加工成肥料售卖，既给生猪提升了生长环境的干净整洁程度，还可以此作为养猪场的另一项收入。

二、疫苗预防和消毒

从根源上遏止猪瘟病毒滋生传播，还得从猪本身入手。要想猪不生病还得做好疾病预防和后期处理。同时还应加强优良猪品种的培育，增强猪的体质，使下代生猪更能适应环境的污染，增强环境污染下生猪的适应性，减少环境污染下生猪或者猪肉的损失。

在我国农村，有春秋两季预防药发放和注射期，由当地畜牧局负责分配，再由各村各组的兽医代表负责，预防和治疗机构都算得上全面。在非洲猪瘟肆虐之前，农村的预防药多为五号病之类的，对疫苗注射的检验只是根据当地兽医提交的疫苗检验表来统计。虽然 2019 年秋季还没有猪瘟疫苗（猪瘟疫苗尚未研发成功），但对其他疫苗注射采取严格的抽血检验。这说明我们对传染疾病的传播不够敏感，反应机制也不成熟，疫苗预防和后期处理都做得很"马后炮"。造成如今猪肉市场供应不足，价格飙涨，完全是因为预防工作和应急机制的不成熟造成的。因为市场供求不足，价格飙升，让许多人看到了商机，开始大量购买猪苗养殖，先不说后期供求量大小之类的影响，照着各地价格不同的升涨，会刺激更多的大数量生猪养殖户，难免会造成量足质不足的情况。其中有的养殖户毫无高数量养殖经验，有的养殖户空有数量规模却没有足够的合理的养殖基地，有的养殖户毫不考虑生猪养殖的成本和风险以及自己能养殖的数量上限，种种这些养殖户均面临着血本无归的风险。

思及此，农村生猪养殖如今也有规模养殖户，因为是小规模所以相应地加工处理能力也小，对粪便的排泄物和生活垃圾的处理不仅慢而且可能无效果，对环境会造成一定的污染，如：空气污染、水污染。这种脏乱环境最容易滋生细菌，成为疾病感染源。生猪在这种环境中也更容易患病，体质降低，降低猪群数量和质量。为养殖高品质高数量的生猪，其生产成本越来越高，从猪苗到成年猪，环环扣扣都需要小心、仔细、谨慎。生病要及时治、食要准时喂、排泄物要及时清理、猪舍要及时消毒……若是家里同时还喂养了母猪，更是得仔细仔细再仔细，既要照顾好母猪以及猪苗，也要保护好自身安全。

大型养猪场更得注意环境整洁和疾病预防，生猪群突发急热或者肠胃不适，以及大便异常，一般是群发性的，因为可能会出现同时生病但发现病状的时间不同，也有可能是同舍猪传染的但病源猪好了，感染猪病情加重等情况容易迷惑人，以为问题不大。这就要求养殖者持续的观察和及时的预防和救治。因为数量和时间以及物资成本的原因，无论养猪规模大还是小，都无法实现生猪单舍圈养，猪与猪之间的疾病传染性可能性加大、生猪的发病率也会提高。所以，对于生猪养殖，各种养殖类型的养殖户，为了保质保量，定期疫苗注射是必不可少的。

除了养殖过程中需要政府和养殖户加强生猪疾病预防和疾病救治，遏止传染源，以免污染环境以及保护生猪减少其受环境污染的影响。后期对病源猪和感染猪处理，需要政府宣传正确处理方式以及监督养殖户正确地处理病源猪和感染猪，避免养殖户在缺乏专业性知识条件下，为了节约时间和物资成本，潦草处理。对于病源猪和感染猪大多采取就地掩埋的方式处理，如若处理不正确，没有隔绝和杀菌，病毒会污染土地和地下水，扩大感染源，增大感染面积。针对病猪处理，不仅要处理病猪本身，还要处理病猪接触到的生活垃圾和排泄物，即要处理好病猪接触过的饲料、水等生活垃圾，处理好猪粪便以防以粪便为食物的苍蝇、鸟类之类的动物携带病毒，传播病毒，猪舍消毒更是重中之重。

非洲猪瘟与其他急性传染病不太一样，非洲猪瘟传入中国不是通过水和土地的方式，但水和土地可能会成非洲猪瘟病毒的载体。非洲猪瘟传入中国迅速传播的方式有如下几点：

（1）交通工具传播。各种交通工具，经过疫区，接触病猪或者病猪肉产品，没有正确及时的消毒，成为一个移动的传播源，走到哪儿传到哪儿，是非洲猪瘟传播的重要途径。

（2）人员往来传播。不仅是交通工具，人员往来也是一样的，凡事接触过感染非洲猪瘟的猪以及其猪肉产品，很大可能上就成为病毒携带者，成为一个移动的传播源。

（3）猪产品等传播。生猪和猪肉产品，是非洲猪瘟传播的主要途径。特别是专业的养殖户，虽养殖规模或大或小，但生猪是成群，生猪和猪肉产品交易活动频繁，猪瘟又来势汹汹，无经验，缺乏预防和处理反应，生猪和猪肉产品极易感染和传播猪瘟。

（4）养猪饲料传播。主要是携带非洲猪瘟病毒的猪肉产品进入消费市场，流入千家万户的厨房，而厨房的残渣、泔水又作为养殖场的养猪饲料，导致非洲猪瘟的大流行和大发生，是不可忽视的传播源。

（5）自然生物传播。养殖场和养殖户对病猪粪便处理不当，杀菌不及时、不彻底和不严，使各类以粪便为食的昆虫、鸟类等小动物成为传播源，携带该病毒四处活动有将病毒传播到异地的饲料和病毒。另外，粪便通过刮风和大暴雨等原因，本身也是一个传播源。

三、猪肉市场流通的影响

归根结底我们想要从根源上解决非洲猪瘟问题，就是为了广大的消费者提供一个干净、安全的消费市场，保护消费者的利益和安全。猪在市场上流通形式大致归纳为两类：生猪交易和猪肉产品交易。为了保证猪肉市场的安全性，就得保证生猪健康，保证生猪和猪肉产品的安全性。

在农村，村民关于猪的消费形式多为生猪交易，除非当地没有生猪供货源，否则一般不需要经过市场流通，直接从养殖户手里预定购买，一般为猪苗和过年猪交易。农村基本每家每户都会喂养猪，整体在市场上多是供求大于需求，但近年由于大多农村人员进城务工，消费需求增大。猪肉在农村几乎是必需品，加上每村每组都有兽医，村民缺乏专业性知识，只要猪一不舒服就喂喂药、打打针就可以，要是兽医救治没效果，还得趁着猪没饿瘦赶紧杀了。大多村民对大规模爆发急性感染病没什么概念，也没在意，导致早期病猪不恰当的处理和病猪肉的食用。农村喂养猪多是以杂草和玉米味食物，猪体质好、口感好，在市场上较受欢迎。因此农村生猪和猪肉在市场上流通的时候更容易感染非洲猪瘟，加大了非洲猪瘟的传播速度和面积。

在有一定养殖规模的养猪场，虽然规模或大或小，但其口感会比农村家猪稍微差一些。已开始盈利的养殖场都具有一定的专业性，为了获得养猪最大的利润，养猪场会更加注重疾病预防和后期处理，不论是生猪宰杀还是猪肉深加工都有专业的技术。但生猪供源，需要对生猪和猪肉产品原料进行严格的监督和安全检验。若没有严格的监督，流入市场的猪肉和猪肉产品就会出现以次充好、甚至以死猪肉腐肉代替鲜猪肉的情况，特别是猪肉罐头、火腿肠等猪肉产品，因为经过加工，根本不知道猪肉原料原本的样子，更何况通过成品去观察它安不安全。不管是非洲猪瘟，还是其他，总有人为了金钱会出卖良心，这是我们应该注意的问题。

生猪和猪肉产品在市场上流通，对于非洲猪瘟而言就是一道便捷、宽广的传播途径。我们只有在生猪和猪肉产品进入市场流通前保证生猪和肉产品的安全，才能保证消费者的安全，才可保证长久的利益。

四、结　论

不论是人还是动物，都需要一个良好、舒适的环境，一个良性的生态系统。恶劣的环境中威胁着所有生物的生命。人类世界经济高速发展，为了经济进步曾不顾一切，以牺牲环境为代价获取提升人类生活品质的物质，造成大气污染、海水污染、核辐射污染……加之人类稀奇古怪但异常高的消费欲望，致使生物数量断崖式减少甚至灭绝，生物多样性减少。如若环境得不到妥善治理，消费观念不得转变，终是要自食恶果的。不论是非洲猪瘟等传染性疾病还是其他疾病，因恶劣的环境引发，遭到人为破坏的自然环境会成为它的温床，还有迟钝的预防和治疗加上滞后的调节，来势汹汹的病毒早成气候，等我们从这场对决反应过来，大势已去矣！如果不从根源上进行环境治理和保护，再辅以严格的监管体系，去了猪瘟也还会来牛瘟、羊瘟的，源源不绝。

非洲猪瘟防控政策执行随想

向姣羽
（贵州大学经济学院　贵阳　550025）

【摘　要】为了解非洲猪瘟防控政策执行有关问题。本文根据农村观察的实际情况，描述了政策执行的上下级政府互动关系和主次关系，认为相关政策执行走样的根本原因是农村人才问题，特别是农村人才培养和选拔不规范。从农村发展相关事项执行的过程性、细节上描述了政策执行根源问题在于基层干部是否主动作为、是否有能力作为等因素；表达了相关理论研究文章在指导实践方面的弊端——过于学术化，不接地气；提出了解决基层政策执行效果不理想的三个措施，包括解决基层人员思想意识问题、解决农村人才配偶工作问题和解决农村决策规范问题。

【关键字】猪瘟防控；政策执行；随想

对于非洲猪瘟政策方面的问题，我并没有想找任何文献或者参考资料方面的东西，因为伍国勇老师说了这篇文章不需要任何格式和条条框框的制约，我向来很讨厌这样的约束，这次没有任何要求的写作让我更加放松一点，偶然看到一本书上说“把自己放在那个位置思考问题，答案也许就出来了”，关于这个政策主题我思考了好几天应该怎么去下笔，怎么去构建思路，也就是伍国勇老师强调的前期脑力劳动过程。思考几天之后我并不打算把它写得严肃而没有感情，而是想到什么就写什么，就像我现在突然想说一下，伍国勇老师是我来大学碰到的比较奇怪的老师，不管是对于知识的博学还是与人的相处我都觉得可以用“怪才”来形容，对学生的严苛与对学生的友好，对穿衣的一丝不苟和对生活的一种豁达，嗯，还是言归正传说猪吧，不要说他了，哈哈，下面正式进入说猪环节。

一、思总因

我一直在思考政策这种东西到底是自上而下的还是自下而上的，也许你会说我的这个想法很可笑，会告诉我所有的政策不都是自上而下的吗？不都是上面颁布、下面执行吗？如果这样的逻辑和说法是对的，那么为什么又要下乡下基层去考察呢？如果这样的说法是无懈可击的，那么为什么又需要下面汇报问题呢？这一连串的问题引人深思。

所以我觉得所有的政策出台与执行都是双向的，也就是上下共同合力而完成的，因此想要从政策上解决猪瘟的问题，首先就需要上下共同努力。基层政府如实把农民的各种想法和遇到的问题及时上报，上级政府快准狠地瞄准问题根源，出台解决方案。要实现共同治理，在找到矛盾之后，主要矛盾应该放在哪里呢？是上级政府重要还是基层政府重要？对，都重要，但是我认为基层政府更重要。首先从办事能力来说，基层政府工作人员的能力没有上级的强，别说什么乡里面的村主任啥的，就拿我们镇来说，去咨询个问题半天说不清楚，我读了这么多年书的人都不知道他们在说啥，更别说那些没文化的农民了，指望他们宣传点什么政策层面的东西更是难上加难；其次，部分基层政府工作人员的态度不端正，农民跑去问个问题，老摆架子。这就是很多政策上级政府部署很到位，但是到了基层执行就走样的原因，因为部分基层人员不太明白政策精神，服务群众的思想态度不端正，不会灵活执行上级政策。

再次我想说的就是基层人才选拔很菜，导致农村人才缺乏，是影响政策执行效果的重要因素之一。我一直在想一个问题，为什么国考、省考那么严格，各种程序、各种要求，但是到了地方镇乡的人才选拔那么松散，总有人说实在不行就回乡镇上去呗，那里轻松，要求低，从思想上就觉得乡下的工作不用很努力就可以干下来，只需要混混日子就好。不管是猪瘟防控问题还是其他问题，这个思想上的毛病都是根源性的。不解决好思想上的问题，政策执行的问题永远解决不了。那么怎么解决部分基层人员思想上的松懈问题、能力不足问题？就得从选拔人才程序上入手，选拔那些有思想、有办法解决实际问题的优秀人才，主要是肯为老百姓做事的人才。只有上下级政府工作人员能力都很强，才能真正做好政策执行上的问题。

二、明细节

说到这里也许会觉得我跑题了，不不，上面所说，正是猪瘟防控中存在政策执行方面的根源问题。前段时间我特别关注这个猪瘟问题，没有任何目的，只是感兴趣，我这个人干事情很少有目的性，都是兴趣所至，大概关注了一个多月，每次出台关于猪瘟的文件我都会看，谈不上研读，只是浅浅地看，看得我热血沸腾，什么市场调节啊，加强外来猪的控制啊，反正各种专业名词，有时候不知道在说什么，但是就是觉得很高大上，国家很重视，咱们国家就是好。一看到哪里的猪瘟得到控制，大型猪场损失减到最小，我就莫名地激动，还没有放假的时候，我就打电话给我爸，在微信上的家族群里说，国家政策好，要想富过好日子，咱们就得跟着党走。后来回到家，我发现事情真的和我想得不完全一样，就说我家的猪，死了也没人管，路上就摆个“非洲猪瘟，禁止通行”的牌子，我问了好多人，他们根本就不知道什么是非洲猪瘟，他们的反应都是：什么鬼，那是什么东西，能吃不？我又到镇上去了解了一下，里面的负责人都不太清楚，这个非洲猪瘟怎么来的，如何预防，上头政策怎么回事。我的天，简直了。所以我不知道上面的政策制定了有啥用，说实话没有宣传到位、执行到位就不能发挥应有的作用。很多事情就发生在我身边，切身感受，对于政策执行不到位，老百姓会很失望。

后来，在重新思考我所看的关于猪瘟的文章，我又觉得迷惑，为什么一定要用很多专业名词堆积起来，比如《非洲猪瘟的综合防治》里面列举了各种模型，这里面的东西乏味难懂，如果我是一个普通老百姓，我的思想又相对比较前沿，想在各种杂志文章上了解这方面的内容，看了很久，由于自身学识有限根本看不懂，真是打击人，所以那些什么 C 刊啊之类的文章难道就不能别写得那么难懂吗？写出来的文章不就是为了让人看懂，让人知道在说什么吗？为什么一定要让那些顶级的学者才能看懂呢？说所有的文章、政策都是为了解决现实中百姓的实际问题，可是写出来的东西百姓根本看不懂，又怎么去解决百姓的问题呢？

解决猪瘟的问题，要有一个好的领导者。三个和尚没水喝这个故事家喻户晓，我觉得不是他们不团结，也不是他们懒，而是他们之间没有产生一个好的领导者，如果有一个人能够出来出谋划策，总揽全局，计划好周一谁挑水周二谁挑水……那么一切都会井然有序。我觉得在猪瘟这个问题上也是这样，部分地方一出问题就像无头苍蝇一样，没有一个核心的领导者出谋划策。但是有一个好领导的话又得回到上面我们所谈到的话题。首先基层领导的能力太弱。我家今年自己就养了十几头猪，但是在年中的时候死了好多，剩下一些还在圈里喘息着，还有一些我爸觉得死马当活马医，把猪赶到山上去让它们自生自灭。但是让人惊讶的是，过了几天那几只猪自己回来了。我爸是个地地道道的农民，觉得这事有点奇怪，打电话问我，我说每个镇上都有技术指导员，专门解决这些问题。但是我爸说我们村没有，去镇上找领导也没人搭理，那一刻我就觉得书本上的政策都是写给读书人看的，有一个好的领导，一个镇的基础设施会不断完善，群众的心声会渐渐被重视。对于猪瘟这个问题，如果各地方都能有个好的领导带头，问题应该会被慢慢解决，就算不是很快地被解决，至少农民的心是暖的。

我和我朋友交谈时发现他们镇是做得比较好的，我觉得很有借鉴意义。猪瘟也传到了他们那个小镇——黔南州墨冲镇，这个平时宁静而充满淡淡泥土清香的小镇最近被猪的味道笼罩着，人们茶余饭后的东家长西家短变成了各种猪，买菜的大妈会跟买菜的大爷说：最近猪瘟厉害，猪肉涨价，市场不稳定啊。村里干部会到养猪农户家里，与他们讨论猪的状态，农户会根据自己的经验告诉管理人员猪瘟的解决办法，管理人员会把自己所掌握的知识与其分享，这样的景象出现都得益于这里干部的前期工作做得好。

我无法从他们的角度来描述事情，因为我不是他们中的一员，不知道他们的指导思想，也没有参与他们的任何计划。但是，我可以从百姓的角度来述说看到的一切，猪瘟刚出来那会，应该还没有人称猪瘟，只是说猪不知为什么生病了。我朋友说，因为好几家人的猪陆续死去，领导来村里了解情况就跑了几回，但是他也不知道是什么原因。他告诉百姓：我的文化水平也不高，经验也没有你们丰富，出现这种问题我们大家一起想办法。刚开始根本没有人理他，但是总是会在村里面看到他的身影，渐渐的全国不断出现类似问题，他在自己知道事情的缘由之后，就挨家挨户地传播知识，直到现在他还在努力中。

三、想措施

文章反反复复，重重叠叠，我就想表达一个想法，政策性的问题好多时候都不是上层政策本身的问题，而是基层执行时的问题。很多时候政策是实用有效的、出发点是很好的，就是各种各样的实施走样问题。

对于基层政策执行问题，我觉得可以从以下几个解决方法入手。

首先，解决思想意识问题。很人性化地问他们是否愿意干，是否乐意干。如果表示愿意就继续干，如果不愿意，那么就根据他们的想法，结合实际情况调整职位，毕竟只有各在其位、各乐其职才有可能各负其责。

其次，解决基层人才配偶的工作问题。乡下比较艰苦，那么福利待遇就应该比城里好。我在思考一个问题，很多大学生不愿意去乡下，并不是因为乡下条件艰苦，而是去了就要和自己的心上人分开。大学老师有一种待遇就是可以连带家属工作，他的爱人也会得到工作，那么去乡下服务为什么就不能用这样的激励方式呢？这种方式可以推动读博的人数同样也可以激励下乡的有志青年，两个人都在这里，那么就会一直为这里服务，我觉得这才是带动乡下发展的动力所在。

最后，解决基层决策规范问题。强化民主投票，但是这种机制执行起来也存在一些问题，因为村民素质高低不一，而且主观因素影响大，得进一步完善决策程序。村里大事小事原则上都要以村民委员会投票决策为基础，领导层面再集中讨论决策。总的来说，要想农村相关政策不断完善，执行效果不断提高，上层是核心，下层是关键。

附录　相关问卷

附录 A　非洲猪瘟对养殖场影响调查问卷

问卷一：非洲猪瘟对养殖场影响调查问卷

您好，为了对非洲猪瘟对养殖场的影响展开更深入的了解，我们开展了此次问卷调查，感谢您在百忙之中抽出时间填写本问卷，为了保证数据真实有效，请您如实填写，谢谢！

一、基本信息

1. 贵公司养殖场的主要类型为？

A. 种猪场　B. 繁育猪场　C. 育肥猪场　D. 综合型猪场

2. 贵公司目前在贵州建设了多少个养殖场？

3. 本次调查的养殖场的面积为_____m^2，建设投资____万元。

4. 本次调查的养殖场的经营方式为？

A. 企业独资　B. 政企合营　C. 合作社经营　D. 其他_____

5. 本次调查的养殖场的生产方式为？

A. 集中养殖　B. 农户散养

6. 请问贵公司和当地农户是采取怎样的合作方式？

7. 请问贵公司是否对当地扶贫有影响？若有，具体的策略是什么？

8. 请问您本人对非洲猪瘟了解多少？

A. 很少　B. 较少　C. 一般　D. 较多　E. 很多

9. 非洲猪瘟是何时出现在您所在的省市的？

二、养殖部分

10. 本次调查的养殖场可以达到_____头生猪养殖容量，目前养殖场内共有___头生猪。

11. 贵公司养殖的生猪品种为______，一天饲料投放_____次，每天对每头猪投放_____斤饲料。

12. 非洲猪瘟爆发前的养殖周期为(　　　),爆发后的养殖周期为(　　　)。

A. 一年以上　B. 10 ~ 12 个月

C. 8 ~ 10 个月　D. 6 ~ 8 个月

E. 4 ~ 6 个月　F. 2 ~ 4 个月　G. 少于 2 个月

13. 非洲猪瘟爆发前仔猪价格为______元/kg，爆发后价格为_____元/kg。

14. 非洲猪瘟对贵公司养殖成本还有哪些方面的影响？具体为？

三、销售、运输部分

15. 仔猪入栏时有_____kg，出栏时可达到_____kg。

16. 出栏卖出的生猪价格在非洲猪瘟爆发前为_____元/公斤，爆发后最高时为_____元/公斤，现在为_____元/公斤。

17. 猪瘟爆发前贵公司的生猪主要销往哪些地区？爆发后主要销往哪些地区？

A. 贵州省内　　B. 邻近省份

C. 全国各地　　D. 其他________

18. 非洲猪瘟爆发前每月销量为______头，爆发后为_____头。

19. 请问非洲猪瘟爆发后，贵公司盈利还是亏损？

20. 请问非洲猪瘟爆发后，贵公司在生猪运输方面进行了哪些改变？

四、防疫部分

21. 请问贵公司是否购买生猪保险？

22. 请问非洲猪瘟来临后，贵公司对生猪检疫成本是否增加？若增加，具体增加的方面及金额为多少？

23. 请问面对非洲猪瘟的到来，贵公司在养殖方面增加了哪些防控措施？

24. 请问贵公司在实际防控疫情上遇到了哪些困难？

25. 在非洲猪瘟发生后，政府对于养殖场检疫工作发生了哪些变化？

26. 您认为养殖场未来的防疫工作是否有改进空间？

五、未来发展规划

27. 面对非洲猪瘟大面积爆发，您是否看好现如今的生猪市场？

28. 您本人是否愿意继续从事生猪养殖的工作？

29. 您认为生猪肉价格会持续增长到何时？

30. 在当今猪肉供不应求的市场状况下，贵公司是否会扩大养殖规模？

问卷二：非洲猪瘟对生猪养殖场的影响调查问卷

您好！我们正在进行以“非洲猪瘟对贵州地区生猪养殖场的影响”为题的案例调查。为了更好地了解非洲猪瘟对贵州地区生猪养殖场造成了哪些影响，我们特地开展了此次调查。希望您能在百忙之中抽出一点宝贵的时间，协助我们完成这份问卷，您的回答对我们很重要。

您的回答没有对与错之分，只要能真正反映您的想法。我们会对您所回答的问卷进行保密，保护您的隐私。

一、生猪养殖场场主或负责人基本情况

1. 您的年龄：(　　　)岁

2. 您的性别：

A. 男　　B. 女

3. 您的文化程度：

A. 小学以下　　B. 初中

C. 高中或中专　　D. 本科或本科以上

二、生猪养殖场的基本情况

1. 您的养殖场的规模是＿＿＿＿＿＿＿＿。

2. 您的养殖场现有生猪＿＿＿＿头。

3. 您的养殖场的猪仔来源？

＿＿＿＿＿＿＿＿＿＿＿＿＿＿＿＿＿＿＿＿＿＿＿＿＿＿＿＿＿＿

4. 养殖场建设投入的成本是＿＿＿＿＿＿＿。

5. 您的养殖场的经营模式？

＿＿＿＿＿＿＿＿＿＿＿＿＿＿＿＿＿＿＿＿＿＿＿＿＿＿＿＿＿＿

6. 您的养殖场的地理位置选择标准?

＿＿＿＿＿＿＿＿＿＿＿＿＿＿＿＿＿＿＿＿＿＿＿＿＿＿＿＿＿＿

三、应对非洲猪瘟采取预防措施

1. 当地有无出现感染的病猪？（单选）

A. 有　　B. 无

2. 若出现病猪，具体有多少头？受损多少元？

＿＿＿＿＿＿＿＿＿＿＿＿＿＿＿＿＿＿＿＿＿＿＿＿＿＿＿＿＿＿

3. 你的养殖场是否有定期消毒（单选）

A. 是的　　B. 不是，看情况

4. 在猪瘟爆发前您的养殖场的清洁和杀毒工作多久进行一次？（单选）

A. 一周一次　　B. 一月一次

C. 时间周期不固定　　D. 其他

5. 在猪瘟爆发后您的养殖场的清洁和杀毒工作多久进行一次？（单选）

A. 一周一次　　B. 一月一次

C. 时间周期不固定　　D. 其他

6. 在猪瘟爆发前养猪场用水处理设备进行饮水消毒多久进行一次?（单选）

A. 一周一次　　B. 一月一次

C. 时间周期不固定　　D. 其他

7. 在猪瘟爆发后养猪场用水处理设备进行饮水消毒多久进行一次?（单选）

A. 一周一次　　B. 一月一次

C. 时间周期不固定　　D. 其他

8. 您的养殖场周围是否建立了安全防护栏？（单选）

A. 是的　　B. 还没有建立

9. 养殖场周围除草的频率？

A. 经常除草　　B. 偶尔　　C. 几乎不除草

10. 您的养殖场是否有人定期进行检疫？（单选）

A. 是的　　B. 不是，视情况而定

11. 养猪场内有专门的人负责猪瘟的检测工作吗？（单选）

A. 有　　B. 没有

12. 有对猪进行过疫苗注射吗，一般使用哪种疫苗？

A. 乳兔苗　　B. 细胞苗

C. 淋脾苗　　D. 其他______________

13. 使用疫苗后有对猪进行过抗体检测吗？（单选）

A. 有做过检测　　B. 没有做过检测

14. 使用猪瘟疫苗后是否会对猪产生副作用，如果有，会产生什么副作用？（单选）

A. 有（　　）　　B. 没有

15. 如果有使用方便且价格在可接受范围内的猪瘟检测仪器，您会购买吗？（单选）

A. 会　　B. 不会

16. 运送猪仔的车辆是否有特殊防控非洲猪瘟病毒？（单选）

A. 是的　　B. 不清楚　　C. 没有，直接运输

17. 如果养猪场内发生了猪瘟疫情会怎么处理？（单选）

A. 联系有关部门进行无害化处理

B. 直接丢弃到垃圾堆

C. 直接焚烧

18. 为了预防非洲猪瘟，降低养殖场被其他动物带入的风险而采取的措施有（　　）（多选）

A. 猪舍大门常关闭

B. 猪舍通风口、排污口安装高密度铁丝网，防止老鼠等进入养殖场

C. 养殖场场内禁止未经消毒的人员进入

D. 养殖场周围及时清除杂草

E. 其他（　　）

四、非洲猪瘟发生对养殖场的影响

1. 当地市场上和政府提供哪些保险？具体标准是怎样的？

2. 对强制扑杀病猪的补贴标准是怎样的？（多选）

A. 能繁育母猪________元/头

B. 仔猪________元/头

C. 肥猪________元/头

D. 其他情况及相关标准________

3. 在猪瘟的影响下生产成本有哪些变化？具体变化数值是多少元？（多选）

A. 检疫成本（　　）元/次

B. 消毒成本（　　）元/次

C. 种猪购买成本（　　）元/头

D. 仔猪购买成本（　　）元/头

E. 其他

4. 在目前形势下有无出现亏损？（单选）

A. 有　　B. 无

5. 若出现亏损，具体是多少？

____

6. 若是盈利状态，那么相比较与未受猪瘟影响时期每头猪可多盈利多少？或减少多少？

____

7. 未爆发猪瘟时期每头猪的出栏价格是多少元？现在是多少元？

____

问卷三：猪瘟背景下政府环保措施对养殖场户影响的调查

您好！我们正在做关于猪瘟背景下政府环保措施对养殖场户影响的调查，非常感谢您能在百忙之中配合我们的调查！

1. 本场位于：（　　）市（　　）县（　　）镇（　　）村

2. 您本人的性别（　　）、学历（　　）年龄（　　）

A. 20 ~ 35　　B. 36 ~ 45　　C. 46 ~ 55　　D. 56 及以上

3. 您的养猪场存栏数大约是？（　　）

4. 您的养殖模式是？（　　）

A. 独立养殖模式　　B. 公司+农户模式

C. 合作养殖模式　　D. 其他

5. 您是否有关注过养猪场会对周边的环境造成影响？（　　）

A. 有　　B. 没有　　C. 与我无关

6. 您认为养猪场可能会对周围环境产生什么影响？（多选）(　　　)

A. 产生难闻的臭气　　B. 污水随意排放

C. 动物粪污堆积　　D. 产生噪音

E. 其他　　F. 没影响

7. 您有没有试图改善养猪场对周围环境产生的不良影响？（　　　）

A. 有　　B. 没有　　C. 无所谓

8. 您了解猪粪污资源化相关的事情吗？（　　　）

A. 完全了解　　B. 了解一些　　C. 完全不了解

9. 您是通过什么渠道了解粪污资源化的？

____

10. 您如何看待将猪粪污资源化这种做法？（开放）

____

11. 您认为政府对养猪场环境污染方面的监督？（　　　）

A. 没有管理　　B. 较松　　C. 一般

D. 较严厉　　E. 非常严

12. 您觉得政府对于养猪场的整顿效果如何？（　　　）

A. 成效好，环境得到明显改善

B. 效果一般，一段时间之后问题再次出现

C. 没有任何作用

13. 政府的整顿对您的养猪场造成了怎样的影响？（　　　）

A. 严重的损失

B. 促进养猪场的技术改善

C. 其他

14. 您对目前的环保措施执行的方式保持着怎样的态度？（　　　）

A. 非常支持

B. 理解，但仍有改进的地方

C. 不理解

15. 您养猪场粪污是如何处理的？（　　　）(多选)

A. 干粪贮存池、沉淀池　　B. 沼气池

C. 氧化塘　　D. 人工湿地　　E. 其他

16. 您的清粪方式？（多选）(　　　)

A. 固液分离　　B. 干清　　C. 水冲

D. 水泡　　E. 垫料　　F. 其他

17. 养猪场是否还从事其他农业生产？（　　　）

A. 是　　B. 否

18. 养猪场是否为畜禽养殖标准化示范场？（　　）

A. 是　　B. 不是

19. 本养猪场是否因为污染受过处罚？（　　）

A. 有　　B. 没有

20. 若有因污染受到处罚，原因是什么？（多选）(　　)

A. 未建立粪污处理设施　　B. 粪污随便排放

C. 扰民　　D. 其他

21. 有听说过政府对这方面有哪些补贴政策？（　　）

A. 养猪场建设改造工程　　B. 清粪方式（干清粪、发酵床）

C. 粪污储存处理　　D. 粪肥加工　　E. 其他

22. 您有接受过政府这些方面的补贴吗？（　　）

A. 有　　B. 没有

23. 如果您接受过政府关于环境污染方面的补贴，您满意吗？（　　）

A. 满意　　B. 一般　　C. 不满意

24. 如果不满意，请您说出原因。

____

25. 您希望政府以哪种方式对养猪场污染问题进行帮助（多选）(　　)

A. 直接给资金补贴　　B. 提供低息贷款

C. 治理技术培训　　D. 经常监督　　E. 其他

26. 您认为猪舍对于环境污染以及商品猪质量的影响如何？（　　）

A. 很重要　　B. 重要

C. 一般　　D. 不重要

27. 本养猪场内采用何种饲喂设施？（　　）

A. 传统的料槽、水槽　　B. 半自动化饲养设备

C. 全自动化饲养设备

28. 本养猪场的管理模式是？（　　）

A. 全封闭式　　B. 半封闭式　　C. 开放式

29. 您觉得本次非洲猪瘟与环境污染有关吗？（　　）

A. 有　　B. 没有　　C. 不知道

30. 通过此次爆发的大规模非洲猪瘟，您觉得您在环境污染方面有什么感想？（开放）

____

____

问卷四：非洲猪瘟对猪肉市场主体的影响——以屠宰场为例

亲爱的受访者，您好：

我们为了更好地了解非洲猪瘟爆发以来屠宰场受到的影响，特组织此次调查。本次调查结果仅用于调查研究，您可放心作答。对于您所提供的信息，我们深表谢意！

您所在的屠宰场名称________

屠宰场所属地区____________

1. 你们当前每天的屠宰量大概是多少？与去年同期相比有什么变化？

2. 目前每头猪的屠宰加工费用是多少？去年同期的费用又是多少？

3. 屠宰场是否负责直接售卖猪肉，价格目前是多少？与去年同期相比有何变动？

4. 目前收购的生猪主要来源于哪些地区？与猪瘟爆发前有何区别？

5. 目前屠宰场生猪主要来源于大型养殖场还是散户？各自所占比例大概是多少？与去年同期相比的差异？

6. 养殖场养殖的生猪与农户养殖的生猪有何区别？价格是否有明显差异？

7. 屠宰场的稳定供应养殖户数量大概是多少？与去年同期相比有什么变化？

8. 生猪运输的主要方式是什么？运输工具的清洗消毒频率是多少？与去年相比是否有变化？

9. 当前生猪进入屠宰场到屠宰需要多长时间？与去年相比是否有明显变化？

10. 屠宰场是否有生猪储备，数量大概是多少？去年同期状况如何？

11. 猪瘟爆发后，政府对屠宰场的政策有何变化？监督力度是否发生显著变化？

12. 猪肉价格上涨是否对屠宰场产生影响？是什么影响？

13. 非洲猪瘟的爆发是否对屠宰场产生影响？什么影响？影响程度？

14. 猪瘟的爆发是否增加运输成本（过程检疫）？

15. 非洲猪瘟爆发后，屠宰场采取了什么措施？

16. 屠宰场经营成本的增加的主要因素是什么？

17. 生猪病毒检疫需要花费多少成本？

18. 生猪屠宰量减少，对屠宰场利润影响很大，政府是否有相应政策进行补贴？

19. 非洲猪瘟爆发以后，收购的生猪重量是否有改变？变化趋势是怎样的？

20. 您所在的屠宰场是否生产冷冻肉？猪瘟爆发前后的冷冻肉数量是否有明显变化？

21. 屠宰场出去的猪肉的销售渠道是否发生变化？

22. 非洲猪瘟爆发前后，屠宰场的消毒力度变化？

23. 病毒检疫的器具是政府提供还是屠宰场自己购买？购买价格是多少？

24. 生猪病毒检疫的工作人员是屠宰场自己提供还是政府派遣？他们是否具有相关资质？

25. 非洲猪瘟爆发后对全市的屠宰加工企业经营是否有影响？屠宰企业的数量有无增减？

26. 企业屠宰一头猪的成本是多少？盈利大概有多少？与猪瘟爆发前是否有较大差别？

27. 企业每月工人工资大概多少？

28. 生猪出肉率与去年同期相比是否发生变化？

29. 猪瘟爆发后，屠宰场的经营模式是否有改变？

30. 您对未来生猪市场的看法？

附录 B　非洲猪瘟对猪肉市场主体的影响

问卷一：贵州省居民对猪肉的消费行为调查

1. 你的性别是

A. 男　　B. 女

2. 你的年龄是（　　）

3. 你的职业是（　　）

4. 你的受教育程度是

A. 初中及以下　　B. 高中

C. 本科或专科　　D. 硕士

E. 博士　　F. 其他

5. 你的收入是

A. 0 ~ 1000 元　　B. 1000 ~ 2000 元

C. 2000 ~ 3000 元　　D. 3000 ~ 4000 元

F. 4000 元以上

6. 你现在家中和你一起居住的总人口是（　　）

7. 你的民族是（　　）

8. 你们民族中的大部分人习惯吃猪肉吗

A. 吃　　B. 不吃（结束访问）

9. 你是农村户口还是城市户口

A. 城市　　B. 农村

10. 你觉得猪肉在人们的饮食结构中重要吗

A. 重要　　B. 一般重要　　C. 不重要

11. 你平常喜欢吃猪肉吗

A. 不喜欢　　B. 一般喜欢　　C. 很喜欢

12. 你吃猪肉的主要原因是（可多选）

A. 喜欢吃　　B. 制作简单方便

C. 补充营养　　D. 其他

13. 你每个月购买猪肉的次数是（　　）

14. 你一般会在什么时候购买（可多选）

A. 节假日　　B. 重要宴会

C. 天气冷的时候　　D. 想吃就买　　E. 其他

15. 你购买的猪肉的品种是

A. 常见的人工饲养的肉猪　　B. 野猪

C. 有机猪肉　　D. 其他

16. 你主要购买猪肉的哪些部位（可多选）

A. 前腿或后臀肉　　B. 内脏　　C. 排骨

D. 五花肉　　E. 里脊肉　　F. 其他

17. 你购买的猪肉形态是

A. 冷冻肉　　B. 冷鲜肉　　C. 热鲜肉

18. 你一般会选择哪种方式购买

A. 电话订购　　B. 网上购买　　C. 线下购买

19. 线下一般会在哪里购买（可多选）

A. 超市　　B. 社区便利店　　C. 品牌专卖店

D. 农贸市场　　E. 定点门市　　F. 流动商贩

20. 你对最近猪肉价格上涨的原因了解吗

A. 很了解　　B. 不太了解，了解一点点

C. 基本不了解

21. 你认为猪肉价格上涨的原因有哪些（可多选）

A. 养殖成本太高　　B. 市场供给不足

C. 养殖政策的影响　D. 猪瘟的影响　E. 其他

22. 猪肉价格上涨对你的消费行为有影响吗

A. 影响很大，都不购买猪肉了

B. 影响中等，购买的猪肉量会减少

C. 影响很小，想买就买。

23. 你能够接受的猪肉价格最高在哪个区间

A. 0 元 ~ 20 元　B. 20 元 ~ 30 元

C. 30 元 ~ 400 元　D. 40 元以上

24. 肉价上涨，你会选择其他肉代替吗？

A. 不会　B. 会

25. 你会选择哪些肉作为猪肉的替代品（可多选）

A. 鸡肉　B. 牛肉　C. 羊肉

D. 鸭肉　E. 鱼肉　F. 其他

26. 你会购买猪肉加工制品吗

A. 经常购买　B. 很少购买　C. 基本不购买

27. 猪瘟带来的病猪问题对你的购买行为的影响是

A. 不变，和原来一样

B. 变化较小，但会减少购买量

C. 变化较大，害怕买到病猪肉，不再购买猪肉

28. 你买到过有安全质量问题的猪肉吗

A. 买到过　B. 没买到过

29. 你购买猪肉最担心的问题是（可多选）

A. 价格高低　B. 安全质量　C. 新鲜程度

D. 营养价值　E. 其他

30. 你觉得该怎么处理猪肉价格上涨带来的问题（可多选）

A. 市场调节　B. 政府部门监管

C. 发展养殖保证猪肉的供给　D. 进口他国猪肉

E. 其他

31. 你对最近的猪肉消费问题的看法

问卷二：关于猪肉价格问题调查问卷

您好：

今年，随着非洲猪瘟的爆发，猪肉价格节节攀升，对整个社会都造成了

或多或少的影响，针对这种现状，我做了一个问卷进行调查，进而初步分析肉价变动潜在内涵，并为之提出相应意见，请认真填写一下问卷。谢谢您的配合！

一、对市场肉贩就价格上涨看法调查问卷

1. 与正常时期相比，猪肉供应有什么变化吗？

A. 不变　　B. 减少 1\4 左右

C. 减少 1\2 左右　　D. 减少 3\4 左右

2. 与正常时期相比，猪肉销售情况如何？

A. 一样　　B. 更好卖　　C. 剩一点　　D. 剩很多

3. 与正常时期相比，每日盈亏情况如何？

A. 不变　　B. 更多一点　　C. 少一点　　D. 少很多

4. 猪肉销售人群最多的是？

A. 商户　　B. 居民　　C. 其他________

5. 与普通居民相比，大量采购的商户单价有变动吗？变动大概多少？______

6. 肉价频繁上涨对您的生意有什么影响吗？

A. 没影响　　B. 买得少了但赚得多了

C. 买得少了但也赚得少了　　D. 亏本

7. 您希望这种肉价的起伏持续下去吗？

A. 很希望　　B. 无所谓　　C. 不希望

8. 您对肉价的前景有过预测吗？

A. 很了解　　B. 了解一点　　C. 完全没有

9. 您是否对肉价起伏有危机意识？

A. 有所准备　　B. 没有意识　　C. 活下当下

10. 您对猪肉价格未来变动有何看法？（选填）____________

11. 现下猪肉供应趋势如何？

A. 基本稳定　　B. 减幅较少　　C. 减幅较大　　D. 断供

12. 对于猪瘟，您有何感受与看法（选填）____________

13. 请问您对肉价上涨的因素有何看法________________

二、对商户就肉价上涨的调查问卷

1. 您平时采购猪肉用料吗？

A. 采购　　B. 不采购

2. 与正常时期相比，您买猪肉价格上涨了多少？

A. 1\4 左右　　B. 1\2 左右　　C. 3\4 左右　　D. 不变

3. 您认为猪肉价格上涨对您店内的生意有影响吗？

A. 有很大影响　　B. 有一定影响

C. 没有影响　　D. 有积极影响

4. 您店内商品的价格有变动吗？

A. 不变　　B. 上涨幅度小　　C. 有较大幅上涨

5. 价格上涨，商品分量同时增长吗？

A. 不变　　B. 辅料增加　　C. 肉增加　　D. 都增加

6. 猪肉价格疯涨，有考虑用其他东西替代吗？

A. 没有　　B. 用鸡肉　　C. 用其他

7. 您现在采购猪肉的数量大概多少？________________

8. 您现在采购猪肉的频率大概是_____________

9. 您对猪瘟的感受与想法（选填）_________________

10. 您对未来猪肉市场价格有估计吗？_______________________

11. 针对猪肉价格的上涨，您觉得应采取怎样的措施？______________

三、对居民就肉价上涨的调查问卷

基本情况：

您的性别：

您的年龄：

家庭人口：

您的职业：

1. 您喜欢吃猪肉吗？

A. 喜欢　　B. 不喜欢　　C. 无所谓

2. 您家人都喜欢吃猪肉吗？

A. 喜欢　　B. 大部分喜欢

C. 少部分喜欢　　D. 都不喜欢

3. 您的家庭月收入是多少？

A. 0 ~ 2000　　B. 2000 ~ 4000

C. 4000 ~ 6000　　D. 6000 以上

4. 您家里以前每月买猪肉要花费多少？

A. 0 ~ 50　　B. 50 ~ 100　　C. 100 ~ 200　　D. 200 以上

5 您家里现在每月买猪肉花费多少？

A. 0 ~ 100　　B. 100 ~ 200　　C. 200 ~ 300　　D. 300 以上

6. 您认为猪肉价格上涨对家里其他方面的消费有影响吗？

A. 有很大影响　　B. 有一定影响　　C. 没有影响

7. 对猪价上涨，您会选择？

A. 不改变购买猪肉数量　　B. 少买猪肉，适量购买替代品

C. 不买猪肉　　D. 其他

8. 您对猪肉价格上涨的原因了解吗？

A. 了解　　B. 非常了解　　C. 不了解

9. 您关注猪肉方面的消息吗？

A. 时时关注　　B. 听说一点　　C. 不关注　　D. 无所谓

10. 您经常去哪个地方买肉？

A. 超市　　B. 菜市场　　C. 其他

11. 您对食用猪肉有什么要求？

A. 营养价值高　　B. 价格更便宜

C. 安全　　D. 品质更好

12. 您对猪肉未来预期如何看________________________________

问卷三：非洲猪瘟的影响研究——基于猪肉价格上涨的分析

亲爱的受访者，你们好！

相较于猪瘟爆发前，现在的猪肉价格上涨幅度大，生猪市场受到一定的负面影响。猪瘟对我国生猪养殖有很大的冲击，所以我们进行了相关课题的调查研究，主要目的是了解猪瘟带来的不利影响和有益影响，希望能够得到您的配合，期待您的参与，谢谢！

一、养殖户问卷

调查人：

调查时间：___年____月____日

性别：□男　□女　　年龄：____岁　　地址：______________________

1. 您从事生猪养殖多长时间了？

A. 5 年以下　　B. 5 ~ 15 年　　C. 15 年以上

2. 目前，您养殖的生猪头数是多少？

A. 0 ~ 100 头　　B. 101 ~ 200 头　　C. 201 ~ 300 头

D. 301 ~ 400 头　　E. 其他______

3. 主要是何种养殖方式？

A. 小规模散养　　B. 大规模集中养殖

C. 中等规模养殖　　D. 散户养殖

4. 您家养猪的目的是？

A. 自己食用　　B. 喂来卖　　C. 以上均有

5. 在猪瘟爆发时，您家所养生猪是否被宰杀？

A. 是　　B. 否

6. 若您家生猪被宰杀，则如何处理死猪？______________________

7. 您进行生猪养殖所需成本包含哪些部分？

A. 猪食　　B. 猪舍清理费用　　C. 防疫疾病

D. 运输成本　　E. 人力资本　　F. 其他______

8. 猪瘟过后养殖成本是否增加？

A. 是　　B. 否

9. 养殖成本主要是哪些方面增加了？______________________

10. 您认为现在的生猪养殖业可否为您带来收益？

A. 能　　B. 不能　　C. 不知道

11. 您了解猪瘟的传播途径吗？

A. 了解　　B. 不了解　　C. 半知半解

12. 您认为现在养猪存在哪些风险？（多选）

A. 感病率高　　B. 具不确定性

C. 收入不稳定　　D. 无风险

13. 生猪养殖场所清洁程度？

A. 很干净　　B. 较干净　　C. 不干净

14. 给猪舍杀菌消毒的次数？______________________

15. 对于生猪养殖，您觉得前景如何？______________________

16. 非洲猪瘟对您造成的损失有哪些？______________________

二、消费者问卷

调查人：

调查时间：___年____月____日

性别：□男　□女　　年龄：____岁　　地址：______________

1. 在猪价上涨前您家一周消费猪肉的情况如何？

A. 1 ~ 5 斤　　B. 5 ~ 10 斤　　C. 10 ~ 20 斤　　D. 20 斤以上

2. 您家现在买猪肉吃吗？

A. 买　　B. 不买

3. 您认为现在肉价上涨对您造成的影响？

A. 猪肉消费减少

B. 其他肉类消费增加

C. 无影响

4. 吃猪肉会带来的疾病，您知道哪些？（多选）

A. 肥胖　　　B. 糖尿病　　　C. 心血管疾病　　D. 绦虫病

5. 您认为使猪价上涨最重要的影响因素是？

A. 养殖成本高　　B. 猪数量减少　　C. 养殖户形成垄断

6. 您知道的以下哪些肉被称为红肉？（多选）

A. 猪肉　　　B. 羊肉　　　C. 鱼肉

D. 牛肉　　　E. 鸡肉

7. 对于多食红肉会致病一事，您是否了解？

A. 了解　　　B. 不了解

8. 若猪价平稳后，您家猪肉消费量是否会增加？

A. 是　　　B. 否　　　C. 不清楚

9. 您家消费得最多的是以下哪种猪肉？

A. 冷冻肉　　　B. 鲜猪肉　　　C. 腊肉　　　D. 冷鲜肉

10. 在猪瘟到来前，您家消费以下哪种肉类最多？

A. 猪肉　　　B. 牛肉　　　C. 鸡肉

D. 鸭肉　　　E. 羊肉　　　F. 鹅肉　　　G. 其他______

11. 在猪瘟到来后，您家消费以下哪种肉类最多？

A. 猪肉　　　B. 牛肉　　　C. 鸡肉　　　D. 鸭肉

E. 羊肉　　　F. 鹅肉　　　G. 其他__________

12. 若猪肉消费最多，原因有哪些？（多选）

A. 猪肉好吃　　B. 配菜多　　C. 个人习惯　　D. 便宜

13. 猪瘟爆发前后，您对当地的生猪养殖有何评价？ ________________

14. 您知道哪些肉类食品安全事件？ ________________________________

15. 对于猪瘟造成的影响，您的看法是？ ____________________________

附录 C　非洲猪瘟的影响调查问卷——基于管理部门

问卷一：非洲猪瘟的影响调查问卷

尊敬的女士/先生：

为了了解非洲猪瘟爆发后贵定县管理部门所采取的防控措施，我们准备了本次问卷调查，希望能得到您的帮助。调查结果仅用于本次调查统计，请您放心填写。谢谢！

1. 您的姓名：____________；

2. 您的工龄：____________；

3. 您所属的部门：________________；

4. 贵定县非洲猪瘟防控工作是从何时开始启动？

5. 面对大面积爆发的非洲猪瘟，贵定县是否成立专项小组？

A. 是　　　　B. 否

6. 若成立专项小组，您是否是其中一员？

A. 是　　　　B. 否

7. 若是其中的一员，您所担任的具体职责是__________________；

8. 您所在部门采取了什么样的措施来防止非洲猪瘟传入贵定县？

9. 面对管理制度不健全、消毒措施有限的养殖场（户），您部门是如何解决的？

10. 非洲猪瘟发生后，对您所工作部门带来了哪些影响？

11. 贵定县是如何分配防控责任的？

12. 贵定县具体采取了哪些排查措施？

13. 贵定县采取的主要防控措施有哪些（多选）？

A. 进一步强化联防联控机制　　B. 强化养殖环节监督管理

C. 控制防疫区生猪及产品流入　　D. 加强宣传舆论引导

E. 其他__________

14. 贵定县会对哪些区域进行消毒来防控非洲猪瘟（多选）？

A. 村镇交界　　B. 养殖场　　C. 屠宰场

D. 收费站　　E. 其他

15. 采取消毒措施后，消毒频率如何？

A. 1 周 7 次　　B. 1 周 3 次　　C. 1 周 1 次　　D. 其他

16. 消毒药物的来源及下发的过程是怎样的？

17. 如何做到禁喂“泔水猪”？

18. 是否加大与非洲猪瘟有关的防控知识的宣传力度？

A. 是　　　　B. 否

19. 主要的宣传方式有哪些？

20. 主要的保障措施有哪些？

A. 价格保障　　B. 存栏量保障　　C. 肉食品供应

D. 防控经费保障　　E. 其他

21. 是否有为生猪养殖场（户）提供一些政策性的支持？

A. 是　　　　B. 否

22. 若有提供政策性的支持，具体是什么？

23. 如何保障县域内生猪生产和肉类食品的供应？

24. 贵定县市场上猪肉价格的变动情况如何？

25. 生猪仔及猪肉制品的来源及数量在周边地区非洲猪瘟爆发前后的变化？

26. 对于非洲猪瘟的防控，民众的参与度如何？

27. 您认为目前针对非洲猪瘟防控的相关工作是否存在问题？若存在,具体是什么？

28. 针对仍存在的问题，您认为应该怎么解决？

29. 您认为非洲猪瘟对哪一主体的影响最大？

A. 消费者　　B. 养殖户　　C. 屠宰场

D. 政府部门　　E. 其他

30. 对于受影响最大的一方，您部门对其具体有哪些保障措施？

附录 D　非洲猪瘟的影响调查——消费习惯角度

问卷一：非洲猪瘟对消费习惯的影响调查问卷

尊敬的朋友，

您好！

自非洲猪瘟爆发以来，猪肉产量不断下降，猪肉价格也在不断攀升。特此，我想了解一下关于非洲猪瘟对我们消费习惯的影响，所以开展此次问卷调查，希望能够得到您真诚的填写。感谢您的理解与填写。

调查人：

调查时间：年　月　日

1. 您的性别（　　）

A. 女　　B. 男

2. 您的婚姻状况（　　）

A. 已婚　　B. 未婚

3. 您的家庭常住地

A. 农村　　B. 城镇

4. 您的年龄______岁。

5. 您的家庭成员有几位________

6. 您一般每天在家做饭吃的次数是？（　　）

A. 不做　　B. 一餐　　C. 两餐　　D. 三餐

7. 您的家庭月收入（　　）

A. 2000 元以下　　B. 2000 ~ 4000 元

C. 4000 ~ 6000 元　　D. 6000 元以上

8. 您了解非洲猪瘟吗？

A. 不了解　　B. 了解一点　　C. 十分了解

9. 您是否有不吃某些肉类的习惯？（　　）（若选 B 或 F，则结束）

A. 无　　B. 不吃猪肉　　C. 不吃鱼肉

D. 不吃禽类肉　　E. 不吃牛羊肉　　F. 不吃肉

10. 就您个人而言，您喜欢吃猪肉吗？（　　）（若选 D，则跳至 29 题）

A. 非常喜欢　　B. 一般

C. 无所谓　　D. 不喜欢

11. 目前您的家庭每月用于购买猪肉的支出？（　　）

A. 200 元以下　　B. 200 ~ 400 元

C. 400 ~ 600 元　　D. 600 元以上

12. 您目前用于购买猪肉的支出较猪瘟前有变化吗？（　　）

A. 虽有减少，但变化不大　　B. 有非常大的减少

C. 不变　　D. 不再购买

13. 猪肉价格上涨对您的生活有影响吗？（　　）

A. 影响很大　　B. 有一定的影响　　C. 无

14. 猪瘟前，您平均多久购买一次猪肉？（　　）

A. 1 周 3 次以上　　B. 每周 1 ~ 3 次

C. 2 周 1 次　　D. 1 月 1 次　　E. 其他

15. 较猪瘟前，您购买猪肉的频率有变化吗？（　　）

A. 购买次数减少　　B. 购买次数不变　　C. 不再购买

16. 猪肉价格上涨后，您对购买猪肉的态度（　　）

A. 尽量减少猪肉的购买，找其他相对便宜的肉类代替

B. 不改变猪肉的购买

C. 不买猪肉

D. 其他

17. 您是否认为其他肉制品无法替代猪肉（　　）

A. 是　　B. 否

18. 您是否存在由于担心非洲猪瘟影响猪肉食用安全，转而购买价格更高的牛羊肉？（　　）

A. 是　　B. 否

19. 猪瘟前，您平时食用猪肉的来源（　　）

A. 农贸市场　　B. 超市　　C. 自己或亲朋饲养

D. 网店　　E. 其他

20. 猪瘟爆发后，您平时食用猪肉的来源（　　）

A. 农贸市场　　B. 超市　　C. 自己或亲朋饲养

D. 网店　　E. 其他

21. 您觉得现在的猪肉价格怎样？（　　）

A. 偏贵　　B. 一般

C. 不贵　　D. 无所谓

22. 猪肉价格上涨会减少您对猪肉深加工产品的消费吗？（　　）

A. 没有影响　　B. 有一定减少　　C. 不再购买

23. 您有制作猪腌肉、腊肉的习惯吗？（　　）（若选 B，则跳至 25 题）

A. 有　　B. 没有　　C. 偶尔做

24. 猪肉价格上涨后，您还会制作猪腌肉、腊肉吗？（　　）

A. 会做，但少做　　B. 不做　　C. 与往年一样，照做

25. 猪瘟前，您选购猪肉制品时主要关心（　　）（多选题）

A. 价格

B. 品牌

C. 生产日期、保质期和有效期

D. 食品的色泽、外观等

E. 其他

26. 目前，您选购猪肉制品时主要关心（　　）（多选题）

A. 价格

B. 品牌

C. 生产日期、保质期和有效期

D. 食品的色泽、外观等

E. 不再关注

F. 其他

27. 猪肉价格上涨后，您购买猪肉的数量有怎样的变化？（　　）

A. 数量购买不变　　B. 购买数量大大减少　　C. 不再购买

28. 猪肉价格上涨，有减少您对猪肉的消费欲望吗？（　　）

A. 没有　　B. 有

29. 你认为猪肉价格上涨对我们的消费习惯影响怎样？（　　）（若选 C 则结束）

A. 有非常大的影响　　B. 有一定影响

C. 没有影响　　D. 不关注

30. 您认为非洲猪瘟对我们的消费习惯带来哪些影响呢？

问卷二：非洲猪瘟对消费者消费习惯的影响调查问卷

各位受访者大家好！为了了解非洲猪瘟发生后对消费习惯的影响，我们做了这次关于非洲猪瘟相关问题的调查。希望您能在百忙之中抽出一点时间来配合我们的工作，这次调查采取不记名的方式，您可以在帮助我们完成调查的过程中根据您的情况说出心里话，对此我们绝对保密。谢谢您的合作！

一、被调查基本信息

1. 您的年龄？___

2. 您居住在哪里？（单选题）

A. 城镇　　B. 农村

3. 您的民族是？（单选题）

A. 汉族　　B. 少数民族___

4. 您的受教育程度是？（单选题）

A. 初中及以下　　B. 高中或中专

C. 专科或本科　　D. 硕士及以上

5. 您家里有几口人___

6. 您家中是否有老人或小孩？（单选题）

A. 两者都有　　B. 只有老人

C. 只有小孩　　D. 两者都没有

二、非洲猪瘟发生前猪肉购买习惯

7. 您家吃猪肉吗？（单选题）

A. 经常吃　　B. 很少吃　　C. 从来不吃

8. 您通常通过什么途径购买猪肉？（多选题）

A. 网上订购　　B. 超市　　C. 集市

D. 农贸市场　　E. 其他

9. 正常情况下，您家一周购买猪肉的数量是？（单选题）

A. 不购买，家里有　　B. 1 斤以下　　C. 1～2 斤

D. 2～6 斤　　E. 6 斤以上

10. 您知道非洲猪瘟吗？（单选题）

A. 知道　　B. 不知道　　C. 不太了解

11. 第一次听说非洲猪瘟的来源渠道？（单选题）

A. 家人/朋友/同事　　B. 手机/电脑

C. 电视/报纸/广播　　D. 其他

三、非洲猪瘟发生后的影响

12. 您觉得非洲猪瘟是否会影响您家购买猪肉？（单选题）

A. 完全不影响　　B. 不确定

C. 影响较小　　D. 影响非常大

13. 如果有影响，您会怎么做？（单选题）

A. 少买一点　　B. 完全不买

C. 和以前一样　　D. 买高品质的

E. 其他

14. 非洲猪瘟发生后，邻居和朋友对非洲猪瘟的态度是否会影响您对猪肉的购买？

A. 是　　B. 否

15. 您觉得国内当前猪肉质量问题严重吗？（单选题）

A. 很严重　　B. 一般般　　C. 不清楚

16. 您是家里的食品购买者吗？（单选题）

A. 是　　B. 不是

17. 在非洲猪瘟发生后，您觉得家里人口的数量会影响您家购买猪肉吗？（单选题）

A. 有一点影响　　B. 影响非常大　　C. 没影响

18. 您觉得非洲猪瘟是否真的像报道所说的那样不会感染人？（单选题）

A. 是，在一定温度非洲猪瘟的病毒是可以被消灭的

B. 是，但是我仍旧不敢购买猪肉

C. 不是

四、非洲猪瘟发生后消费者购买行为

19. 在非洲猪瘟发生后，您购买其他肉类食品或者猪肉的替代品的数量增多了吗？（单选题）

A. 上升了一点点

B. 购买量多了很多

C. 还是像以前那样，没变化

20. 如果购买其他肉类食或者替代品数量多了，那您现在主要购买的是哪些肉类食品或者替代品？（多选题）

A. 牛肉和羊肉　　B. 鸡肉

C. 鱼虾类　　D. 其他

21. 您知道冷冻肉和热鲜肉的区别吗？（单选题）

A. 知道　　B. 不知道

22. 您觉得冷冻肉和热鲜肉相比，哪个安全系数更高、口感更好、营养价值更高？（单选题）

A. 冷冻肉　　　　B. 热鲜肉　　　　C. 不知道

23. 您喜欢购买冷冻肉还是热鲜肉？（单选题）

A. 冷冻肉　　　　B. 热鲜肉　　　　C. 差不多

24. 您觉得在非洲猪瘟发生后，您更愿意购买冷冻肉还是热鲜肉？（单选题）

A. 冷冻肉　　　　B. 热鲜肉　　　　C. 都不买

25. 您觉得非洲猪瘟发生后猪肉的价格上升的原因是什么？（多选题）

A. 生猪数量减少了

B. 市场上的猪肉供应不够

C. 养猪成本上升

D. 其他

26. 您觉得非洲猪瘟是否会影响您的消费习惯？（单选题）

A. 会　　　　B. 不会

27. 您觉得非洲猪瘟对您最大影响是？（单选题）

A. 食品支出增加　　　　B. 消费习惯改变

C. 饮食习惯　　　　D. 其他

28. 非洲猪瘟的发生是否会影响您对猪肉会的信心吗？（单选题）

A. 会　　　　B. 不会

29. 您觉得非洲猪瘟影响最大的人群是？（单选题）

A. 消费者　　　　B. 屠宰者

C. 养猪者　　　　D. 其他

30. 您对非洲猪瘟还有什么其他看法？______

问卷三：关于猪肉消费习惯的问卷调查

您好！我是贵州大学的学生。为了了解广大消费者对于猪肉的消费习惯以及在非洲猪瘟背景下消费者对于猪肉的选购情况，此调查为匿名填写，您提供的答案将完全保密，请您放心填写。再次感谢您的参与！

一、基本情况

1. 您的性别是（　　）

A. 男　　　　B. 女

2. 您的年龄是（　　）

A. 0 ~ 10 岁　　　　B. 10 ~ 20 岁

C. 20 ~ 40 岁　　　　D. 40 ~ 60 岁　　　　E. 60 岁以上

3. 您的文化程度是（　　）

A. 小学及以下　　B. 初中或中专

C. 高中　　D. 大专及以上

4. 家庭总人数（　　）

A. 1　　B. 2

C. 3　　D. 4　　E. 其他______

5. 家庭每年总收入（　　）

A. 1 万元左右　　B. 2 万 ~ 3 万元

C. 4 万 ~ 6 万元　　D. 6 万元以上

6. 职业（　　）

A. 公司高管　　B. 公司中层管理

C. 一般职员　　D. 家庭主妇

E. 退休　　F. 其他

7. 家庭每周做饭次数：（　　）

A. 每天在家做饭　　B. 每周 5 ~ 6 次

C. 每周 3 ~ 4 次　　D. 每周 1 ~ 2 次

E. 基本外食

二、消费者的消费习惯

1. 您平时吃猪肉吗？（　　）

A. 经常吃　　B. 一般

C. 很少吃　　D. 几乎不吃

2. 您平时会去买猪肉吗？（　　）（若选 A，回答 3 ~ 10 题）

A. 会　　B. 不会

3. 您一般在哪些地方选购猪肉？（　　）（多选）

A. 超市　　B. 菜市场

C. 农贸市场　　D. 猪肉专卖店

4. 如果在超市选购，您主要购买哪一种猪肉？（　　）

A. 现切的　　B. 有包装的

C. 熟食

5. 常到某个地方购买猪肉的理由（　　）（多选）

A. 品种丰富　　B. 价格实惠

C. 质量保证　　D. 产品新鲜

E. 购买方便　　F. 购买环境

G. 其他

6. 您的家庭一般一周购买几次猪肉？（　　）

A. 1 次　　B. 2 次　　C. 3 次　　D. 4 次以上

7. 一次购买多少千克猪肉？（　　）

A. 1 ~ 2 kg　　B. 2 ~ 3 kg　　C. 3 ~ 4 kg　　D. 4 kg 以上

8. 您的家庭每月猪肉消费约多少钱？（　　）

A. 100 元以下　　B. 100 ~ 200 元

C. 200 ~ 300 元　　D. 300 元以上

9. 您每次购买最多的是猪的哪个部位？（　　）

A. 五花肉　　B. 里脊肉　　C. 后臀肉

D. 夹心肉（小排骨）　　E. 其他

10. 您选择猪肉时考虑的主要因素有？（　　）

A. 质量　　B. 猪肉部位　　C. 方便与否

D. 服务态度　　E. 价格　　F. 品牌　　G. 其他

三、对于非洲猪瘟的影响的调查

1. 您对于非洲猪瘟有了解吗？（　　）

A. 了解　　B. 不了解

2. 您对于最近猪肉价格的上涨有了解吗？（　　）

A. 很了解　　B. 一般　　C. 不了解

3. 猪肉价格上涨对于您家的影响大吗？（　　）

A. 很大　　B. 不大　　C. 没影响

4. 猪肉价格的上涨有没有改变您家的消费习惯？（　　）（如选 B，则跳过问题 5）

A. 有改变　　B. 没有改变

5. 如果有改变，那您家还会选择吃猪肉吗？（　　）

A. 会　　B. 不会

6. 如果有改变，那您家更倾向于购买其他哪种肉类呢？（　　）

A. 鸡肉、鸭肉　　B. 鱼肉　　C. 牛肉

D. 羊肉　　E. 其他

7. 这些肉类中最喜欢、最平常吃的是（　　）

A. 鸡鸭肉　　B. 牛羊肉　　C. 猪肉　　D. 其他

8. 如果平时最爱吃猪肉，那原因是（　　）

A. 价格便宜　　B. 烹饪方便　　C. 方便购买　　D. 其他

9. 如果平时最爱吃牛羊肉，那原因是（　　）

A. 营养价值高　　B. 口感好

C. 喜欢吃　　　　　　D. 其他

10. 如果平时最爱吃鸡鸭肉，那原因是（　　）

A. 价格便宜　　B. 单纯喜好　　C. 方便　　D. 其他

11. 如果平时最爱吃鱼肉，那原因是（　　）

A. 价格便宜　　B. 烹饪方便　　C. 个人喜好　　D. 其他

12. 对于猪肉价格现状的上涨，您有什么看法？

____

13. 对此有什么希望改善的？

____

14. 价格上涨前，一周吃几次猪肉？

A. 1～3 次　　B. 3～6 次　　C. 6～9 次　　D. 9 次以上

15. 价格上涨后，一周吃几次猪肉？

A. 1～3 次　　B. 3～6 次　　C. 6～9 次　　D. 9 次以上

16. 价格上涨前，最常买什么肉？

A. 猪肉　　B. 牛肉　　C. 羊肉　　D. 鱼肉

E. 鸭肉　　F. 鸡肉　　G. 其他

17. 价格上涨后，最常买什么肉？

A. 猪肉　　B. 牛肉　　C. 羊肉　　D. 鱼肉

E. 鸭肉　　F. 鸡肉　　G. 其他

问卷四：猪肉价格上涨对居民猪肉消费习惯的影响调查问卷

您好，我们正在进行一项关于猪肉消费习惯的调查，想邀请您用几分钟时间帮忙填写这份问卷。本问卷实行匿名制，所有数据只用于统计分析，请放心填写。题目选项无对错之分，希望您能按自己的实际情况填写。感谢您的帮助！

一、调查对象基本情况

1. 您居住在（　　）

A. 农村

B. 城镇

C. 城市

2. 您的年龄是（　　）

3. 您的家里有（　　）口人，（　　）个老年人（66 岁及以上），（　　）个中年人（41～65 岁），（　　）个青年（18～40 岁），（　　）个少年（7～17 岁），（　　）个儿童（0～6 岁）

4. 您对猪肉的喜爱程度是（　　）

A. 不喜欢

B. 一般，可有可无

C. 必需品，隔几天吃一次

D. 必需品，必须每天吃

5. 您家吃猪肉的原因有哪些（　　）（多选）

A. 口感好（好吃）

B. 营养需求（有营养）

C. 方便处理、保鲜

D. 烹饪做法多样（可以做很多种菜）

E. 相对便宜

F. 其他（请说明：　　　　）

二、猪价上涨前，对居民猪肉消费习惯的调查

6. 猪肉价格上涨前，您家那边的猪肉价格是（　　）元/斤

7. 猪肉价格上涨前，您家每周用于猪肉消费的支出为（　　）

A. 50 元以下　　B. 50 ~ 100 元

C. 100 ~ 200 元　　D. 200 元以上

8. 猪肉价格上涨前，您一般在哪里购买猪肉（　　）

A. 猪肉专卖店　　B. 菜市场　　C. 超市

D. 农家宰猪时购买　　E. 其他（说明：　　　　）

9. 您选择在那里购买猪肉的原因有哪些?

A. 方便　　B. 相对便宜

C. 质量有保障　　D. 其他（请说明：　　　　）

10. 猪肉价格上涨前，您家会购买哪些猪肉加工食品（　　）

A. 火腿　　B. 香肠　　C. 热狗

D. 培根　　E. 猪肉脯　　F. 其他（　　）

三、猪价上涨后，对居民猪肉消费习惯的调查

11. 猪肉价格上涨后，您家那边的猪肉价格是（　　）元/斤

12. 猪肉价格上涨后，您家每周用于猪肉消费的支出为（　　）

A. 50 元以下　　B. 50 ~ 100 元

C. 100 ~ 200 元　　D. 200 元以上

13. 您认为比较合理的猪肉价格为 1 斤（　　）

A. 小于等于 14 元　　B. 小于等于 20 元

C. 小于等于 30 元　　D. 其他（说明：　　　　）

14. 猪肉价格上涨后，您家购买的猪肉量是增加还是减少了（　　）
A. 增加（转到第 10 题）
B. 减少（转到第 11 题）
C. 没变化（转到第 12 题）

15. 您家增加猪肉消费的原因有哪些（　　）（多选）
A. 家里有老人、小孩，营养需求大
B. 家里办酒席
C. 其他（说明：　　　　）

16. 您家减少猪肉消费的原因有哪些（　　）（多选）
A. 价格上涨
B. 猪瘟病害，不敢吃猪肉
C. 吃其他肉类
D. 其他（说明：　　　　）

17. 您觉得猪肉价格上涨对猪肉质量的影响是（　　）
A. 质量变差，许多劣质猪肉被用于充数
B. 质量变好
C. 两者都有
D. 没有影响

18 猪肉价格上涨后，您一般在哪里购买猪肉（　　）
A. 猪肉专卖店　　B. 菜市场
C. 超市　　D. 农家宰猪时购买
E. 其他（说明：　　　　）

19. 您选择在那里购买猪肉的原因有哪些？
A. 方便　　B. 相对便宜
C. 质量有保障　　D. 其他（请说明：　　　　）

20. 以下哪种会增加您对消费猪肉的信任（　　）（多选）
A. 了解猪的饲养和宰杀信息　　B. 规范的品牌
C. 企业的质量承诺　　D. 权威机构认证
E. 良好口碑　　F. 个人的购买经验

21. 猪肉价格上涨对您家里其他方面消费的影响程度是（　　）
A. 较大　　B. 一般
C. 较小　　D. 没有

22. 猪肉价格上涨后，您家购买猪肉加工食品的情况是（　　）
A. 增加　　B. 减少　　C. 不变

23. 除了猪肉，您家平时还购买哪些肉类（　　）（多选）

A. 鸡肉　　B. 鸭肉　　C. 牛肉

D. 羊肉　　E. 其他（说明：　　　　）

24. 在这些肉类中，购买最多的是（　　）

A. 鸡肉　　B. 鸭肉　　C. 牛肉

D. 羊肉　　E. 其他（说明：　　　　）

25. 您为什么购买该肉类最多（　　）

A. 好吃　　B. 相对便宜

C. 方便处理　　D. 其他（请说明：　　　　）

26. 对于猪肉价格上涨，您家那边的政府有没有给你们物价补贴（　　）

A. 有　　B. 没有

27. 如果有物价补贴，您会增加对猪肉的购买量吗（　　）

A. 会　　B. 不会

28. 您会或者不会增加对猪肉的购买量的原因是什么？

29. 如果今年春节期间，猪肉价格没有下降或者继续高涨，您会怎么做？

30. 对于猪肉价格上涨，您有没有什么想说的？

问卷五：猪价上涨对不同群体消费习惯的影响研究调查问卷

尊敬的先生/女士：

您好！我们现正在做一个关于猪价上涨对消费习惯的影响问卷调查，本问卷中的问题并无对错之分，所以您可根据最真实的想法来填写，回答结果将会保密，不做其他用途，敬请放心作答，您提供的意见对我非常宝贵，没有您的帮助，我将无法完成预定的研究目标，对于您的支持，我表示衷心的感谢！

1. 您的性别

A. 女　　B. 男

2. 您的民族是

A. 汉族　　B. 回族　　C. 苗族　　D. 其他

3. 您的工作是

A. 工人　　B. 农民　　C. 上班族　　D. 其他

4. 您是否信仰宗教（否跳过第 5 题）

A. 是　　B. 否

5. 您信仰什么宗教

A. 佛教　　B. 道教　　C. 伊斯兰教

D. 基督教　　E. 其他

6. 您是否食用猪肉（是转到第 8 题，否转到第 7 题）

A. 是　　B. 否

7. 您不吃猪肉的原因是

A. 宗教信仰　　B. 个人喜好

C. 价格太贵　　D. 其他

8. 您多久购买一次猪肉

A. 一天　　B. 一星期

C. 一个月　　D. 一月以上

9. 猪价上涨前您及您的家人一个月花费多少钱在猪肉消费上

A. 1000 左右　　B. 2000 左右

C. 3000 左右　　D. 3000 以上

10. 猪价上涨后您及您家人一个月花费多少钱在猪肉消费上

A. 1500 左右　　B. 2500 左右

C. 3500 左右　　D. 3500 以上

11. 您认为猪肉最大的价值在哪个方面

A. 食用价值　　B. 药用价值

C. 祭祀专用　　D. 其他

12. 猪价上涨后，你更倾向于去哪里购买猪肉

A. 直接去屠宰场，新鲜安全

B. 直接去买一头幼猪，自己养

C. 去农村买，价格较市场的便宜

D. 还是在各大农贸市场或者超市买

13. 您对最近猪价上涨是否有了解

A. 有　　B. 无

C. 了解一点　　D. 其他

14. 猪价上涨是否对您造成影响，影响大吗

A. 是、大　　B. 否　　C. 有一点影响

15. 您是否看好猪肉的销售前景

A. 是　　B. 否

16. 您认为猪价上涨是如何影响消费习惯的

A. 猪价上涨，价格高，减少购买

B. 猪价上涨，价格高，保持不变

C. 猪价上涨，价格高，增加购买

17. 您是否会减少对猪肉的购买量

A. 会，价格太贵　　B. 不会，食用猪肉较少

18. 除猪肉外您食用什么肉类（多选）

A. 牛肉　B. 羊肉　C. 禽肉　D. 鱼肉　E. 其他

19. 您认为为何猪价上涨对不同群体的消费习惯影响不同（多选）

A. 因为有些特殊群体不食用猪肉，比如信仰伊斯兰教的民众

B. 因为习惯不同

C. 因为收入不同

D. 因为生活环境不同

20. 您认为造成猪价上涨的原因是什么（多选）

A. 非洲猪瘟的影响

B. 许多养殖户的养殖意愿下降

C. 许多养殖场关闭

D. 大厂的垄断

E. 环保政策的影响

F. 猪肉消费量的影响

21. 您认为猪价上涨该怎样应对（多选）

A. 研制疫苗，增加生猪的存栏量

B. 加大运输的严查机制，减少不必要的中途成本

C. 提高企业的自测，严谨生产，不要盲目跟随价格潮流

D. 消费者要提高眼界，根据收入来分配消费

22. 您认为下面哪些措施能够提高猪肉供给量（多选）

A. 提高生猪的存栏量

B. 放宽限制

C. 减小垄断

D. 鼓励农户养殖

23. 您对猪价上涨有什么看法？

24. 您认为人们对猪肉的消费习惯是否会改变？

25. 针对猪价上涨您认为有什么改进措施？

26. 您认为猪价上涨是必然的吗？为什么？

27. 您认为未来猪价是否会下降，为什么？

附录 E　非洲猪瘟的影响调查——替代性角度

问卷一：猪肉替代性问卷调查

您好！占用您的宝贵时间我们深感歉意。非常感谢您参与我们的问卷调查，此次调查是用于贵州大学农林经济管理专业学生研究猪肉替代性，不存在任何商业用途，更不会泄露您的任何隐私。整个问卷中涉及的题目均没有对错之分，请根据您的实际情况填写，无需署名。谢谢您的合作！

1. 您的职业是

A. 学生　　B. 已就业人员

C. 自由职业　　D. 已退休人员

2. 您的月收入是多少

A. 2000 元以下　　B. 2000 ~ 5000 元

C. 5000 ~ 10000 元　　D. 10000 元以上

3. 您所在的地区

A. 东北　　B. 东南

C. 西北　　D. 西南

4. 家庭人数是多少

A. 1 ~ 2 人　　B. 3 ~ 4 人　　C. 5 人及以上

5. 家庭每周做饭次数

A. 每天在家做饭　　B. 每周 5 ~ 6 次

C. 每周 3 ~ 4 次　　D. 每周 1 ~ 2 次　　E. 基本外食

6. 您的饮食习惯是什么样的

A. 不常吃肉　　B. 素食主义者

C. 有相关民族信仰，吃或不吃

D. 无肉不欢　　E. 适时吃一些　　F. 无所谓

7. 如果不让您吃猪肉，您可以接受吗？

A. 可以　　B. 勉强接受　　C. 不可以接受

8. 影响您更偏爱猪肉或者牛、羊肉的因素有哪些

A. 口感、味道　　B. 营养成分

C. 价格　　D. 脂肪含量　　E. 其他

9. 您购买猪肉的频率是？

A. 一周 3 次以上　　B. 一周 1 次或 2 次
C. 节日和特别日子购买　　D. 从来不买

10. 您一般在哪里购买猪肉（多选题）
A. 农贸市场　　B. 超市　　C. 网络购物
D. 自养宰杀　　E. 朋友赠送　　F. 其他

11. 如果市场同时提供以下猪肉，您最愿意购买哪种（多选题）
A. 冷猪肉　　B. 热猪肉　　C. 冻猪肉
D. 鲜肉　　E. 具有某些功能性品质的猪肉
F. 健康生态的猪肉

12. 您经常食用的猪肉部分是（多选题）
A. 里脊肉　　B. 梅花肉　　C. 五花肉
D. 前后腿肉　　E. 猪心、猪肝、猪血等
F. 猪蹄　　G. 猪头肉、猪耳朵等
H. 其他部位的肉

13. 您用猪肉做什么
A. 煲汤　　B. 腌肉　　C. 送礼
D. 炒肉　　E. 其他

14. 您家比较关注猪肉的
A. 口感　　B. 食肉安全　　C. 环境卫生
D. 营养价值　　E. 价格　　F. 品牌
G. 猪肉产地　　H. 便捷性　　I. 其他

15. 最近猪瘟流行，猪肉价格上涨，请问您对猪肉的需求会因哪个愿意减少呢
A. 猪肉价格　　B. 疫情
C. 两者都有影响　　D 不影响

16. 您目前所在地区的猪肉价格（元/斤）
A. 17 ~ 25　　B. 25 ~ 30　　C. 30 以上

17. 您认为猪肉价格快速上涨的主要原因是（多选）
A. 生猪价格周期性波动影响
B. 养殖成本增加
C. 猪肉消费需求上升
D. 非洲猪瘟影响，出栏降低
E. 其他

18. 猪肉价格上涨对您的生活影响大吗

A. 在预料范围之内，可以接受
B. 价格上涨太突然，难以接受
C. 了解价格上涨原因，可以理解
D. 无所谓

19. 面对猪肉价格上涨，您做出的选择是
A. 不改变购买猪肉的数量
B. 少买猪肉，选择适当的替代品
C. 不买猪肉
D. 其他

20. 请问您是否了解其他肉类的销售价格
A. 非常了解　　B. 比较了解
C. 了解得不多　　D. 一点也不了解

21. 当“吃不起”猪肉时，您一般选择哪种肉类代替（多选题）
A. 鸡肉　　B. 鸭肉　　C. 牛肉
D. 羊肉　　E. 海/水产肉类

22. 您为什么会选择这一肉类当作猪肉的替代品呢
A. 价格　　B. 味道鲜美
C. 营养丰富　　D. 低胆固醇

23. 目前当地的牛肉价格是：　　，价格上涨：
24. 目前当地的鸡肉价格是：　　，价格上涨：
25. 目前当地的鸭肉价格是：　　，价格上涨：
26. 目前当地的鱼肉价格是：　　，价格上涨：

27. 你认为怎么样能解决猪肉价格上涨的问题（多选题）
A. 多饲养一些小猪
B. 向其他国家进口猪肉
C. 加大力度预防猪瘟等疾病
D. 鼓励放开散户养殖
E. 其他

28. 您认为近 5 年猪肉价格的趋势是
A. 上涨趋势　　B. 下降趋势
C. 变动不大　　D. 无法预测

29. 您认为未来猪肉的需求量会如何变化
A. 持续走高　　B. 先上升后下降
C. 持续下降　　D. 无法预测

30. 您认为未来猪肉市场会面临哪些挑战

A. 更加重视猪肉的质量安全

B. 增强生产者的防疫观念

C. 培养经营户的法治观念

D. 加大监督检查力度

31. 简单谈谈您对猪肉替代品的要求和需求（简答题）

32. 谈谈您对未来猪肉市场的期待和建议（简答题）

问卷二：关于猪肉价格波动对主要替代品的影响分析的问卷

您好！欢迎您参加猪肉价格波动对主要替代品的影响分析的问卷调查，这份问卷旨在依据各位对问题的回答了解目前猪肉及其主要替代品的现状。本问卷中的问题并无对或错，所以您可依据您最真实的状况和意见来填写，回答结果保密。问卷采取无记名方式，且仅供研究分析，不会做其他用途，敬请放心作答。您所提供的意见对本研究是非常宝贵的，对于你的支持，我们表示衷心的感谢！

1. 您的年龄是

A. 18 岁及以下　　B. 19 ~ 30 岁

C. 31 ~ 40 岁　　D. 41 ~ 50 岁　　E. 50 岁以上

2. 您的性别

A. 男　　B. 女

3. 请问您家里有几口人______，常住人口有多少________。

4. 您家里每个月食品类的消费是多少？

A. 500 元及以下

B. 500 ~ 1000 元（包括 1000 元）

C. 1000 ~ 2000 元（包括 2000 元）

D. 2000 ~ 3000 元（包括 3000 元）

E. 3000 元以上

5. 平常您家里每个月购买猪肉的消费支出是？

A. 100 元以下　　B. 100 ~ 200 元

C. 200 ~ 300 元　　D. 300 元以上

6. 就您个人看来，喜欢吃猪肉吗？

A. 非常喜欢

B. 一般，还可以

C. 无所谓，吃什么肉都是吃

D. 完全不能接受猪肉

7. 您平常为什么会选择购买猪肉？

A. 猪肉的口感比较好

B. 猪肉的价格适宜

C. 猪肉可以搭配各种菜系

D. 习惯于买猪肉

E. 其他

8. 您所在地区猪肉价格上涨明显吗？

A. 明显

B. 一般

C. 不怎么明显

D. 不知道，不关注猪肉价格

9. 您觉得哪个地方卖的猪肉品质好？

A. 大型连锁超市

B. 小型超市

C. 农贸市场

D. 小贩摊点处

E. 其他

10. 您了解猪肉价格上涨的原因吗？

A. 了解原因

B. 了解一点

C. 不了解

11. 如果了解，请您写出您所了解的原因______________________________。

12. 如果不了解，请您写出您所认为的原因____________________________。

13. 您认为当今物价下，猪肉价格多少为适宜______________。

14. 猪肉价格变动是否对您猪肉的购买量产生了影响？

A. 有很大影响

B. 影响一般

C. 几乎没什么影响

D. 没影响

15. 您认为维护猪肉价格稳定有必要吗？
A. 非常有必要，猪肉价格严重影响了我的生活
B. 一般，波动不大就好
C. 无所谓
16. 猪肉价格上涨之后，你会怎么做？
A. 尽量减少猪肉的购买，找其他相对便宜的肉类代替
B. 继续购买猪肉
C. 等待猪肉降价后再购买
17. 您家里平常购买猪肉的频率是
A. 经常，几乎每天都购买食用
B. 一般，每周购买几次
C. 偶尔购买
D. 几乎从来不买
18. 您平常家里购买鸡、牛肉的频率是
A. 经常，几乎每天都购买食用
B. 一般，每周购买几次
C. 偶尔购买
D. 几乎从来不买
19. 猪肉价格上涨后，您家里购买鸡、牛肉的购买量是否增加，增加了多少？
A. 有增加，购买量增加了 300 元以上
B. 有增加，购买量增加了 200 ~ 300 元（包括 300 元）
C. 有增加，购买量增加了 100 ~ 200 元（包括 200 元）
D. 有增加，购买量增加了 100 元及以下
E. 购买量没有增加
20. 您平时是否会关注除猪肉外的其他肉类的价格波动？
A. 经常关注　　B. 偶尔关注　　C. 从来不关注
21. 猪肉价格大幅度上涨，您是否能接受用鸡、牛肉等代替猪肉？
A. 可以接受　　B. 完全不能接受　　C. 无所谓
22. 对于猪肉价格上涨，家中是否有其他替代品？
A. 有　　B. 没有
23. 如果您可以接受用其他肉代替猪肉，您会选择哪几种？（多选题）
A. 鸡肉　　B. 鸭肉　　C. 牛肉
D. 羊肉　　E. 鱼肉　　F. 其他
24. 如果您不能接受用其他肉代替猪肉，在目前猪肉价格下您会怎么办？

25. 您认为猪肉价格变动对其他肉类替代品的价格影响大吗？

A. 影响非常严重，其他肉类的价格也在大幅度上涨

B. 影响一般，其他肉类价格上涨幅度在可接受范围之内

C. 个人认为没什么影响

D. 不清楚，没关注过

26. 您认为猪肉价格变动对鸡蛋的价格影响大吗？

A. 影响非常严重，鸡蛋的价格也在大幅度上涨

B. 影响一般，鸡蛋价格上涨幅度在可接受范围之内

C. 个人认为没什么影响

D. 不清楚，没关注过

27. 您认为猪肉价格变动对其他肉类替代品的养殖市场影响大吗？

A. 影响非常严重

B. 影响一般

C. 个人认为没什么影响

D. 不清楚，没关注过

28. 您认为怎么才能解决猪肉价格上涨的问题？（多选题）

A. 多饲养一些生猪

B. 国家政策出台政策干预调整

C. 增加从国外进口猪肉的量

D. 鼓励散户养殖

E. 对猪瘟等疾病加大预防力度

29. 您认为未来半年猪肉价格会如何变动？

A. 还会继续上涨

B. 会稳定下来

C. 会下降到接近原来的价格后稳定下来

D. 不清楚

30. 说说你对猪肉价格上涨的看法？

问卷三：关于猪肉替代性分析的调查问卷

您好！我们正在做关于猪肉替代性分析的调查，本问卷共有 32 个问题，问题易于回答，不会耽误您太长时间。此次问卷以匿名方式填写，调查结果仅供数据分析，不会泄露您的个人信息，请您按照实际情况填写，感谢您的配合！

1. 您的性别是？

A. 男　　B. 女

2. 您的民族？ ____________

3. 您的年龄？ ____________

4. 您的月收入为多少？

A. 3000 以下　　B. 3000 ~ 6000　　C. 6000 ~ 9000

D. 9000 ~ 12000　　D. 12000 ~ 15000　　E. 15000 以上

5. 您家庭年总收入是多少？（非必填）

A. 1 万以下　　B. 1 ~ 2 万　　C. 2 ~ 5 万

D. 5 ~ 15 万　　D. 15 ~ 25 万

E. 25 ~ 35 万　　F. 35 万以上

6. 您喜欢吃猪肉吗？

A. 喜欢　　B. 不喜欢

7. 您喜欢吃猪肉的原因？（多选）

A. 价格便宜　　B. 一种习惯，从小就吃

C. 烹饪方法多　　D. 营养需要　　E. 其他______

8. 正常情况下，您家一周大约购买猪肉的数量是多少？

A. 2 斤以下　　B. 2 ~ 5 斤　　C. 5 斤以上

9. 您选择肉类食品时会重点关注哪些方面？

A. 营养成分　　B. 品牌　　C. 口味

D. 价格　　E. 质量安全　　F. 购买方便

G. 新鲜程度　　H. 优质高端

10. 您通常多久吃一次猪肉？

A. 几个月一次　　B. 一个月 1 ~ 3 次

C. 一个月 4 ~ 10 次　　D. 一个月 11 ~ 20 次

E. 一个月 20 次以上

11. 您的家庭对猪肉的依赖性大吗？

A. 大　　B. 不大

12. 您是否会接受冷鲜肉？

A. 会买　　B. 不会买

13. 您的家庭平时购买的肉类有哪些？

A. 猪肉　　B. 牛肉　　C. 羊肉

D. 鸡肉　　E. 鸭肉　　F. 鱼等水产类

G. 其他_______

14. 如果以购买量的多少来进行排序，对于上题的肉类，请您给出一个排序（从大到小）

____

15. 近几个月的非洲猪瘟疫情是否影响到您购买猪肉？

A. 完全不影响　B. 基本不影响　C. 不确定

D. 基本有影响　E. 非常有影响

16. 如果有影响，您会怎么做？

A. 少买少吃点

B. 完全不买

C. 和往常一样，没有变化

D. 买其他肉类

F. 其他

17. 您是否存在由于担心非洲猪瘟影响猪肉食用安全，转而多购买价格更高的牛羊肉？

A. 是　B. 否

18. 非洲猪瘟疫情爆发后，你是否会考虑用其他肉类食品代替猪肉？

A. 不会，觉得影响不大

B. 会适当多购买其他肉类

19. 猪肉价格上涨以后，您的家庭对猪肉的购买量有什么变化？

A. 和平常一样，没什么变化

B. 太贵，买得少

C. 比往常多

20. 您所在地猪肉价格上涨明显吗？

A. 还好，价格不是很高

B. 明显，价格涨幅很大

21. 您觉得什么肉最有可能代替猪肉，成为我国第一大肉类消费品？

A. 鸡肉　B. 鸭肉　C. 牛肉

D. 羊肉　E. 鱼肉等水产品　F. 其他

G. 没有什么可以代替

22. 猪肉价格上涨以后，您所在地鸡蛋价格有何变化？

A. 没有变化，和往常一样　B. 价格上涨了　C. 价格下降了

23. 猪肉价格上涨以后，您所在地鸡肉价格有何变化？

A. 没有变化，和往常一样　B. 价格上涨了　C. 价格下降了

24. 猪肉价格上涨以后，您所在地鱼肉价格有何变化？

A. 没有变化，和往常一样　　B. 价格上涨了　　C. 价格下降了

25. 猪肉价格上涨以后，您所在地鸭肉价格有何变化？

A. 没有变化，和往常一样　　B. 价格上涨了　　C. 价格下降了

26. 猪肉价格上涨以后，您所在地羊肉价格有何变化？

A. 没有变化，和往常一样　　B. 价格上涨了　　C. 价格下降了

27. 猪肉价格上涨以后，您所在地牛肉价格有何变化？

A. 没有变化，和往常一样　　B. 价格上涨了　　C. 价格下降了

28. 关于猪肉的替代性，您将来是否会适当多购买其替代性产品？

A. 会　　B. 不会

29. 对于非洲猪瘟疫情以及猪肉价格上涨，您有什么看法、意见或者建议吗？

____

30. 对于猪肉的可替代性产品的生产等，您有什么看法或建议吗？

____

31. 您对于生鲜猪肉安全问题有什么看法？

____

32. 关于人们的消费习惯及肉类消费结构，您认为存在什么问题，您有什么意见或者建议？

____

问卷四：关于猪肉的替代性的调查问卷

您好，为了更好地了解在非洲猪瘟爆发之后，猪肉的替代性问题，我们展开了这次调查，本次问卷只用于数据分析，不作为其他用途，不会泄露您的相关信息，为了问卷的真实、有效，希望您能按照自己的想法如实填写，谢谢您的配合！

1. 您的年龄是：_____

2. 您家的户口类型是？

A. 农村　　B. 城市

3. 您家一个月的收入是多少？

A. 0 ~ 3000 元　　B. 3000 ~ 6000 元

C. 6000 ~ 9000 元　　D. 9000 元以上

4. 您家一个月的食品方面的支出大概是多少？

A. 500 ~ 1000 元　　B. 1000 ~ 1500 元

C. 1500 ~ 2000 元　　D. 2000 元以上

5. 您所在的地区猪肉价格上涨明显吗？

A. 明显　　B. 不明显

6. 您认为猪肉的价格多少比较合理？

A. 15 ~ 20 元　　B. 20 ~ 25 元

C. 25 ~ 30 元　　D. 都能接受

7. 在您看来猪肉价格暴涨的原因有哪些？（　　）（多选）

A. 受非洲猪瘟的影响

B. 生猪价格周期波动影响

C. 受进出口影响

D. 猪肉的需求量增加

8. 您对非洲猪瘟了解吗？

A. 非常了解　　B. 不太了解　　C. 完全不了解

9. 非洲猪瘟有造成您消费的改变吗？（　　）

A. 有　　B. 有一点　　C. 没有

10. 最近猪瘟流行，猪肉价格随之上涨，那您对猪肉的需求会因为什么而减少？

A. 猪肉价格　　B. 猪瘟疫情

C. 两者都有　　D. 不影响

11. 在非洲猪瘟之前您的家庭对猪肉的消费占比（　　）

A. 20% ~ 30%　　B. 30% ~ 60%　　C. 60%及以上

12. 就您自己来看，您喜欢吃猪肉吗？（　　）

A. 非常喜欢　　B. 有点喜欢

C. 不是很喜欢　　D. 不喜欢

13. 在非洲猪瘟之后，当地的猪肉价格有没有上涨？

A. 有　　B. 没有

14. 您所在的地方猪肉的价格上涨了多少？

A. 5 ~ 10 元　　B. 10 ~ 15 元

C. 15 ~ 20 元　　D. 20 元以上

15. 您认为目前猪肉的价格

A. 很贵　　B. 比较贵

C. 合理　　D. 便宜

16. 近期来猪肉价格越涨越高，您会减少对猪肉的购买量吗？

A. 会　　B. 偶尔会　　C. 不会

17. 猪肉价格上涨后你有选择购买其相关替代品吗？

A. 有　　B. 没有

18. 你会选择哪些肉类来代替猪肉？（　　）（多选）

A. 牛肉　　B. 鸡肉

C. 鱼肉　　D. 其他

19. 您选择用以上肉类来代替猪肉的原因：

____

____

20. 目前当地的牛肉价格是：______________________________

21. 目前当地的鸡肉价格是：______________________________

22. 目前当地的鸭肉价格是：______________________________

23. 目前当地的鱼肉价格是：______________________________

24. 当地牛肉的价格上涨了多少？

A. 5 ~ 10 元　　B. 10 ~ 15 元　　C. 15 ~ 20 元　　D. 20 元以上

25. 当地鸡肉的价格上涨了多少？

A. 5 ~ 10 元　　B. 10 ~ 15 元　　C. 15 元以上

26. 当地鸭肉的价格上涨了多少？

A. 5 ~ 10 元　　B. 10 ~ 15 元　　C. 15 元以上

27. 当地鱼肉的价格上涨了多少？

A. 5 ~ 10 元　　B. 10 ~ 15 元　　C. 15 元以上

28. 您所了解的其他相关替代肉类的价格，以及上涨价格：______________

29. 您认为目前相关猪肉替代品的价格

A. 很贵　　B. 比较贵　　C. 合理　　D. 便宜

30. 您会选择一直用其他肉类来代替猪肉吗？

A. 会　　B. 不会

31. 若会，您会长期用其他肉来代替猪肉的原因：

____

____

32. 若不会，您不会长期用其他肉来代替猪肉的原因：

____

33. 您对猪的相关传统文化有一定的了解吗？

A. 比较了解　　B. 有一点了解　　C. 不了解

34. 传统的饮食文化会影响您对猪肉的购买量吗？

A. 会影响　　B. 影响不大　　C. 不影响

35. 一段时间不吃猪肉您会想吃猪肉吗？为什么？

____

36. 您所知道的各种肉类能做的菜：

猪肉：____

牛肉：____

鸡肉：____

其他：____

问卷五：关于猪肉替代性分析的调查问卷

您好！现就非洲猪瘟爆发后猪肉价格上涨，对猪肉替代性进行研究调查。您的建议将成为此次调查的宝贵信息。感谢您抽出时间填写此次调查问卷。

1. 您的姓名__________

2. 您的性别__________

3. 您的年龄__________

4. 您的民族__________

5. 您的职业__________

6. 您吃猪肉的频率

A. 不吃　B. 一周 1～2 次　C. 一周 3～4 次

D. 一周 5～6 次　E. 一天 1 次　F. 一天 2～3 次

7. 您吃牛羊肉的频率

A. 不吃　B. 一周 1～2 次　C. 一周 3～4 次

D. 一周 5～6 次　E. 一天 1 次　F. 一天 2～3 次

8. 您吃鸡鸭肉的频率

A. 不吃　B. 一周 1～2 次　C. 一周 3～4 次

D. 一周 5～6 次　E. 一天 1 次　F. 一天 2～3 次

9. 您吃其他肉的频率

A. 不吃　B. 一周 1～2 次　C. 一周 3～4 次

D. 一周 5～6 次　E. 一天 1 次　F. 一天 2～3 次

10. 您认为肉类市场上卖得最多的肉是

A. 猪肉　B. 牛羊肉

C. 鸡鸭肉　D. 其他肉类

11. 您认为非洲猪瘟爆发以来卖得最多的肉是

A. 猪肉　B. 牛羊肉

C. 鸡鸭肉　D. 其他肉类

12. 您认为非洲猪瘟爆发之后吃猪肉的频率是否会下降

A. 会　B. 不会　C. 不知道

13. 您认为非洲猪瘟爆发之后吃牛羊肉的频率是否会上升

A. 会　　B. 不会　　C. 不知道

14. 您认为非洲猪瘟爆发之后吃鸡鸭肉的频率是否会上升

A. 会　　B. 不会　　C. 不知道

15. 您认为非洲猪瘟爆发之后吃除上述其他肉的频率是否会上升

A. 会　　B. 不会　　C. 不知道

16. 您目前偏好吃什么肉（可多选）

A. 猪肉　　B. 牛肉　　C. 羊肉

D. 鸡肉　　E. 鸭肉

F. 鱼肉　　G. 其他肉类_______

17. 您节假日、过年过节是否有特意吃猪肉的习惯（选 A 至第 18 题，选 B 至第 19 题）

A. 有　　B. 没有

18. 如果节假日期间猪肉价格持续上涨还会买猪肉吗

A. 会　　B. 不会

19. 不选择牛羊肉或鸡鸭肉作为主要肉食的理由 （可多选）

A. 价格高　　B. 买不到

C. 生活习惯　　D. 难烹饪　　E. 其他_______________

20. 是否希望猪肉以外的肉类成为市场主流

A. 是　　B. 否

21. 对牛羊肉和鸡鸭肉在肉质、口感、价格或者其他方面有什么期望

____

以下为对肉类市场的调查：

22. 您是否信赖市场上卖的肉类产品

A. 是　　B. 否

23. 您是否信任政府对肉类产品的质量监控

A. 信任　　B. 一般　　C. 不信任

24. 您在购买肉类产品的过程中会注重品牌吗

A. 会　　B. 不会

25. 您对肉类产品的营养了解过吗

A. 了解　　B. 一般　　C. 不了解

26. 您会特意搭配不同的肉类购买吗

A. 会　　B. 不会

27. 您对肉类市场结构是否有其他看法__________

以下为职业养殖户人员填写

28. 如果您经营养殖场，您会主要养殖什么动物

A. 猪　　B. 牛　　C. 羊

D. 鸡　　E. 鸭

F. 鱼　　G. 其他______

29. 在非洲猪瘟爆发后，您是选择扩大生产猪的规模还是减少生产猪的规模

A. 扩大　　B. 减少

30. 是否会选择牛羊肉或鸡鸭肉生产

A. 会　　B. 不会

附录 F　非洲猪瘟的影响调查——污染防治角度

问卷一：关于非洲猪瘟对污染防治影响的调查问卷

调查地点：　　县　　镇　　村　　组　　号

调查对象：

与户主关系：

调查员 1：　　　　调查员 2：

调查时间：　　月　　日　　时　　分至　　时　　分

1. 性别____
2. 年龄（周岁）_____
3. 受教育程度____________
4. 健康状况____________
5. 家庭主要经济来源____________
6. 是否接受过生猪养殖培训_______
7. 从事生猪养殖_____年（___年到____年）
8. 猪舍是_____年修建的，期间是否修整过____
9. 猪舍的面积是_______平方米
10. 猪舍建设资金来源是____________________
11. 是否建有沼气设备（填否跳至 14 题）___________
12. 沼气设备建于哪一年___________
13. 沼气设备从_____年投入使用，共______年
14. 非洲猪瘟爆发前您家生猪存栏量是_______

15. 非洲猪瘟爆发后您家还养猪吗________（填否结束问卷）

16. 现在的生猪存栏量是__________

17. 非洲猪瘟爆发前出售生猪及相关产品的年收入是_________

18. 非洲猪瘟爆发后出售生猪及相关产品的年收入是___________

19. 养殖成本中用于防治疾病的药品、器械及相关服务的支出是_______

20. 非洲猪瘟爆发前生猪养殖产生的干粪，你们采取哪些处理方法？（多选）_______

A. 直接回场　　B. 集中堆放或收集

C. 无公害回收处理　　D. 随意排放　　E. 其他

21. 非洲猪瘟爆发后生猪养殖产生的干粪，你们采取哪些处理方法？（多选）_______

A. 直接回场　　B. 集中堆放或收集

C. 无公害回收处理　　D. 随意排放

E. 其他（　　　　）

22. 非洲猪瘟爆发前每月定期对猪舍消毒几次

A. 0 次　　B. 1 ~ 2 次

C. 3 ~ 4 次　　D. 4 次以上

23. 非洲猪瘟爆发后每月定期对猪舍消毒几次

A. 0 次　　B. 1 ~ 2 次

C. 3 ~ 4 次　　D. 4 次以上

24. 非洲猪瘟爆发前你是怎么处理家里的死猪的？_________

A. 待人领取　　B. 随意丢弃

C. 无污染深埋　　D. 卖给小贩

E. 其他（　　　　）

25. 非洲猪瘟爆发后你怎么处理死猪？_____

A. 待人领取　　B. 随意丢弃

C. 无污染深埋　　D. 卖给摊贩

E. 其他（　　　　）

26. 你清楚卖死猪的处罚吗？________

A. 清楚（　　　　　）

B. 听说过但不清楚

C. 不清楚

27. 在过去的两年里，你的家人是否因污染排放而受到过政府的行政处罚？________

A. 已被处罚　　　　　　B. 未被处罚

28. 如果你的猪死了，你能得到政府对死猪的补贴吗？__________

A. 可获得额外补贴

B. 运费及治疗费补贴

C. 无补贴

29. 你家的病猪怎么办？__________

A. 请兽医治疗

B. 自我诊断和治疗

C. 咨询畜牧兽医局

D. 其他方式（　　　　）

30. 你的家人是否意识到沼液和死猪随意排放和处置的影响？（多选）__________

A. 污染水体

B. 寄生虫感染的培育

C. 增加二氧化碳排放量

D. 大气污染

E. 土壤污染

F. 铜锌污染

31. 您的家人对当前的生猪饲养政策及其实施有何期望？__________

A. 保持原有不变

B. 引进新品种提高产品质量和附加值

C. 对生产资料给予补贴

D. 补贴粪便处理

E. 指导大规模养殖

F. 加大对猪舍的补贴

G. 对死猪给予补助

H. 对死猪给予保险

I. 其他（　　　　）

32. 非洲猪瘟爆发前后生猪养殖的卫生管理方面哪些改变？

____

问卷二：非洲猪瘟对环境污染的影响调查问卷

亲爱的朋友：

您好！非常感谢您在百忙之中填写这份问卷，我们是贵州大学经济学院的学生，针对养殖猪场，想了解目前非洲猪瘟或者是养殖生猪过程中给环境污染带来的影响现状。本问卷的各项答案无论好坏，所得结果不做个别呈现，对外绝对保密，填写这份问卷大概会占用您 15 分钟，您所提供的信息对我们而言非常有用。请你根据自己的看法，放心填写，谢谢合作！

第一部分（基本情况）:

1. 您的性别：

A. 男　　B. 女

2. 您的学历：

A. 小学及以下　　B. 初中　　C. 高中

D. 中专大专　　E. 本科及以上

3. 您对非洲猪瘟的了解程度：

A. 非常了解　　B. 比较了解

C. 一般了解　　D. 完全不了解

4. 请问您目前猪场能繁殖母猪存栏有多少？

A. 1 ~ 50 头　　B. 51 ~ 100 头

C. 101 ~ 150 头　　D. 151 ~ 200 头　　E. 200 头以上

5. 您从事养猪行业多少年？

A. 1 年以内　　B. 1 ~ 3 年

C. 5 ~ 8 年　　D. 8 年以上

第二部分（猪瘟常识性问题）:

6. 猪瘟是传染性疾病吗？

A. 是　　B. 不是

7. 猪瘟一般在什么季节发生？

A. 春　　B. 夏　　C. 秋

D. 冬　　E. 一年四季

8. 猪瘟会不会传染人？

A. 会　　B. 不会

9. 您知道当前猪瘟的主要流行形式是什么吗？

A. 急性感染　　B. 亚急性感染

C. 非典型温和感染　　D. 多病原性感染　　E. 其他

10. 您知道当前猪瘟主要临床症状和主要危害方面都有哪些？（多选）

A. 母猪发情延迟，屡配不孕

B. 妊娠母猪流产，死胎增多

C. 仔猪病死率高

D. 仔猪生长缓慢

E. 继发其他疾病发生

F. 干扰其他传染病的免疫

第三部分（猪本体防疫措施）：

11. 使用猪疫苗后做过猪群体抗体检验吗？

A. 有　　　　B. 无

12. 使用猪疫苗后，对猪群是否有副作用？若有，有哪些？（多选）

A. 发烧　　　　B. 不吃食　　　　C. 母猪流产

D. 仔猪应激死亡　　　　E. 无副作用　　　　F. 其他（　　）

13. 您购买猪疫苗的主要渠道？

A. 政府免费　　　　B. 经销商

C. 厂家业务员　　　　D. 地方兽医站　　　　E. 其他（　　）

14. 您的猪场使用哪种类型的猪瘟疫苗？

A. 组织苗　　　　B. 细胞苗

C. 基因苗　　　　D. 其他（　　）

15. 您选择购买某厂家的猪瘟疫苗的理由是什么？

A. 质量保证　　　　B. 厂家可靠

C. 价格　　　　D. 口碑

16. 您是否参加过关于猪瘟疫苗的厂家技术推广会议？

A. 参加　　　　B. 不参加

第四部分（污染方面）：

17. 您认为生猪养殖污染主要指哪些方面？（多选）

A. 生猪粪便废水直接排出环境

B. 生猪呼出气和消化道排出的废气

C. 贮粪池密封性不强，粪便有泄漏

D. 病死猪的随意处理，病原体传播

E. 化学饲料，兽药等添加剂的使用

F. 其他（　　）

18. 猪舍的修建是否考虑污染控制设施方面？

A. 是　　　　B. 否

19. 您的猪场对防治猪瘟所采取的措施？

A. 隔离处理　　　　B. 接种疫苗

C. 经常消毒　　　　D. 检验清群　　　　E. 其他（　　）

20. 是否因为养殖与周围居民发生过争议？

A. 是　　　　　　　B. 否

21. 猪场距离

居民点____米；河流____米；公路____米；其他养殖场____米；有机化肥厂____米；种植农田____米。

22. 是否有标准沼气池？

A. 是　　　　　　　B. 否

23. 是否请人专门清理沼气池？

A. 是　　　　　　　B. 否

24. 清理吸粪液池频率大约是？

A. 一周 1 次　　　　B. 一月 1 次

C. 3 月 1 次　　　　D. 半年 1 次

E. 1 年 1 次　　　　F. 其他（　　）

25. 猪粪的最终去向？

A. 浇灌自家果园　　B. 浇灌周边农田果园

C. 直接排入沟渠　　D. 留在污水池

26. 周围农户使用猪粪的积极性？

A. 非常低　　　　　B. 比较低

C. 一般　　　　　　D. 比较高

E. 非常高　　　　　F. 不清楚

27. 本厂是否因为污染问题受到过处罚？

A. 有　　　　　　　B. 无

28. 若因为污染问题受到处罚，其原因是？（27 题选 B，则忽略此题）

A. 未建立沼气池　　B. 粪便随意排放　　　C. 其他（　　）

29. 在清除猪舍粪便的环节，您采用哪些方法？

A. 干清粪工艺　　　B. 水冲粪工艺

C. 水泡粪工艺　　　D. 其他（　　）

30. 猪瘟过后的扑杀方式处理？

A. 就地掩埋　　　　B. 焚烧　　　　　　　C. 其他（　　）

问卷三：非洲猪瘟污染防控问题调查问卷

调查日期______　　问卷编号______

亲爱的朋友：

你们好！

此次来访是希望通过你们了解本村非洲猪瘟疫情的污染防控情况，您所提供的信息对我们有着非常宝贵的研究价值，填写问卷不会对你们有任何影响，希望你们能配合我们如实填写，感谢您的真诚合作！

一、村落养殖户的基本情况

1. 你们村有多少个生猪养殖户：______

2. 村里养猪户的主要养殖模式是

A. 规模养猪场　　B. 养猪专业户　　C. 散户饲养

3. 你们村养殖的生猪有没有遭受到非洲猪瘟病毒的感染：

A. 有　　B. 没有

4. 受到非洲猪瘟感染的养殖户占村里养猪户的比例

A. 30%以下　　B. 30%～49%

C. 50%～80%　　D. 80%以上

5. 村里的生猪养殖户主要通过哪种方式饲喂生猪：

A. 泔水饲喂　　B. 饲料饲喂　　C. 粮食饲喂

二、养殖户对非洲猪瘟的认识了解情况

6. 你们是如何了解到非洲猪瘟病毒的：

A. 乡邻、亲友　　B. 网络媒体

C. 电视新闻　　D. 政府宣传

7. 你们清楚感染了非洲猪瘟病猪的发病特征么：

A. 清楚　　B. 不清楚

8. 作为养猪场户，你们了解非洲猪瘟的传播途径吗：

A. 非常了解　　B. 只知道一些　　C. 不了解

9. 下列哪些非洲猪瘟病毒传播途径是你所知悉的：

A. 生猪及其产品跨区域调运

B. 餐厨剩余物喂猪

C. 人员与车辆带毒传播

D. 野猪迁徙

10. 你们村饲养的生猪是如何感染到非洲猪瘟的：

A. 生猪及其产品跨区域调运

B. 餐厨剩余物喂猪

C. 人员与车辆带毒传播

三、非洲猪瘟病毒的污染防控情况

11. 村里的养殖户是如何处理生猪粪便的

A. 露天堆弃　　B. 填埋堆肥

C. 还田　　　　　　　D. 制造沼气

12. 有没有针对非洲猪瘟做出防疫措施：

A. 有　　　　　　　B. 没有

13. 具体做了哪些防疫措施：

---

14. 你们所养殖的小猪仔来源是：

A. 自养自销　　　　　B. 外部引种

15. 对于引种的猪仔有没有进行隔离观察：

A. 有　　　　　　　B. 没有

16. 村里养殖的生猪是否会跨区域运输：

A. 经常　　　　　　B. 偶尔　　　　　　C. 几乎没有

17. 场外人员与车辆进出村落时有没有进行排查消毒：

A. 有　　　　　　　B. 没有

18. 有没有对养殖场进行定期的杀菌消毒处理：

A. 有　　　　　　　B. 没有

19. 杀菌消毒的频率是怎样的：

A. 1～2 次/月　　　　B. 3～4 次/月

C. 5～6 次/月　　　　D. 7～8 次/月

20. 对于发生疫情的病猪具体是怎么处理的：

A. 露天丢弃　　　　B. 自行填埋　　　　C. 交由专业人员处理

21. 村里有没有针对非洲猪瘟建立卫生防疫站

A. 有　　　　　　　B. 没有

22. 村里有没有建立标准化的新型养殖场

A. 有　　　　　　　B. 没有

23. 发生非洲猪瘟疫情时有没有及时上报当地有关部门：

A. 有　　　　　　　B. 没有

24. 村里的感染病猪是否有相关部门的工作人员进行扑杀和填埋：

A. 有　　　　　　　B. 没有

25. 有没有相关防疫部门的人员来为村里的养殖户宣讲污染防控知识：

A. 有　　　　　　　B. 没有

26. 政府的相关部门有没有对非洲猪瘟进行督查管控：

A. 有　　　　　　　B. 没有

27. 相关部门对非洲猪瘟进行督查管控的力度如何：

A. 及时防治，监察到位

B. 防控不及时，不能有效解决问题

C. 不作为

28. 村里进行的一系列防范和污染治理措施效果如何：

A. 效果显著，明显减少了疫情传播

B. 有一定的效果，但作用不明显

C. 完全没有看到效果

问卷四：对非洲猪瘟的防治及污染情况的调查

您好！我们正在进行一项关于对非洲猪瘟防治及污染情况的调查，问卷采取匿名形式，且无对错之分，问卷内容以及数据仅用于相关研究，您可放心作答，谢谢！

一、基本信息

1. 您的性别？

A. 男　　　　B. 女

2. 您的年龄__________

3. 您居住在__________

A. 农村　　　　B. 城市

4. 您家里是否饲养有生猪？或您是否从事生猪养殖工作？

A. 家里散养　　　　B. 养殖场养猪

C. 不养　　　　D. 其他________

5. 您最早听说非洲猪瘟是什么时候？

A. 没听说过　　　　B. 听说过，刚出现时就知道

C. 后期才知道

6. 您了解什么是非洲猪瘟吗？

A. 非常了解　　　　B. 了解

C. 一般　　　　D. 知道一点　　　　E. 不了解

二、防治及污染情况

7. 您家里/厂里的生猪是否感染了非洲猪瘟？

A. 已有生猪感染了非洲猪瘟

B. 生猪没有感染

C. 暂时还不清楚是否感染

D. 其他_________

8. 如果您家里的生猪感染了非洲猪瘟，您会怎么做？

A. 及时上报给有关部门

B. 自行处理

C. 其他________

9. 您身边的农户或养殖场出现非洲猪瘟时，他们如何处理？

A. 及时上报给有关部门

B. 自行处理

C. 其他__________

10. 您居住当地是否设有卫生防疫站？

A. 有　　　　B. 不清楚

C. 没有　　　　D. 其他_________

11. 您知道非洲猪瘟可通过哪些途径来传播？（多选）

A. 交通工具　　　　B. 人员往来

C. 猪产品等传播　　　　D. 养猪饲料传播

E. 自然生物传播　　　　F. 餐厨废弃物喂食

G. 其他___________

12. 您所了解的防治非洲猪瘟的处理方法有哪些？（多选）

A. 焚烧法　　　　B. 深埋法

C. 化制法　　　　D. 高温法

E. 硫酸化解法

13. 在得知非洲猪瘟传入时，您会采取什么样的措施预防感染？（多选）

A. 不会采取相关措施

B. 定期给猪舍清洗消毒

C. 避免使用餐厨废弃物喂食

D. 避免生猪与外界感染物体接触

E. 其他_________

14. 以下哪种不是非洲猪瘟的流行传播方式？

A. 野猪—野猪　　　　B. 牛—家猪

C. 野猪—蜱　　　　D. 猪—蜱

15. 哪种昆虫可以传播非洲猪瘟病毒？

A. 蜜蜂　　　　B. 蚊子　　　　C. 苍蝇

D. 疥螨　　　　E. 蜱虫

16. 根据非洲猪瘟疫情的性质、危害程度和涉及范围，将非洲猪瘟疫情划分为哪三级？（多选）

A. 特别重大（Ⅰ级）疫情

B. 重大（Ⅱ级）疫情

C. 较大（Ⅱ级）疫情

D. 一般（Ⅳ级）疫情

17. 您认为非洲猪瘟会感染牛、羊吗？

A. 不会　　　　　　B. 会

18. 如果您看到有人将患有非洲猪瘟的死猪随意丢弃，您会？

A. 及时制止

B. 向有关部门反应

C. 觉得并无不妥

D. 心里知道这种做法不对，但不会采取任何措施干涉

E. 其他________

19. 您认为随意丢弃患有非洲猪瘟的死猪会对环境造成什么样的污染？

A. 污染土壤　　　　B. 污染水源

C. 污染空气　　　　D. 其他________

三、政府防治的相关措施

20. 您居住地的当地政府是否针对非洲猪瘟颁布了相关的文件或解决措施？

A. 有　　　　　　　B. 没有

21. 您所居住当地政府施行的措施实施效果如何？

A. 效果很大　　　　B. 效果一般

C. 没有什么效果　　D. 其他________

22. 在目前非洲猪瘟盛行的情况下，您是否能理解目前的封场政策及措施？

A. 可以理解　　　　B. 不能理解

23. 在得知有关部门对非洲猪瘟的有关管理措施后，您是否会遵从有关部门的管理？

A. 会　　　　　　　B. 有的地方会，有的不会

C. 不会　　　　　　D. 其他_______

24. 在遭受非洲猪瘟后，当地政府是否放开了关于养猪的环保政策？

A. 放开了相关环保政策

B. 不清楚

C. 没有放开

D. 环保政策更加严格

E. 其他___________

25. 防控非洲猪瘟，重点是做好猪群饲养管理，做到“五要四不要”。其中“五要”指的是？（多选）

A. 要减少场外人员和车辆进入猪场

B. 要对人员和车辆入场前彻底消毒

C. 要对猪群实施全进全出饲养管理

D. 要对新引进生猪实施隔离

E. 要按规定申报检疫

26. 防控非洲猪瘟，重点是做好猪群饲养管理，做到“五要四不要”。其中“四不要”指的是？（多选）

A. 不要使用餐馆、食堂的泔水或餐厨垃圾喂猪

B. 不要散放饲养，避免家猪与野猪接触

C. 不要从疫区调运生猪

D. 不要对出现的可疑病例隐瞒不报

四、综合问答

27. 非洲猪瘟防疫期间，您希望政府能为您提供哪些帮助和支持（请说明具体的措施和内容）？

28. 选用填埋法处理患有非洲猪瘟的死猪，对于选址地有什么要求？

29. 据您所知，在处理感染有非洲猪瘟的生猪时，应该注意哪些事项？

30. 针对非洲猪瘟的防治以及污染，您是否具有更好的意见和建议？

问卷五：环境污染与非洲猪瘟

亲爱的被调查者：

您好！

为了全面了解和分析环境污染与猪瘟之间的相互影响，我特地组织了这次问卷调查，非常感谢您对这次调查的参与。此次问卷信息和结果，非本人同意不得外泄，请各位放心如实作答。关于问卷，请各位根据自己所了解的实际情况，在每个问题所给出的答案中选择一个或者多个，或者在“__________”填写。

衷心感谢您的支持与协作！

1. 请问您的姓名？

____

2. 您的年龄是（　　）

A. 25 岁以下　　B. 26 ~ 35 岁

C. 36 ~ 45 岁　　D. 46 ~ 55 岁　　E. 55 岁以上

3. 您的职业是

____

4. 您有听说过非洲猪瘟（下文简称“猪瘟”）吗？

A. 有　　B. 没有

5. 您对猪瘟了解多少呢？

A. 不了解，只是听到过名字

B. 了解得不多

C. 很了解

6. 请说说您对猪瘟的了解和看法

____

7. 您家有饲养猪吗？

A. 有　　B. 没有

8. 您家或者是邻居家养的猪有感染猪瘟的吗？

A. 有　　B. 没有

9. 请问当猪被感染上猪瘟后，乡邻是如何处理的呢？

A. 食用　　B. 售卖　　C. 就地掩埋

10. 您觉得您家猪是怎么感染上猪瘟的呢？

____

11. 您觉得家猪被感染上猪瘟与家猪的生长环境有关吗？

A. 有关　　B. 有关系，但不大　　C. 无关

12. 您家有定期清理猪舍吗？

A. 偶尔　　B. 经常清理，但不定时

C. 定时清理

13. 您家猪舍定期消毒和杀虫吗？

A. 从未　　B. 偶尔　　C. 定期

14. 您家猪有定期消毒杀虫吗？

A. 从未　　B. 偶尔　　C. 定期

15. 您家生猪有定期体检和进行疾病预防吗？

A. 从未　　　　B. 偶尔　　　　C. 定期

16. 您家生猪有按期进行疫苗注射吗?

A. 没有　　　　B. 偶尔会注射　　　　C. 按期

17. 您和乡邻对已感染上猪瘟的病猪是如何处理的?

____

18. 您家病猪被处理以后,您和乡邻们有对猪舍进行彻底的清理和消毒吗?

A. 有　　　　B. 没有　　　　C. 只做简单地清理和打扫

19. 您家病猪被处理后,您和乡邻是否有处理被病猪接触的食物和水之类的物品?

A. 有　　　　B. 没有　　　　C. 简单地处理

20. 在病猪被处理后,您和乡邻可有意识到一切被病猪接触的物品都有可能成为传染源?

A. 有　　　　B. 没有

21. 如果您充分的了解猪瘟的传播途径，您会怎么做?

____

22. 您所在的乡政府、村委可有宣传或者要求执行关于如何处理病猪的处理方式?

A. 有　　　　B. 没有　　　　C. 有，但力度不大

23. 如果您了解到猪瘟并不会传染给人，您会怎么处理病猪?

____

24. 您在了解猪瘟不会传染给人后,您还愿意支持政府关于病猪的处理方式吗?

____

25. 政府对猪瘟是严阵以待,防备和处理都做得严谨无比,您认为有必要吗?

____

26. 您认为猪瘟最后会污染环境吗?

A. 会　　　　B. 不会

27. 您认为是环境污染对猪瘟的影响大还是猪瘟对环境污染的影响大,为什么?

____

28. 您认为环境污染对猪瘟有多大影响呢?

____

29. 您认为猪瘟肆虐对环境有多大的威胁?

____

30. 您认为政府对关于猪瘟的知识宣传和普及力度如何？

问卷六：关于猪瘟背后污染防治的问卷调查

您好，现在调查您对非洲猪瘟与污染防治的看法，此问卷只用于统计分析，不做他用，请放心填写，谢谢！

1. 您的性别是？

A. 男　　B. 女

2. 您的年龄多大？

A. 18 岁以下　　B. 18 ~ 35 岁

C. 35 ~ 50 岁　　D. 50 岁以上

3. 您现在的职业是？

A. 学生　　B. 公司职员

C. 公务员　　D. 其他

4. 您对非洲猪瘟了解吗？

A. 从未听说　　B. 只听说过，不了解

C. 了解基本的状况　　D. 知道具体症状以及防治措施

5. 您觉得从哪个渠道了解到非洲猪瘟的消息是最有效的？

A. 电视新闻　　B. 网络媒体

C. 社会宣传　　D. 自主学习

6. 您认为非洲猪瘟的肆虐与环境污染有关吗？

A. 几乎没有　　B. 有一定关系

C. 有很大关系　　D. 环境污染是直接原因

7. 如果在知道非洲猪瘟与环境污染有关的情况下，会对您食用猪肉产生影响吗？

A. 影响很大，减少食用

B. 影响一般，还会食用

C. 没有影响

8. 您觉得养猪对环境的污染大吗？

A. 不大　　B. 一般

C. 很大　　D. 不知道

9. 您认为污染防治不到位的主要原因是什么？

A. 政府管理不到位

B. 养殖户的卫生意识差

C. 缺少资金，基础设施不完善

D. 防护宣传力度不够

10. 据您所知，养殖户对猪造成的污染处理如何？

A. 经过绿色处理很安全

B. 不重视，效果一般

C. 效果很差

D. 不知道

11. 如果发现养殖户对污染的处理不当，您是否会通知他？

A. 会　　B. 不会

12. 您认为当地养殖场的防治措施如何？

A. 很好　　B. 一般　　C. 糟糕

13. 您觉得养殖场的消毒应该多久一次？

A. 每天 1 次　　B. 3 ~ 4 天一次

C. 每周 1 次　　D. 每月 1 次

14. 您觉得养殖场的工作人员应该如何提高污染防治意识？

A. 开设专业的班级授课

B. 请有经验的专业指导防治

C. 多关注关于猪瘟的新闻报道

15. 您对常见的猪的传染病了解多少？

A. 完全不知道　　B. 了解 1 ~ 2 种

C. 了解 3 ~ 4 种　　D. 了解 4 种以上

16. 您知道如何防治这些传染病吗？

A. 不知道　　B. 会一些基本的防治手段

C. 知道正确的处理方式

17. 您对猪的疫苗了解多少？

A. 了解一些基本种类

B. 了解并会合理运用

D. 不了解

18. 您认为如果猪感染了非洲猪瘟应该如何做？

A. 埋杀处理　　B. 隔离处理

C. 上报相关部门　　D. 停止养殖

19. 您觉得非洲猪瘟是否会对人体产生影响？

A. 是　　B. 否

20. 您觉得非洲猪瘟主要靠什么方式传播？

A. 呼吸　　　　B. 饮水　　　　C. 撕咬打闹　　　　D. 繁殖

21. 对于相关部门对瘟猪的处理，您认为合理吗？

A. 合理　　　　B. 不合理　　　　C. 不知道

22. 您认为政府的实行哪项措施最符合您的心意？

A. 加强管理人员的卫生培训

B. 改善养殖场的周边环境

C. 建议污染防治的赏罚机制

23. 对于设立污染的赏罚机构，您怎么看？

A. 赞成，对于养殖人员应该有赏有罚

B. 不赞成，约束力太小，只会做表面工作

C. 不清楚

24. 假如您或您的亲人因污染问题被罚了款，您会怎么做？

A. 主动或者劝别人直接交款

B. 认真反省时候好好学习

C. 加强对环境的管理

25. 如果条件允许，您是否会去参加污染治理方面工作？

A. 是，有时间会去做公益性的工作

B. 否，不喜欢这样的在环境的工作

26. 如果您作为养殖场的负责人，您会如何发展？

27. 您对于污染防治还有其他建议吗？

28. 对于政府政策的执行有什么看法？

29. 您对贩卖猪肉有什么建议？

30. 从猪瘟这件事中，您对我们当前的环境问题有什么想法？

附录 G　非洲猪瘟的影响调查——政策类

问卷一：关于猪瘟政策工作方面的调查问卷

尊敬的女士/先生：

您好！

我现在在做一个关于政府对猪瘟政策方面的调查，本问卷无关对错，所以您在填写问卷的时候可根据真实情况填写，敬请放心，回答结果保密，感谢您的参与与支持。

1. 请问你的年龄是？

A. 10 ~ 25 岁 B. 26 ~ 35 岁

C. 36 ~ 45 岁 D. 45 岁以上

2. 你的性别?

A. 男 B. 女

3. 您居住在?

A. 城市 B. 农村

4. 您的学历?

A. 大学及以上 B. 高中

C. 初中 D. 小学及以下

5. 你知道非洲猪瘟的爆发吗?

A. 知道 B. 不知道 C. 了解一点点

6. 你觉得猪肉涨价幅度大吗?

A. 大 B. 小 C. 不了解

7. 猪肉价格对你有影响吗?

A. 有 B. 没有 C. 一点点

8. 猪肉涨价后你的选择是?

A. 不买 B. 没有变化 C. 买其他肉

9. 你觉得猪肉在短时间能恢复吗?

A. 能(转至第 10 题)

B. 不能(转至第 11 题)

10. 你觉得恢复的原因是什么?

A. 政府工作得当 B. 市场调节 C. 不知

11. 你觉得不能恢复的原因是什么?

A. 政府不作为 B. 不知道

12. 你认为政府工作负责吗?

A. 负责 B. 不负责 C. 一般

13. 政府在猪瘟上对你有过帮助吗?

A. 有(转至第 14 题)

B. 没有(转至第 15 题)

C. 一点点

14. 帮助是你需要的吗?

A. 是 B. 不是 C. 有些是

15. 没有的原因是什么?

A. 不需要 B. 政府工作不负责

16. 帮助中哪方面更多？

A. 钱　　B. 技术　　C. 其他

17. 你最希望得到什么帮助？

A. 钱　　B. 技术　　C. 其他

18. 当你遇到问题，会找政府帮忙吗？

A. 会　　B. 不会

19. 政府发文件时，你看得懂吗？

A. 懂　　B. 不懂

20. 不明白时你会做什么？

A. 不管　　B. 查资料　　C. 问人

21. 在政府宣传时，你喜欢用什么方式？

A. 文件　　B. 亲口

22. 你会主动了解政府吗？

A. 会　　B. 不会　　C. 偶尔

23. 政府发文件，你会看吗？

A. 会　　B. 不会　　C. 偶尔

24. 关心政府政策吗？

A. 关心　　B. 不关心

25. 遇到猪瘟问题会向政府寻求帮助吗？

A. 会　　B. 不会

26. 你会做相应措施面对下次猪瘟吗？

A. 会　　B. 不会

27. 你会向政府提出意见吗？

A. 会　　B. 不会

28. 你用什么方式了解猪瘟的？

A. 聊天　　B. 电视

29. 你对政府此次防治猪瘟的做法满意吗？

A. 满意　　B. 不满意

30. 您认为政府应该做什么防止猪瘟的下一次到来？

A. 宣传力度增加

B. 加强对外来猪的流入的控制

C. 让养猪场做好防治措施

问卷二：非洲猪瘟及其衍生的补贴政策对养猪产业的影响

您好，感谢您能阅读我们的问卷。这份调查问卷主要是为了了解非洲猪瘟及其衍生的补贴政策对养猪产业的影响，希望您能如实填写，反映真实情况即可。非常抱歉占用您宝贵的时间，感谢您的配合。

一、养殖户

1. 你的年龄是

A. 20 岁以下　　B. 20 ~ 29 岁　　C. 30 ~ 39 岁

D. 40 ~ 49 岁　　E. 50 岁以上

2. 你的学历

A. 小学　　B. 中学　　C. 专科

D. 本科　　E. 本科及以上

3. 你了解猪瘟的致病原因和传播途径吗

A. 是　　B. 否　　C. 了解一点

4. 这次猪瘟给你带来的经济损失有多大

A. 很大　　B. 一般大　　C. 较小

5. 你的猪肉售卖价格每斤为

A. 20 元以下　　B. 20 ~ 29 元　　C. 30 元以上

6. 你对针对这次猪瘟的补贴政策了解多少

A. 比较了解　　B. 完全了解　　C. 不怎么了解

7. 补贴政策挽回了你几成的损失

A. 1 ~ 3 成　　B. 3 ~ 6 成

C. 6 ~ 9 成　　D. 全部挽回

8. 补贴政策是否加强了你以后继续养殖的动力

A. 是　　B. 否

9. 与正常时期相比，猪肉的售卖情况如何

A. 差不多　　B. 较为难卖　　C. 较为好卖

10. 你以后继续养猪的可能性大吗

A. 不大　　B. 大

11. 您希望补贴政策能有哪些改进__________________

二、普通市民

1. 你的性别

A. 男　　B. 女

2. 你的月收入为

A. 3000 元以下　　B. 3000 ~ 4999 元　　C. 5000 ~ 6999 元
D. 7000 ~ 8999 元　　E. 9000 元以上

3. 你平时选择的就餐方式是
A. 在家做饭　　B. 外卖或餐馆
C. 公司（学校）食堂　　D. 其他________

4. 你对这次猪瘟的补贴政策了解多少
A. 不了解　　B. 了解一点　　C. 很了解

5. 此次猪瘟及其补贴政策发布后你会有养猪的想法或者向身边的创业者推荐吗
A. 会　　B. 不会

6. 请问你平时主要吃什么肉
A. 猪肉　　B. 牛羊肉　　C. 鸡鸭肉
D. 鱼肉等海鲜类　　E. 不吃肉

7. 你一般从哪里购买猪肉
A. 菜市场　　B. 超市　　C. 屠宰场
D. 网购　　E. 其他_______

8. 你在购买猪肉时主要关心（多选）
A. 价格　　B. 肉质及口感
C. 周围环境　　D. 生产日期及保质期
E. 产地　　F. 安全
G. 其他________

9. 你现在购买的猪肉为多少钱一斤
A. 10 ~ 20 元　　B. 20 ~ 30 元　　C. 30 元以上

10. 你是否会由于猪瘟而少吃猪肉
A. 是　　B. 否
C. 主要是价格原因

11. 你更偏向于买哪种猪肉
A. 热鲜猪肉　　B. 冷鲜肉　　C. 冷冻肉
D. 常温肉　　E. 无所谓

12. 你附近有走私猪肉的情况吗
A. 有　　B. 没有　　C. 没注意

三、商户

1. 你的性别
A. 男　　B. 女

2. 你对这次猪瘟及有关政策了解多少

A. 了解一点　　B. 比较了解　　C. 完全了解

3. 你对未来猪价预期如何？

A. 还会上涨　　B. 趋于稳定

C. 会下降　　D. 不晓得

4. 你认为猪肉质量安全问题可能会发生在什么环节（多选）

A. 养殖过程　　B. 屠宰、冷冻过程

C. 运输和批发零售　　D. 加工过程　　E. 其他________

5. 你是否认为猪肉走私和非洲猪瘟有关系

A. 有　　B. 没有　　C. 不清楚

6. 与正常时期相比，猪肉供应有什么不同

A. 少很多　　B. 少了一点

C. 差不多　　D. 多了

7. 与正常时期相比，盈亏情况如何

A. 差不多　　B. 更少了

C. 更多了　　D. 不稳定

8. 你的进货渠道的变化

A. 变多了　　B. 变少了　　C. 差不多

9. 你周围商户的猪肉售卖价格为

A. 20 元以下　　B. 20 ~ 29 元　　C. 30 元以上

10. 你售卖的肉类中哪种肉更好卖

A. 猪肉　　B. 牛羊肉

C. 鸡鸭肉　　D. 其他________

问卷三：非洲猪瘟入侵后贵州省内的政策调整调查问卷

您好！为了更好地了解非洲猪瘟入侵后贵州省内的相关政策调整，我们制作了这份调查问卷，希望能够得到您的理解和配合。您的回答无关对错，只需表达您的真实想法，您的问卷我们也会保密。

调查对象：相关政策的执行人员、养殖户

一、相关政策的执行人员

1. 您的工作单位及职务：________________________________

2. 您在非洲猪瘟防治工作中主要负责：________________________

3. 请简要介绍一下您负责工作的相关政策：________________________

4. 您对你所负责工作的相关政策是否了解？（　　）

A. 非常了解　　　　B. 了解

C. 不太了解　　　　D. 不了解

5. 该政策是什么时候进行调整的：________________

6. 对比以前，政策调整了哪些方面：________________

7. 您觉得政策调整的力度是否加大？为什么？______________

8. 农户对相关政策的了解程度是否增加？________________

9. 在政策执行过程中，养殖户或消费者是否支持工作？（　　）

A. 非常支持　　　　B. 支持　　　　C. 无所谓

D. 不太支持　　　　E. 不支持

10. 现在政策执行的情况如何？（　　）

A. 非常好　　　　B. 好　　　　C. 一般

D. 不太好　　　　E. 不好

11. 政策调整后非洲猪瘟是否得到了有效的控制？（　　）

A. 是　　　　B. 否

12. 在非洲猪瘟得到有效控制之后，政策是否会继续执行？（　　）

A. 会　　　　B. 不会

13. 政策还会进行调整吗？（　　）

A. 会　　　　B. 不会　　　　C. 不知道

若 13 题选择“会”，请回答：

14. 政策会进行哪些调整？________________

15. 您觉得现行政策对比原来的政策有哪些方面做得比较好（差）？____

16. 您觉得政策还应该对哪些方面进行调整？______________

17. 您对现在调整后的政策有什么意见或建议？______________

二、养殖户

1. 您的年龄：

2. 您的性别：

3. 您的学历：

4. 您的养殖场位于（　　）

A. 农村　　　　B. 乡镇

C. 县城　　　　D. 城市

5. 您的养殖场属于（　　）

A. 大型养殖场　　　　B. 中型养殖场

C. 小型养殖场　　　　D. 私人养殖户

6. 在生猪养殖中您一般采用（　　）进行喂养？（多选）

A. 泔水　　B. 熟料稀喂

C. 生料湿喂　　D. 生料干喂

7. 您对非洲猪瘟是否了解（　　）

A. 非常了解　　B. 了解

C. 不太了解　　D. 完全不了解

8. 您对现在贵州省相关的政策调整是否了解（　　）

A. 非常了解　　B. 了解

C. 不太了解　　D. 完全不了解

9. 政府部门在非洲猪瘟爆发后都采取了哪些措施？（　　）（多选）

A. 进行防治非洲猪瘟相关知识的宣讲

B. 加强对疫情的预防

C. 及时处理已经感染非洲猪瘟的生猪

D. 严格把控生猪进入市场

E. 禁止生猪跨市跨省调运

F. 其他

10. 您家的猪有被传染到非洲猪瘟吗？（　　）

A. 有　　B. 没有

若 10 题选择“有”，请回答这个问题：

在猪感染到非洲猪瘟后，您是怎么处理的？政府部门是否有进行处理？

11. 您是否支持政策调整？（　　）

A. 非常支持　　B. 支持　　C. 无所谓

D. 不太支持　　E. 不支持

12. 您觉得政策调整的力度大不大？（　　）

A. 大　　B. 不大　　C. 没什么变化

13. 您认为政策调整对非洲猪瘟的防治效果主要体现在哪个方面？

14. 在现有的政策中，对您影响最大的政策是哪个？为什么？

15. 您觉得还有必要对现在的政策进行调整吗？（　　）

A. 非常有必要　　B. 有必要

C. 没有必要　　D. 无所谓

16. 您对政策调整有什么意见或者建议？

问卷四：关于非洲猪瘟期间政策调整的调查问卷

你好！为了了解非洲猪瘟期间政策的实施情况，我们想向您了解一些信息。我们保证所有的信息都用于研究，不会有其他的用途。希望您能在百忙之中抽出一点时间来配合一下我们。

1. 你养殖的生猪数量有________头，其中小猪______头，病猪______头。

2. 你的年龄（　　）岁。

3. 你养了（　　）年猪。

4. 你对非洲猪瘟了解吗？

A. 了解　　B. 不了解

5. 你知道非洲猪瘟在中国最先从哪里爆发吗？

A. 知道　　B. 不知道

6. 你觉得非洲猪瘟是人畜共患病吗？

A. 是　　B. 不是

7. 在非洲猪瘟爆发的状态下，你家里是否减少猪肉的食用？

A. 没变　　B. 减少一部分　　C. 完全不吃

8. 在非洲猪瘟疫情严重的情况下，你是否愿意吃猪肉？

A. 愿意　　B. 不愿意　　C. 无所谓

9. 你在的地方有非洲猪瘟疫情出现吗？

A. 听说有　　B. 确定有　　C. 没有

10. 你知道如何辨别非洲猪瘟吗？

A. 知道　　B. 不知道

11. 你养猪的目的是什么？

A. 获利　　B. 食用

C. 两者都有　　D. 其他

12. 你知道当地政府关于非洲猪瘟的政策吗？

A. 知道　　B. 不知道

13. 你知道关于当地政府处理病死猪的程序吗？

A. 知道　　B. 不知道

14. 你知道当地政府处理病死猪的地方吗？

A. 知道　　B. 不知道

15. 你一般如何处理病死猪？

16. 在非洲猪瘟未确定解除前你还会养猪吗？

A. 会　　B. 不会

17. 你了解养猪的补贴标准吗？

A. 了解　　B. 不了解

18. 你知道政府为控制疫情而扑杀生猪的补偿吗？

A. 知道　　B. 不知道

19. 你觉得这个补偿合理吗？

A. 合理　　B. 不合理　　C. 不知道

20. 国家的养猪补贴对你的养猪有帮助吗？

A. 有　　B. 没有

21. 你有用剩菜剩饭喂猪吗？

A. 有　　B. 没有

22. 你有给猪舍消毒吗？

A. 有　　B. 没有

23. 如果有，你多久消一次毒？

24. 你一般用什么消毒？

25. 如果你的猪得病，你会花钱去检查吗？

A. 会　　B. 不会

26. 你了解一般的猪疫病吗？

A. 了解　　B. 不了解

27. 你知道如何防治吗？

A. 知道　　B. 不知道

28. 猪肉价格的上涨对你养猪是否有影响？

A. 有　　B. 没有

附录 H　非洲猪瘟的影响调查——其他类

问卷一：非洲猪瘟对我国猪瘟疫病防控水平的影响

亲爱的被调查者：

您好！

为了全面地了解非洲猪瘟影响下我国猪瘟防控水平的变化，我们组织了这次调查问卷，本次调查结果只用于学习研究，非经本人同意，绝不泄密，您只需要根据自己实际所知，在每个问题所给出的几个答案中选择一个或者多个合适的答案，或者在空白横线处填写。

衷心感谢您的支持和协助！

一、个人信息

1. 您的性别是：

2. 您的年龄是：

3. 您的学历是（　　）

A. 小学及以下　　B. 初中

C. 高中及以上　　D. 其他

4. 请问您的职业是（　　）

A. 农民　　B. 工人

C. 教师　　D. 其他

5. 请问您是城镇户口还是农村户口？

A. 城镇　　B. 农村　　C. 其他

6. 请问您的家庭月收入大约是（　　）

A. 2000 以下　　B. 2000 ~ 3000　　C. 3000 以上

二、对非洲猪瘟的了解情况

1. 请问您知道非洲猪瘟吗？（　　）

A. 知道　　B. 不清楚

2. 请问非洲猪瘟可以通过空气传播吗？（　　）

A. 对　　B. 错

3. 非洲猪瘟病毒在 60 °C 就灭活吗？（　　）

A. 对　　B. 错

4. 非洲猪瘟会传染人吗？（　　）

A. 不会　　B. 会

5. 非洲猪瘟的传染源有：

A. 野猪　　B. 家猪

C. 剩菜剩饭　　D. 寄生虫

E. 其他

6. 非洲猪瘟能从被感染猪的血液、组织液、内脏以及其他排泄物中检验出来？

A. 对　　B. 错

7. 非洲猪瘟主要的传播媒介是蜱？

A. 对　　　　　　　　B. 错

8. 您觉得非洲猪瘟对人们日常生活有影响吗？

A. 有影响　　　　　　B. 没有影响

9. 受非洲猪瘟的影响，目前市场上的猪肉价格（　　），有何变化（　　）？

10. 市场上其他猪肉替代品价格有变化吗？

A. 有　　　　　　　　B. 没有

11. 您会像往常一样放心大胆地购买猪肉吗？（　　）

A. 会　　　　　　　　B. 不会

12. 您认为受非洲猪瘟的影响，市场上的猪肉安全吗？（　　）

A. 安全　　　　　　　B. 不安全

14. 您周围是否还有规模养殖的养猪场或者小型养殖户？（　　）

A. 有　　　　　　　　B. 没有

15. 您周围的养猪场或者小型养殖户数量在非洲猪瘟影响下是否有变化？

A. 大幅度减少　　　　B. 目前全部倒闭

C. 没有变化　　　　　D. 其他：

三、对非洲猪瘟防控技术情况的了解

1. 您了解非洲猪瘟疫病防控技术吗？（　　）

A. 有了解　　　　　　B. 非常清楚　　　　　C. 完全不知

2. 您知道您身边有专业的猪瘟防治医务人员或者检测设备吗？（　　）

A. 有　　　　　　　　B. 没有

C. 不清楚　　　　　　D. 其他：

3. 养殖场会定期检查猪瘟疫病吗？

A. 会　　　　　　　　B. 不会

4. 您觉得养猪户应该定期检查猪的身体情况，进行疫病防控吗？（　　）

A. 应该　　　　　　　B. 不需要　　　　　　C. 其他：

5. 养殖户采用的饲喂设施一般有哪些？

A. 传统饲槽　　　　　B. 半自动饲养装备　　C. 其他：

6. 如果养殖场发生非洲猪瘟，您会如何处理呢？

7. 您认为当前我国猪瘟防控技术如何？（　　）

A. 较好　　　　　　　B. 一般　　　　　　　C. 很差

8. 您目前知道有哪些猪瘟防控技术？

9. 在没有发生非洲猪瘟的国家，主要是严格防控非洲猪瘟从境外传入本国？

A. 对　　B. 错

10. 在正在发生非洲猪瘟的国家，主要是划定感染区与受威胁区处理感染猪？

A. 对　　B. 错

11. 在受影响国家或者地区，具体有哪些防控方法？（多选）

A. 进口检疫　　B. 边境控制　　C. 泔水控制

D. 猪群控制　　E. 其他

12. 我国主要根据世界动物卫生组织（OIE）框架的风险评估进行非洲猪瘟风险评估？

A. 对　　B. 错

13. 我国地理学家李小文院士提出了非洲猪瘟防控“时空邻近度”？

A. 对　　B. 错

14. 2019 年非洲猪瘟防控技术论坛在武汉华美达大酒店举办？

A. 对　　B. 错

15. 您认为目前我国非洲猪瘟防控技术有什么不足？

16. 您觉得在非洲猪瘟影响下，我国猪瘟防控技术是否有提高？

17. 针对目前我国非洲猪瘟的影响,您对我国猪瘟防控技术有什么建议？

问卷二：关于调查浅析猪肉走私与非洲猪瘟的相关问卷

您好！为了调查关于猪肉走私和非洲猪瘟的一些情况，恳请您在百忙之中抽空参与本次问卷的如实填写。此问卷仅用于学术研究，不用作其他用途，不会泄露您的个人隐私。感谢您的支持与配合！

一、个人基本情况

1. 您的性别？

A. 男　　B. 女

2. 您的年龄为？

A. 20 岁以下　　B. 20 ~ 29 岁　　C. 30 ~ 39 岁

D. 40 ~ 49 岁　　E. 50 ~ 59 岁　　F. 60 岁以上

3. 您所从事的职业是？

A. 养殖场职工　　B. 个体养殖户

C. 体经营户　　D. 零售散户

E. 屠宰场职工　　F. 餐饮业相关人员
G. 超市职工　　H. 农产品专营店职工
Y. 其他__________

4. 请问您从事现在的工作有多久了？
A. 5 年以下　　B. 5 ~ 10 年　　C. 10 ~ 15 年
D. 15 ~ 20 年　　F. 20 年以上

5. 您现在的月收入大概在？
A. 5000 元以下　　B. 5000 ~ 8000 元
C. 8000 ~ 10000 元　　D. 10000 ~ 15000 元
E. 15000 ~ 20000 元　　F. 20000 元以上

二、个人消费习惯

6. 您平常在哪里就餐？
A. 职工食堂　　B. 在家自己做
C. 外卖或餐馆　　D. 其他______

7. 您平常喜欢吃猪肉吗？
A. 喜欢　　B. 不喜欢　　C. 一般

8. 您会从自己所在的工作地购买猪肉吗？
A. 经常　　B. 偶尔
C. 几乎不　　D. 看情况

9. 您和您的家人一般从什么地方购买猪肉来吃？
A. 自家生产　　B. 所在工作地经营
C. 农贸市场　　D. 流动散户
E. 超市或专营店　　F. 网购
G. 其他_______

10. 您在购买猪肉时，一般会关心哪些因素？（多选）
A. 价格　　B. 口感
C. 生产日期及保质期　　D. 包装
E. 产地　　F. 品种
G. 气味和颜色　　H. 其他______

11. 猪肉在您食用的肉类中占比如何？
A. 比重较大，经常吃猪肉
B. 比重适中，均衡肉类搭配
C. 比重较小，不太爱吃猪肉
D. 比重很小，几乎不吃猪肉

三、非洲猪瘟发生前的一些相关经营问题

12. 猪瘟发生前，您一般从哪里进货？（多选）

A. 自家生产　　B. 屠宰场

C. 私人散户　　D. 大型批发场

E. 国外进口　　F. 其他_______

13. 猪瘟发生前，您是否购买或批发过进口的猪肉？

A. 是，有过　　B. 否，没有　　C. 不清楚

14. 您是否会从一些倒卖的私人手里收购猪肉？

A. 会，经常　　B. 偶尔还是会　　C. 不会

15. 您或您的店一般选择购买哪种处理方式的猪肉？（多选）

A. 活体猪　　B. 新鲜猪肉（现杀现卖）

C. 冷冻猪肉　　D. 热鲜肉

E. 冷鲜肉　　F. 猪肉类肉制品

G. 其他_______

16. 您的店（厂）在选购猪肉时，主要看重？（多选）

A. 价格　　B. 质量　　C. 日期

D. 来源　　E. 人际关系　　F. 其他______

17. 您的供货商是否固定？

A. 固定　　B. 不固定

18. 对于市面的一些外国猪肉（进口和走私），您认为最可能来自哪个国家？

A. 欧洲国家（如俄罗斯、英国等）

B. 美洲国家（如美国、加拿大等）

C. 东亚国家（如朝鲜、韩国等）

D. 东南亚国家（如越南、缅甸等）

E. 都不太清楚，不了解上述地区

F. 其他___________

四、非洲猪瘟发生后的一些相关经营问题

19. 非洲猪瘟发生后，您的收入变化是？

A. 收入增多了　　B. 收入减少

C. 损失惨重　　D. 没多大变化

20. 非洲猪瘟发生后，您的供货商是否发生了变化？

A. 变化了，重新选择供应商

B. 有一部分发生变动

C. 几乎没有变动，还是原来的供货商

D. 不太清楚，不了解

21. 非洲猪瘟发生后，您所在工作点做过下面哪些措施？（多选）

A. 消毒、清洁　　　B. 扑杀，捕杀

C. 焚烧填埋

D. 其他无害化处理相关措施

E. 没有做过上述措施

22. 您认为非洲猪瘟是怎么传入我国及在国内传染的？（多选）

A. 野猪传染

B. 寄生虫等传播

C. 国外病猪或猪制品流入传播

D. 依附在其他物品上传播

E. 环境不卫生导致

F. 空气传播扩散

G. 基因突变

H. 有人恶意行为

Y. 其他________

23. 您认为下面哪些猪产品有携带非洲猪瘟病毒的可能？（多选）

A. 活体生猪

B. 腐烂的死猪肉

C. 冷鲜肉

D. 热鲜肉

E. 冷冻肉

F. 罐头、香肠、烟熏肉等猪肉制品

24. 您是否能通过吃分辨出过期的猪肉食品和新鲜的猪肉食品？

A. 有明显差异，还是能分辨出来

B. 口感差不多，不太能分辨出来

C. 二者吃上去没有区别

D. 不清楚，没吃过或者可能吃过了也不知道

25. 在目前猪肉涨价的情况下，您是否有进货成本高的烦恼？

A. 没有，拿货价格比较固定合适

B. 一般，但还是能接受

C. 有，拿货成本太高

D. 其他________________

26. 非洲猪瘟发生后，您进货的成本大概变动了多少？（以每斤来算）

A. 比以前的价格更低了

B. 没有太大变化，变化不明显

C. 涨价了 5 元以内

D. 涨了 5 ~ 10 元

E. 涨了 10 ~ 15 元

F. 涨了 15 ~ 20 元

G. 涨了 20 元以上

27. 您认为一些商家选择购买走私猪肉的原因是什么？（多选）

A. 价格便宜

B. 肉的品质好

C. 可以食用，做法多样

D. 种类丰富多样

E. 供应量大可以满足需求

F. 相关部门管得不严

G. 其他________

28. 您认为您的同行购买走私猪肉的情况怎么样？

A. 大多数都购买，市场潜规则

B. 少部分人购买

C. 很少有认识的同行买

D. 几乎没有听说过

29. 您认为走私猪肉在市场上流行的原因是？（多选）

A. 能够满足部分市场的需要

B. 价格便宜，消费者更容易接受

C. 吃起来口感和新鲜肉没太大差别

D. 肉的品质还可以

E. 不清楚，不了解

F. 其他_________

30. 您认为走私的猪肉和平常普通的猪肉在哪些方面会有差别？（多选）

A. 包装　　B. 价格　　C. 日期

D. 口感　　E. 品质　　F. 卫生环境

G. 检疫　　H. 气味　　Y. 颜色

J. 其他_______

31. 您认为猪肉走私和非洲猪瘟二者之间是否存在关系？

A. 有很大关系，原因是_________________（在哪方面体现）

B. 有一定关系，原因是________________（在哪方面体现）

C. 关系不大

D. 二者几乎无关

问卷三：关于非洲猪瘟前后补贴政策了解程度调查

现因非洲猪瘟来临，在这一特别时期，我们将针对关于非洲猪瘟时期农业补贴政策对您进行调查和访问，对您的打扰深表歉意，同时感谢您的配合，此次调查，你的贡献对我们非常重要。

1. 您的性别？

A. 男　　B. 女

2. 您的年龄？

A. 18 ~ 30 岁　　B. 30 ~ 50 岁　　C. 50 岁及以上

3. 您的学历？

A. 未接受过教育　　B. 小学或初中学历

C. 高中或职高　　D. 大专、本科及以上

4. 您对非洲猪瘟疫情有什么了解？

A. 不知道，不了解　　B. 听说过但不了解

C. 有一定程度的了解

5. 您是精准扶贫户吗？

A. 是　　B. 不是

6. 您是农村户口吗？

A. 是　　B 不是

7. 在非洲猪瘟疫情时期，你仍然会食用猪肉吗？

A. 会　　B. 不会

8. 猪肉涨价范围在您的可接受范围吗？

A. 可接受　　B. 不可接受

9. 您是猪肉养殖户吗？

A. 是　　B. 不是

10. 非洲猪瘟对您的养殖产业影响大吗？（若不是养殖户可跳过）

A. 没有影响　　B. 有影响，但不大　　C. 影响很大

11. 您觉得肉价上涨对于养殖户来说有什么影响？

____

12. 与正常时期相比，生猪的销售情况怎么样？

A. 没变化　　B. 下降　　C. 上升

13. 猪瘟疫情发生后，国家和地方政府有没有对养殖户新增补贴措施？

A. 有　　B. 没有

14. 现有的补贴政策力度，能否有效缓解猪瘟带来的损失？

A. 可以　　B. 略微不够　　C. 远远不够

15. 您希望中央和地方政府出台新的补贴政策吗？

A. 无所谓　　B. 希望　　C. 不希望

16. 猪瘟疫情发生后，贵州省和中央政府新增了一些补贴政策，您了解吗？

A. 没听说过　　B. 听说过，但不了解　　C. 很了解

17. 与原有政策相比，您觉得怎么样？

____

18. 您认为新的政策下发落实后，对生猪的价格影响大不大？

A. 无影响　　B. 有一些影响　　C. 影响较大

19. 您认为新的政策对生猪市场的影响是正面的还是负面的？

A. 不知道，没想过　　B. 正面　　C. 负面

20. 如果没有国家落实新的政策帮扶，您打算如何面对此次危机？

A. 借钱周转　　B. 硬抗

C. 专业　　D. 任其发展

21. 如果没有国家帮扶，您认为可以度过这次危机吗？

A. 可以，没问题　　B. 很有希望

C. 希望不大　　D. 没希望

22. 猪瘟发生后，您有过专业的想法吗？

A. 有　　B. 没有

23. 您认为猪瘟发生后，国家的应对措施怎么样？

A. 很有效　　B. 一般　　C. 效果不好

24. 这次猪瘟你有什么教训？

____

25. 您对今后的农业补贴政策有什么建议？

____

26. 您对今后的疫情防控工作有何建议？

____

27. 您更希望国家在今后的工作重点是何方面？

A. 疫情防控　　B. 产业重建　　C. 补贴挽回

28. 国家为了产业重建，出台了许多新政策，您有过了解吗？

A. 没听说过　　B. 听说过，但不了解　　C. 了解

29. 您认为以后产业重建政策是否符合当下情况？

A. 符合　　B. 一般符合　　C. 不符合

30. 您对产业重建有信心吗？

A. 有信心　　B. 没信心

问卷四：关于非洲猪瘟对我国生猪养殖结构影响的调查问卷

亲爱的受访者您好！感谢您抽出宝贵的时间接受我们的调查，本问卷中的问题并无对或错，可依据您最真实的情况和意见来填写，回答结果保密，此问卷仅供研究分析，不会做其他用途，敬请放心作答！再次感谢您的支持！祝您生活愉快！

1. 您的性别？

A. 女　　B. 男

2. 您的年龄是______岁。

3. 本猪场位于_______县_____镇______村。

4. 您的学历？

A. 小学　　B. 初中

C. 高中　　D. 大专及以上

5. 您养猪从哪一年开始？

6. 您的养猪场创建方式？

A. 自建　　B. 购入

C. 租赁　　D. 承包

7. 您的养猪场距离最近居民点_______米，河流_____米，公路______米，其他养殖场_______米。

8. 您的养猪场存栏数大约是________________头。

9. 猪场是畜禽养殖示范场吗？

A. 是　　B. 不是

10. 您的养猪场喂猪用什么饲料？

A. 泔水　　B. 单一饲料

C. 多种饲料混合型　　D. 其他

11. 您的猪场养殖模式？

A. 独立养殖模式　　B. 公司+农户模式

C. 合作养殖模式　　D. 其他

12. 您的养猪场平时需要几个工人

13. 您的养猪场有配备技术人员吗？

A. 有　　B. 没有　　C. 其他

14. 技术人员专业性如何？

A. 专业的专职兽医　　B. 兼职乡村医生　　C. 其他

15. 养猪场的收入占您总收入的＿＿＿＿＿＿＿＿＿＿＿＿%。

16. 您是否关注过养殖场对周边环境产生的影响？

A. 有　　B. 没有　　C. 与我无关

17. 您认为养殖场可能会对周围环境产生什么影响？

A. 产生难闻气味　　B. 污水胡乱排放

C. 生猪排泄物堆积　　D. 产生噪音

E. 其他影响

18. 您有没有试图改善养殖场周围环境产生的影响？

A. 如果养猪场造成环境问题，会配合有关部门整改

B. 没有

C. 无所谓

19. 政府的整顿对您的养猪场造成了什么影响？

A. 造成严重的经济损失

B. 促进养殖的技术改善

C. 其他

20. 您的养猪场粪污处理设施是？

A. 干粪贮存池

B. 沉淀池

C. 沼气池

D. 人工湿地

E. 堆积到农田里

F. 其他

21. 您的养猪场成本占比例最高的支出是？

A. 养殖棚修建及维护

B. 人员雇佣费用

C. 消耗的饲料及疫病防治药品

D. 废物处理设备的投入

E. 依法缴纳的税费

F. 其他

22. 您认为非洲猪瘟爆发前生猪养殖场主要存在哪些问题？（多选）

A. 排泄物的处理方式不当

B. 技术问题导致存活率低下

C. 价格起伏造成亏损

D. 政府补贴力度不到位

E. 交通运输不便

F. 与周围住户产生矛盾

23. 您的养猪场受到非洲猪瘟的影响吗？

A. 没有受到影响

B. 外在条件影响，不影响养殖

C. 内部影响，生猪被扑杀

D. 其他

24. 您的养猪场之前有预防非洲猪瘟的措施吗？

A. 有

B. 没有

C. 其他

25. 您了解政府为应对非洲猪瘟有哪些政策吗？

A. 非常了解

B. 了解

C. 听说过，但不了解

D. 完全不了解

26. 您认为非洲猪瘟对我国生猪养殖有何影响？体现在哪些方面？

____

27. 您如何看待我国此次非洲猪瘟发生的原因？

29. 非洲猪瘟后您愿意扩大养猪规模继续养猪吗？

A. 愿意

B. 不愿意

C. 其他

30. 您如何看待非洲猪瘟后我国生猪养殖结构的发展？

A. 保持以散户养殖场为主，规模养殖为辅的养殖结构

B. 逐渐向规模化养猪场发展

C. 其他

31. 非洲猪瘟影响下您希望政府在什么方面提供帮助？

____